博碩文化

U0086723

DrMaster

博碩文化
http://www.drmaster.com.tw

DrMaster
知識文化

知識文化

科技風華　科技風華

http://www.drmaster.com.tw

深度學習資訊新領域

DrMaster

深度學習資訊新領域

 http://www.drmaster.com.tw

博碩文化

Python 深度學習實作

Keras 快速上手

謝梁、魯穎、勞虹嵐　著

廖信彥　審校

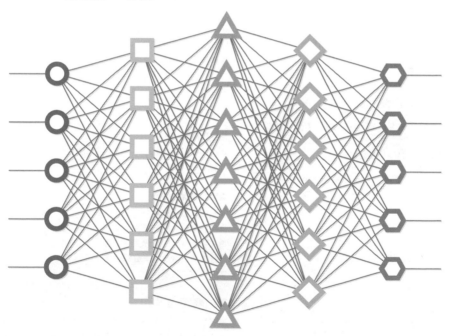

- 系統地講解深度學習的基本知識、建模過程和應用,是非常好的深度學習入門書。
- 以推薦系統、圖形識別、自然語言處理、文字產生和時間序列的具體應用作為案例。
- 從工具準備、資料擷取和處理,到針對問題進行建模的整個過程和實踐均詳細解說。
- 不僅能夠使讀者快速掌握深度學習,還可以進一步有效應用到商業和工程領域中。

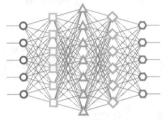

深度學習實作

Keras 快速上手

謝梁、魯穎、勞虹嵐 著
廖信彥 審校

* 系統地講解深度學習的基本知識、建模過程和應用，是非常好的深度學習入門書。
* 以推薦系統、圖形識別、自然語言處理、文字產生和時間序列的具體應用作為案例。
* 從工具準備、資料擷取和處理，到針對問題進行建模的整個過程和實踐均詳細解說。
* 不僅能使讀者快速掌握深度學習，適可以進一步有效應用到商業和工程領域中。

作　　者：謝梁、魯穎、勞虹嵐
審　　校：廖信彥
責任編輯：魏聲圩

董 事 長：蔡金崑
總 經 理：古成泉
總 編 輯：陳錦輝

出　　版：博碩文化股份有限公司
地　　址：221 新北市汐止區新台五路一段 112 號 10 樓 A 棟
　　　　　電話 (02) 2696-2869　傳真 (02) 2696-2867

發　　行：博碩文化股份有限公司
郵撥帳號：17484299　戶名：博碩文化股份有限公司
博碩網站：http://www.drmaster.com.tw
讀者服務信箱：DrService@drmaster.com.tw
讀者服務專線：(02) 2696-2869 分機 216、238
（周一至周五 09:30 ～ 12:00；13:30 ～ 17:00）

版　　次：2018 年 6 月初版一刷
　　　　　2019年3月初版四刷
建議零售價：新台幣 500 元
I S B N：978-986-434-313-3
律師顧問：鳴權法律事務所 陳曉鳴律師

國家圖書館出版品預行編目資料

Python 深度學習實作：Keras 快速上手 / 謝梁，
魯穎，勞虹嵐著 . -- 初版 . -- 新北市：博碩
文化，2018.06

面；　公分

ISBN 978-986-434-313-3(平裝)

1.人工智慧

312.83　　　　　　　　　　107009041

Printed in Taiwan

歡迎團體訂購，另有優惠，請洽服務專線
博 碩 粉 絲 團　(02) 2696-2869 分機 216、238

推薦語

毫無疑問，資料探勘與深度學習是大數據時代最炙手可熱的研究方向。在很多前沿領域，深度學習的出現和發展正顛覆著人們對於傳統電腦技術的認知。

很榮幸成為本書的首批讀者，得到多位來自微軟、Google 的世界頂尖資料科學家，在深度學習領域的寶貴經驗分享。本書從實踐角度出發，內容豐富，利用 Keras 框架講解深度學習話題，包含幾乎全部常用的深度學習模組，並且全面、系統地介紹深度學習相關的技術，使其不再只停留於高度抽象的數學理論。除了具有高度的可操作性和實用性之外，同時也是目前國內為數不多的中文深度學習原著之一，堪稱是深度學習領域的一本力作。

在此，要向深度學習領域的研究人員、演算法工程師、資料科學愛好者強烈推薦本書，無論是初學者或資深研究員，相信都會從本書取得新的收穫。最後，如果還有什麼需要特別強調，那就是請深度學習這本書吧！

亢昊辰，濱海國金所大數據中心主管

這本書自上而下涵蓋了深度學習幾個最重要的面向，從軟體、硬體的設定到資料的採集，從深度學習理論的介紹到實際案例的分析。整本書非常實用，講解深入淺出，十分有效率，對深度學習感興趣的讀者而言，乃是一本難得的好書！

周仁生，Airbnb 資深資料科學家

很久沒有潛心研讀一本專業書籍了，這次有機會閱讀這本關於深度學習的新作，讓我受益匪淺。近年來深度學習發展迅速，相關課題的學習書籍和網路課程不勝枚舉。但是，作為一位從事資料科學工作多年的統計人員，我很難找到一本深度學習的入門教材或指導書籍，好在短時間內做到理論和實踐的結合。然而，本書針對不同專業背景的讀者，透過通俗易懂的實踐和應用入手，最終引領到一個自己可以實戰的深度學習場景。值得一提的是，比其他大部分關於資料科學和深度學習的書籍，這本書的 Python 程式碼完整，註解詳盡，而且章節之間的邏輯關係嚴謹。希望讀者能像我一樣，在有限的時間裡，藉由這本書系統性地掌握深度學習相關的理論和實戰技術，在資料科學領域繼續邁進。

劉松，Google 資料科學專家

深度學習和人工智慧可說是目前最熱門的話題之一，可是很多人感到入門太難。本書一改市面上很多深度學習書籍過於理論化的缺點，突顯實用性和可操作性，讓讀者能夠快速地瞭解目前深度學習的成熟應用領域，並透過程式碼的學習將解決方案移植到自己的應用環境，這是一本少有、深入淺出介紹深度學習模型及其應用的好書。本書的 Keras 深度學習框架提供一個高度抽象、描述神經網路的環境，計算後台可以在常用的 CNTK、Theano 和 TensorFlow 三種環境自由切換，特別適合迅速建置可用於線上環境的深度學習模型。

羅勃，The University of Kansas, Associate Professor of ECS

這是一本少見、深入淺出介紹深度學習的入門書籍。該書將理論和實踐相結合，說明目前深度學習應用的幾個主要框架和應用方向，實用性強，內容緊湊。基於 Keras 高度抽象的深度學習環境，全書強調快速建構深度學習模型和應用於實際業務，因此特別適合深度學習的實踐者和入門者閱讀，乃是一本不可或缺的參考書。

郭彥東，微軟研究院研究員

這是一本應用性很強的資料探勘和深度學習入門書籍，內容涵蓋目前深度學習應用發展最為快速的幾個領域，包括自學架構——深度學習框架，以及解決實際問題的完整流程。作者均為深度學習領域具有多年工作經驗的資料科學家，本書詳細解說與客觀評價現今最流行的幾大開源深度學習框架的實例及優缺點。理論體系完整，可讀性強，內容言簡意賅，文字深入淺出，實例極具代表性，對於要求在較短時間內完整認識資料探勘和深度學習的理論，並且迅速投入應用實踐的讀者，可說是一本必備的教科書。

宋爽，Twitter 資深機器學習研發工程師這是一本深度學習方面非常實用的好書。本書並未只拘泥於深度學習的一些理論和概念，而是透過一些範例實現深度學習的具體應用。不論是硬體、軟體系統的建置，還是網路爬蟲、自然語言、圖形識別等重要領域的具體闡述，整本書都在詳細講述如何應用深度學習到各個領域。換句話說，本書不僅讓讀者具體地瞭解深度學習的方法，更重要的是親手教會以深度學習手法解決很多實際的問題。

整本書的寫作方式簡潔明瞭，對問題的解釋詳實又不拖泥帶水，看得出是來自微軟、Google 幾位非常資深作者的經驗之作。針對每一位希望學習和瞭解深度學習的讀者，特別是打算應用到具體問題的人，都可以從書裡受益。

本書有很多實際範例和可執行的程式碼，請讀者一邊閱讀、一邊嘗試，相信可以為讀者帶來事半功倍的效果。

張健，Facebook 資深資料科學家

深度學習和人工智慧無疑是現在最熱門的技術之一，很多人希望掌握這方面的技能，但是擔心門檻太高。本書可謂是即時雨，為大家提供非常好的入門學習資料，也是目前國內僅有幾本介紹 Keras 深度學習框架的書籍。其內容不僅涵蓋現今深度學習的幾個主要應用領域，而且實用性強，同時也延伸到相關的系統建置、資料擷取，以及可預見未來物聯網方面的應用，非常值得一讀。

陳紹林，小雨點網路貸款有限公司副總經理兼首席分析師

讀者服務

輕鬆註冊成為博文視點社群用戶（www.broadview.com.cn），掃碼直達本書頁面。

- 下載資源：本書提供的範例程式碼及資源檔，均可在「下載資源處」下載。

- 提交勘誤：對書中內容的修改意見可於「提交勘誤處」提出，若被採納，將獲贈博文視點社群積分（購買電子書時，積分可用來折抵對應的金額）。

- 交流互動：在頁面下方「讀者評論處」留下疑問或觀點，與我們和其他讀者一同學習交流。

頁面入口：http://www.broadview.com.cn/31872

閱讀須知：本書部分圖片可能需要放大觀察，紙本上方無法呈現應有的效果。因此，相關圖形均可在博文視點官方網站下載。

讀者也可以在博碩官網下載相關資源：

http://www.drmaster.com.tw/

序一

最近幾年，深度學習無疑是一個發展最快速的機器學習子領域。在許多的機器學習競賽中，最後勝出的系統或多或少都使用了深度學習技術。2016 年，基於深度學習、強化學習和蒙地卡羅樹搜尋的圍棋程式 AlphaGo 甚至戰勝了人類冠軍。人工智慧這一次的勝利，比預期還要早了 10 年，而其中扮演關鍵作用的就是深度學習。

深度學習已經廣泛應用於實際的生活，例如市場上隨處可見的語言轉換 / 翻譯、智慧語音、圖形識別和圖形藝術化系統等，深度學習都是關鍵技術。同時，由於學術界和工業界的大量投入，深度學習的新模型和新演算法層出不窮。若想充分掌握深度學習的各種模型、演算法並實現，無疑是一件困難的事情。

幸運的是，基於各行各業對深度學習技術的需求，許多公司和學校都開源了深度學習工具套件，其中比較知名的有 CNTK、TensorFlow、Theano、Caffe、MXNet和 Torch 等。這些工具都提供非常靈活與強大的建模能力，大幅降低使用深度學習技術的門檻，進一步加速深度學習技術的研究和應用。但是，這些工具各有所長、介面不同，而且對於很多初學者來說，由於工具套件過於靈活，有時便難以掌握。

基於這些原因，Keras 乃應運而生。可將其視為一個更容易使用、在更高層級抽象化、兼具相容性和靈活性的深度學習框架，它的底層可以在 CNTK、TensorFlow和 Theano 之間自由切換。Keras 的出現，使得很多初學者能夠很快地體驗深度學習的基本技術和模型，並且應用到實際問題中。

本書正是在這樣的背景下誕生。它的目標讀者是那些剛進入深度學習領域、還沒有太多經驗的學生和工程師。本書的作者謝梁、魯穎和勞虹嵐，分別在微軟和Google 這類走在技術前緣的公司從事大數據和深度學習技術的研發，累積了許多把商業和工程問題轉換成合適的模型，並且分析模型好壞以及解釋模型結果的經驗。在這本書裡，他們將這些經驗傳授給大家，使更多的人能夠快速掌握深度學習，並有效應用到商業和工程領域中。

這本書系統地講解深度學習的基本知識、建模過程和應用，並以深度學習在推薦系統、圖形識別、自然語言處理、文字產生和時間序列的具體應用作為案例，詳細解說了從工具準備、資料擷取和處理，到針對問題進行建模的整個過程和實踐經驗，乃是一本非常好的深度學習入門書。

俞棟博士

騰訊 AI Lab 副主任，傑出科學家

西雅圖人工智慧研究室負責人

於美國西雅圖

序二

隨著大數據的普及與硬體計算能力的飛速提升，深度學習在過去的 5~6 年有了日新月異的發展。在一個又一個的領域，深度學習展示極為強大甚至連人們都難以企及的能力，包括語音辨識、機器翻譯、自然語言識別、推薦系統、人臉識別、圖形識別、目標檢測、三維重建、情感分析、棋類運動、德州撲克與自動駕駛等。伴隨著人工智慧廣闊的應用前景，科技巨擘諸如 Google、微軟、亞馬遜、百度、騰訊、阿里巴巴等紛紛投入鉅資，進一步推動這個領域的發展。如今，已經很少有人還對人工智慧能夠達到的境界持有任何懷疑態度，取而代之的是人類如何與機器共存的暢想，以及機器終有一天取代人類的擔憂。

當然，如果現在就開始擔心機器即將毀滅人類，還是有一些杞人憂天。深度學習現今還只停留在感知（Perception）的階段，亦即從原始資料進行簡單的感覺和分析，但是遠遠尚未達到認知（Cognition）的階段，即對事件進行邏輯推理和認識。很多深度學習的原理還處在研究階段，即使是各領域的專家，對於深度學習為什麼如此有效，依然是一知半解。幸運的是，在解決許多實際問題時，其實並不需要那麼深刻的理解。謝梁、魯穎和勞虹嵐的這本書，就是從非常實用的角度分享深度學習的基本知識，十分值得一讀。

本書從準備深度學習的環境開始，逐步教導如何收集資料、如何運用一些最常用、最有效的深度學習演算法解決實際問題。涵蓋的領域包括推薦系統、圖形識別、自然語言情感分析、文字產生、時間序列、智慧物聯網等。不同於許多同類型的書籍，本書選擇 Keras 作為程式設計框架，強調簡單、快速的模型設計，而無需理會底層的程式碼，相當容易理解其內容。此外，還可以在 CNTK、TensorFlow 和 Theano 的後台之間隨意切換，非常靈活。即使有朝一日需要以更底層的建模環境解決更複雜的問題，相信也能從 Keras 學來的高度抽象化，進而審視待解決的問題，達到事半功倍之效。

這一波深度學習的浪潮，勢必帶來一次新的資訊革命。每一次如此巨大的變革，都將淘汰許多效率低下的工作，並發展出新興的職業。在一個如此激動人心的年代，願這本書帶領著讀者啟航！

張察博士

CNTK 主要作者之一，美國微軟總部首席研究員

於美國西雅圖

前言

2006 年，機器學習領域來到了重要的轉捩點。加拿大多倫多大學教授、機器學習領域泰斗 Geoffrey Hinton 和他的學生 Ruslan Salakhutdinov，他們在《科學》上發表一篇關於深度置信網路 (Deep Belief Networks) 的論文。從這篇論文的發表開始，至今深度學習有著迅速的發展。2009 年，微軟研究院語音辨識專家俞棟和鄧力博士，開始與深度學習專家 Geoffrey Hinton 合作。2010 年，美國國防部 DARPA 和史丹佛大學、紐約大學和 NEC 美國研究院合作深度學習專案。2011 年微軟宣佈，基於深度神經網路的識別系統取得成果並推出產品，徹底改變了語音辨識原有的技術框架。從 2012 到 2015 年，深度學習技術在圖形識別領域取得驚人的效果，在 ImageNet 評測上將錯誤率從 26% 一路降到 5% 以下，幾乎接近、甚至超過人類的水準。這些都直接促進一系列圍繞深度學習技術的智慧產品出現於市場上，例如微軟的認知服務（Cognitive Services）平台，Google 的智慧郵件應答和智慧型個人助理等。

中國同樣欣喜地看到，基於大數據的機器學習和深度學習演算法的大規模應用，帶給網際網路行業的巨大變革：淘寶的推薦演算法、微軟小冰、百度的度秘、滴滴出行的預估時間和車費、餓了麼的智慧調度等都應運而生。我們有理由相信，未來的物聯網、無人駕駛等也會出現更多深度學習的實用場景。

對很多科技行業的從業者來說，深度學習仍有一些神秘感。雖然像 Google、微軟等網際網路巨頭開源了諸如 TensorFlow、CNTK 等深度學習平台，大幅降低從業者的門檻，但是如何舉一反三，根據實際問題選擇合適的演算法和模型並不容易。本書的三位作者，分別在美國 Google、微軟等頂尖網際網路科技公司從事多年的人工智慧專案研發，這些專案大多以機器學習和深度學習為基礎，擁有豐富的實踐經驗。同時，深感有必要撰寫一本深入淺出的深度學習書籍，以分享對該領域的理解和想法，並幫助同行和感興趣的朋友快速上手，建立屬於自己端到端的深度學習模型，進而在大數據、深度學習的浪潮有著更好的職涯發展。希望本書能扮演拋磚引玉的作用，讓讀者對深度學習產生更多的興趣，並將其作為一種必備的分析技能。

本書選擇流行的 Keras 深度學習建模框架講解深度學習話題，主要有三方面的考量。首先，Keras 包括各種常用的深度學習模組，可以應用於絕大部分的業務環境。其次，原理上，它是高度抽象的深度學習程式設計環境，簡單易學；Keras 底層會呼叫 CNTK、TensorFlow 或 Theano 執行計算。最後，作為應用領域的從業者，通常關注的是如何把一個商業或工程問題轉換成合適的模型、如何準備資料和分析模型的好壞，以及解釋模型的結果等。Keras 非常適合這樣的場景，讓使用者脫離具體的矩陣計算和導數，並將重心轉移到業務邏輯上。

本書是目前國內少數以 Keras 深度學習框架進行神經網路建模的實用書籍，非常適合資料科學家、機器學習工程師、人工智慧應用工程師、工作中需要預測建模，以及迴歸分析的從業者。本書也適合對深度學習有興趣、不同背景的從業者、學生和老師。

本書分成 10 章，系統性地講解深度學習基本知識、使用 Keras 建模的過程和應用，並提供詳細的程式碼，使讀者花最少的時間學到核心的建模知識。其中第 1 章介紹深度學習模型的基本概念。第 2 章說明深度學習環境的建構，這是整本書的基礎。第 3 章介紹深度學習框架 Keras 的用法。第 4 章解說如何利用網路爬蟲技術收集資料，並透過 ElasticSearch 儲存；此乃因為在很多應用程式中，讀者需要自行從網路爬取資料並加以處理和儲存。第 5~9 章是 5 個深度學習的經典案例，文內會依序介紹深度學習在推薦系統、圖形識別、自然語言處理、文字產生和時間序列的具體應用。說明的過程會穿插各種深度學習模型和程式碼，並和讀者分享對於這些模型的原理和應用場景的體會。最後提出物聯網的概念，藉以拋磚引玉。我們相信，物聯網和深度學習的結合將爆發出巨大的能量和價值。

礙於篇幅有限，無法涉及深度學習的各個面向，只能盡己所能和大家分享盡可能多的體會、經驗和易於上手的程式碼。

撰寫本書的過程中，我們獲得大量的協助和指導。微軟 CNTK 的作者、國際頂尖深度學習專家俞棟博士和張察博士為本書作序，並給予極多的支援和鼓勵。微軟研究院的研究員郭彥東博士和高級工程師湯成，也對部分的章節提出審閱意見。電子工業出版社的張慧敏、葛娜和王靜老師，對書籍的出版和編輯付出極大的心力，才能使這本書如期問世。在此一併感謝。

最後，三位作者希望本書能為深度學習和人工智慧的普及，為廣大從業者提供有價值的實踐經驗和快速上手，以貢獻個人的微薄之力。

謝梁，美國微軟總部首席資料科學家

魯穎，Google 總部資料科學技術專家

勞虹嵐，美國微軟總部微軟研究院研究工程師

於美國西雅圖和矽谷

目錄

01

深度學習簡介

1.1 概述

深度學習是現在非常熱門的機器學習和人工智慧工具，具備很多以前覺得難以實現的學習功能。深度學習本身是傳統神經網路演算法的延伸，而後者的歷史甚至可以追溯到 20 世紀 50 年代，現在公認其鼻祖是 Rosenblatt 在 1957 年提出的感知器（Perceptron）演算法。到目前為止，神經網路模型的發展大概經歷了四個不同的起伏階段。

第一個階段是 20 世紀 50 到 60 年代，這個時候的神經網路模型還屬於基本的感知器，非常簡單。

第二個階段是 20 世紀 70 到 80 年代，這個階段發現多層感知器（Multilayer Perceptron），其逼近高度非線性函數的能力，使得科學界對它的興趣大增，甚至有神經網路能解決一切問題的論調，可算是神經網路模型的一個高潮。

第三個階段是 20 世紀 90 年代到 21 世紀初，本階段基本上是傳統神經網路模型比較沉寂的時期，但卻是核心方法（Kernel）大行其道的時候。主要原因是計算能力跟不上，還有就是大規模的資料，在之前網際網路時代並非隨處可見，因此神經網路模型無論是從計算還是效能角度來說，都無法跟傳統的機器學習方法相提並論。

第四個階段是大約 2006 年以後到現在，這個時期有幾個重要的技術進步，促進了以深度學習為代表的神經網路模型的大規模應用。首先是廉價平行計算的出現，例如 GPGPU 的概念；其次是深度網路結構的持續研究，使得模型訓練的效率大幅增加；最後是網際網路的出現，為大規模資料的產生和取得提供極大的便利性。這些因素能夠充分發揮深度神經網路無限逼近高度非線性函數的普及性，同時深度學習架構的靈活性，也允許稍加修改這類模型便能解決不同的問題，進而擴大其應用範圍。總之，計算的便利性和預測品質的提高，乃是神經網路模型再次得到青睞的主要原因。

一般來說，深度學習適合解決資料量大、具規範性，但是決策函數高度非線性的問題。現在常見非常成功的深度學習應用領域有圖形識別、語音辨識、文字產生、自然語言分析等。這幾類應用的共同特點是資料量極大，同時其資料都是工程應用的輸出，具備良好的多樣性和規範性；另外，它們都有高度非線性、極度複雜的決策函數。

以圖形識別為例，輸入的資料是每個圖元點的位置和其顏色，這些數值都出現在一個有限的區域中，不同的值域都有大量的資料覆蓋供模型學習。同時，若想識別圖形中不同位置出現的同一類事物，需要非常複雜的決策函數，這在傳統的機器學習方法裡不容易實現。

例如常見的手寫數字辨識，如果單純採用歐幾里得距離，輸入至傳統的機器學習演算法，藉以判斷是否跟某一個數字類似，則會受到字元的旋轉、位置不齊等因素的影響，造成分類器品質不高。傳統的機器學習透過引入非線性變換，諸如旋轉和位移，只能夠解決部分問題。但是，深度學習採用高度非線性的手段，對圖形進行切割比較，便能有效地克服上述困難，獲得比一般方法更好的結果。同時，這種方法具備一定的普及性，不僅可以處理數字識別，稍加修改還能處理其他事物的辨識。不像傳統手法對於每一類具體問題，都可能需要設計全新的方法，因此應用效率也提高不少。

下文就簡要介紹深度學習的基本知識。

1.2 深度學習的統計學入門

一般書籍對深度學習的入門介紹，總是直接從有向圖或者解析神經網路的目標函數開始，牽涉大量的數學推導，這其實不利於應用型讀者理解深度學習的本質。本節透過一個傳統的統計學建模例子，以協助讀者快速瞭解深度學習多層網路的概念，並與現有的知識結構有效地聯繫起來。

本例使用著名的鳶尾花卉資料集，圖 1.1 展示鳶尾屬下的三個亞屬，分別是 Iris Setosa（山鳶尾，簡稱 S）、Iris Versicolor（變色鳶尾，簡稱 C）和 Iris Virginica（維吉尼亞鳶尾，簡稱 V）之間花萼和花瓣的長度關係。

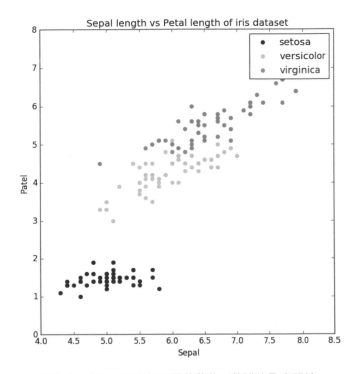

圖 1.1　鳶尾屬下三個亞屬的花萼和花瓣的長度關係

在不同的亞屬之間，花萼和花瓣的長度關係十分不同。山鳶尾的花萼和花瓣之間只有微弱的相關性，其他兩種亞屬則具備很強的相關性，不過雜色鳶尾的花萼和花瓣長度，均稍小於維吉尼亞鳶尾。

在這種情況下，如果直接以花萼長度對花瓣長度建模，效果比較差，但是給定的鳶尾花亞屬，花萼和花瓣的長度關係還是比較強。因此，在傳統的統計建模中，分析師會將鳶尾花亞屬作為一個分類變數，並與花萼長度做一個交叉項來建模。如果採用所謂的 GLM（Generalized Linear Model，廣義線性模型）編碼法，不同亞屬會分別得到不同的斜率（或說權重）；同時截距項也可以分別得出不同亞屬對應的估計值。在機器學習領域，GLM 編碼法被稱為 One Hot 編碼法。

如果仔細考察計算公式，相當於將資料按照亞屬拆分成三塊，然後分別對花萼和花瓣的長度關係進行建模，最後再對不同亞屬分配不同的亞屬權重，調整與取得單獨建模後的斜率。

$$E(y) = \alpha_0 * c + \alpha_1 * l + \alpha_2 * c * l$$
$$= \alpha_0 * c + (\alpha_1 + \alpha_2 * c) * l$$

其中，y 是花瓣長度，c 對應於鳶尾花亞屬，l 是花萼長度，c * l 是交叉項。

按照 One Hot 編碼法對亞屬的分類設定數值，那麼鳶尾花亞屬分類變數對應的數值矩陣，便可歸納為表 1.1 的形式。

將矩陣帶入上面的公式中，再合併同屬類的項目，則公式變為：

$$E(y) = (\alpha_s + \beta_s * l) + (\alpha_c + \beta_c * l) + (\alpha_v + \beta_v * l)$$

表 1.1　鳶尾花亞屬 One　Hot 編碼結果

鳶尾花亞屬	山鳶尾 (S)	雜色鳶尾 (C)	維吉尼亞鳶尾 (V)
山鳶尾 (S)	1	0	0
山鳶尾 (S)	1	0	0
雜色鳶尾 (C)	0	1	0
雜色鳶尾 (C)	0	1	0
維吉尼亞鳶尾 (V)	0	0	1

換句話說，每個亞屬對應的資料，都可用來建構一個決策函數，如 $(\alpha_v + \beta_v * l)$。但因為是分別決策，不足以最佳化全域的損失函數，因此要將這些獨立的決策函數，再納入一個更高層級的決策函數中，以便最佳化最後總體的損失函數。就上面的線性公式來說，在估計的過程中，全域最佳化的權重都是使用 Hessian 矩陣的對角線項目，不過由於模型提前假設為沒有異方差性，因此每一個亞屬建構的決策函數都有相同的權重。

這三個亞屬的決策函數，可分別視為一個隱含層的節點，亦即神經元。可將每個資料點，帶入一個包含每個亞屬的計算表格進行計算，如表 1.2 所示。

表 1.2　隱含層計算表格

資料點	山鳶尾 (S) 決策函數	雜色鳶尾 (C) 決策函數	維吉尼亞鳶尾 (V) 決策函數	輸出
x : c = S, l = 5.1	$h_s(x; \alpha_s, \beta_s)$	0	0	$\hat{h}_s(x)$
x : c = S, l = 4.9	$h_s(x; \alpha_s, \beta_s)$	0	0	$\hat{h}_s(x)$
x : c = C, l = 7.2	0	$h_c(x; \alpha_c, \beta_c)$	0	$\hat{h}_c(x)$
x : c = C, l = 6.2	0	$h_c(x; \alpha_c, \beta_c)$	0	$\hat{h}_c(x)$
x : c = V, l = 5.9	0	0	$h_v(x; \alpha_v, \beta_v)$	$\hat{h}_v(x)$

根據這個計算表格，過程可以很自然地以網路圖來表示，如圖 1.2 所示。

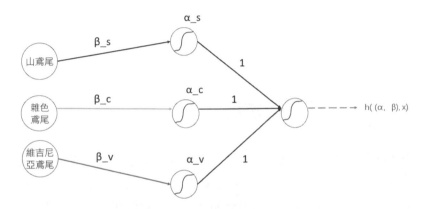

圖 1.2　鳶尾花統計模型的網路圖

因為使用了線性啟動函數（Identity Activation Function），而線性函數的函數仍然是一個線性函數，因此圖 1.2 的隱藏層，通常被簡化為圖 1.3 所示的一個節點。

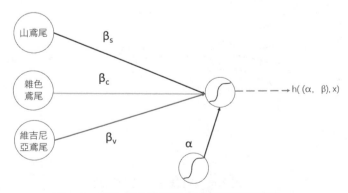

圖 1.3　簡化後的鳶尾花統計模型的網路圖

當然，以上只是最簡單的情形，不過已能有效說明傳統統計方法和神經網路之間的密切聯繫。前例採用線性函數，只有為數不多的幾個參數，但是實際上一般都擴展為非線性函數，並且參數的空間較大，然而其整體結構是一致的。一個深度學習的神經網路，可以表述為圖 1.4 的形式。

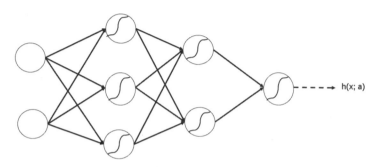

圖 1.4　神經網路的基本構造形態

1.3　基本概念的解釋

若想理解深度學習，尤其是正確地運用 Keras 建構自己的神經網路模型，並且應用到實際業務時，有必要再深入瞭解其中一些常見的概念。建構 Keras 程式碼時，基本上是圍繞著這些概念進行，因此有助於理解第 3 章即將介紹的 Keras 命令。圖 1.5 集中展示部分基本概念的相對關係，概念本身以中文和虛線箭頭標註。

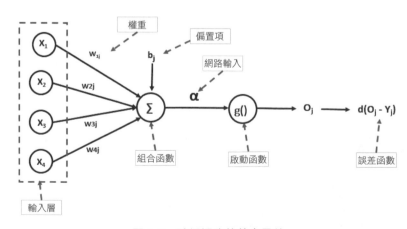

圖 1.5　神經網路的基本元件

1.3.1 深度學習的函數類型

大多數神經網路都包含四類函數：組合函數（Combination Function）、啟動函數（Activation Function）、誤差函數（Error Function）和目標函數（Object Function）。下文就簡單介紹每類函數的作用和目的。

組合函數

在神經網路中，輸入層之後的網路裡，每個神經元的功能都是將上一層產生的向量，透過本身的函數產生一個標量值，此標量值就稱為下一層神經元的網路輸入變數。這種在網路中間將向量映射為標量的函數，便稱為組合函數。常見的組合函數包括線性組合函數和基於歐幾里得距離的函數，例如在 RBF 網路常用的函數。

啟動函數

大多數神經元都將一維向量的網路輸入變數，透過某函數映射為另外一個一維向量的數值，此函數叫作啟動函數，產生的值就稱為啟動狀態。除了輸出層以外，啟用狀態的值藉由神經網路的連結，輸入至下一層的一個或多個神經元裡面。這些啟動函數通常都是將一個實數域的值映射到有限域，因此也稱為塌縮函數。例如常見的 tanh 或者 logistic 函數，都是將無限的實數域的數值壓縮到 (-1, 1) 或 (0, 1) 之間的有限域。如果這個啟動函數不做任何變換，則被稱為 Identity 或者線性啟動函數。

啟動函數的主要作用是為隱含層引入非線性。一個只有線性關係隱含層的多層神經網路，不會比一般僅包含輸入層和輸出層的兩層神經網路更加強大，因為線性函數的函數仍然是一個線性函數。但是加入非線性以後，多層神經網路的預測能力就得到顯著的提高。對於反向傳播演算法來說，啟動函數必須可微，如果這個函數是在有限域的話，則效果更好。因此，像 logistic、tanh、高斯函數等都是比較常見的選擇，這類函數也被統稱為 sigmoid 函數。類似 tanh 或 arctan 這類包含正、負值域的函數，通常收斂速度較快，因為其數值條件數（Conditioning Number）更好。

對於隱藏層而言，普及的啟動函數經歷從 sigmoid 到 threshold 啟動函數的轉變，同時反映了深度學習技術和理論的發展。

早期的理論認為 sigmoid 啟動函數要比 threshold 啟動函數（如 ReLU 等啟動函數）好。理由是因為採用後者時誤差函數是逐級常數（Stepwise Constant），因此一階導數不是不存在就是為 0，導致無法使用有效的反向傳播演算法計算一階梯度（Gradient）。即使是那些不採用梯度的演算法，例如 Simulated Annealing 或者基因演算法，使用 sigmoid 啟動函數，在傳統上仍然被認為是一個較好的選擇，因為這種函數是連續可微的，參數的一點改變就會帶來輸出的變化，有助於判斷參數的變動是否有利於最終目標函數的最佳化。如果改用 threshold 啟動函數，參數的微小變化並不影響輸出，所以演算法的收斂會慢很多。

但是，近期深度學習模型的發展改變了上述觀點。sigmoid 函數存在梯度消失（Gradient Vanishing）的問題。這個問題是由 Sepp Hochreiter 在 1991 年發表的碩士論文正式提出，梯度消失指的是梯度（誤差的訊號）隨著隱藏層數的增加成指數減小。因為在反向傳播演算法中，梯度的計算是使用鏈式法則，在第 n 層時需要相乘前面各層的梯度，但由於 sigmoid 函數的值域在 (-1, 1) 或者 (0, 1) 之間，因此多個很小的數相乘以後，第 n 層的梯度就會趨近於 0，造成模型訓練的困難。而 threshold 啟動函數因為值域不在 (-1, 1) 之間，例如 ReLU 的取值範圍是 [0, +inf)，因此沒有這個問題。

針對另外一些 threshold 函數，例如 Hard Max 啟動函數：max(0, x)，可在隱藏層引入稀疏性（Sparsity），也有助於模型的訓練。

對於輸出層，應該儘量選擇適合因變數分佈的啟動函數。

- 對於只有 0,1 取值的雙值因變數，logistic 函數是一種較好的選擇。

- 對於有多個取值的離散因變數，例如 0 到 9 數字的識別，softmax 是 logistic 啟動函數的自然衍生函數。

- 對於有限值域的連續因變數，可採用 logistic 或 tanh 啟動函數，但是需將因變數的值域伸縮到 logistic 或 tanh 對應的值域中。

- 如果因變數取值為正，但是沒有上限，那麼指數函數是一種較好的選擇。

- 如果因變數沒有有限值域，或者雖然是有限值域但是邊界未知，那麼最好採用線性函數作為啟動函數。

由此得知，位於輸出層的啟動函數，其選擇跟對應的統計學模型的應用有類似的地方。可將前述關係，理解為統計學廣義線性模型的聯結函數（Link Function）功能。

誤差函數

監督學習的神經網路都需要一個函數，以便測量模型輸出值 p 和真實的因變數值 y 之間的差異，甚至有些無監督學習的神經網路也需要類似的函數。模型輸出值 p 和真實值 y 之間的差異，一般稱為殘差或者誤差，但是這個值不能直接拿來衡量模型的質量。當出現一個完美的模型時（雖然不太可能），其誤差為 0。而當一個模型不夠完美時，其誤差不論為負值還是正值，都偏離 0；因此衡量模型品質是誤差偏離 0 的相對值，亦即誤差函數的值越趨近於 0，模型的效能越好，反之則越差。誤差函數也稱為損失函數，常用的誤差函數如下。

- 均方誤差（MSE）：$\frac{1}{N}\sum_i (y_i - p_i)^2$，通常應用在實數值域連續變數的迴歸問題，並且對於殘差較大的情況給予更多的權重。

- 平均絕對誤差（MAE）：$\frac{1}{N}\sum_i |y_i - p_i|$，通常也應用在上面提及的迴歸問題，或者是時間序列預測問題中。每個誤差點對總體誤差的貢獻，與其誤差的絕對值成線性比例，而上面介紹的 MSE 沒有這種特性。

- 交叉熵損失（Cross-Entropy）：也稱為對數損失函數，主要是針對分類模型的效能比較而設計；按照分類模型是二分類或多分類，還可分成二分類交叉熵和多分類交叉熵兩種。交叉熵的數學運算式很簡單，如下：

$$J(\theta) = -[\sum_{i=1}^{N} \sum_{k=1}^{K} 1(y^{(i)} = k) \log P(y^{(i)} = k | x^{(i)} ; \theta)]$$

因此，交叉熵可以解釋為映射到最可能類別機率的對數。當預測值的分佈和實際因變數的分佈盡可能一致時，交叉熵最小。

目標函數

目標函數是在訓練階段直接最小化的函數。神經網路的訓練表現，是在最小化訓練集上估計值和真實值之間的誤差。結果很可能出現過度擬合的現象，例如模型在訓練集表現較好，但是在測試集和其他真實應用時表現較差，亦即所謂的模型普適化（普及性）不好。一般會採用正規化規範模型，減少過度擬合情況的出現。此時目標函數為誤差函數和正規函數的和。例如採用權重遞減（Weight Decay）的方法，正規函數為權重的平方和，這和一般嶺回歸（Ridge Regression）使用的技巧一樣。如果運用貝氏定理，也可以將權重先驗分佈的對數作為正則項。當然，如果不採用正則項，那麼目標函數就和總體或者平均誤差函數一樣。

1.3.2 深度學習的其他常見概念

批量

批量，即 Batch，是深度學習的一個重要概念。批量通常是指兩種不同的概念——如果對應至模型訓練方法，那麼它是指將所有資料處理完以後，一次性更新權重或參數的估計值；如果對應到模型訓練中的資料，那麼通常是指一次輸入模型計算所需的資料量。這兩種概念有著緊密的關係。

基於批量概念的模型訓練，一般按照下列步驟進行。

(1) 初始化參數。

(2) 重複以下步驟。

　　➲ 處理所有資料。

　　➲ 更新參數。

和批量演算法相對應的是遞增演算法，其步驟如下：

(1) 初始化參數。

(2) 重複以下步驟。

　　➲ 處理一個或者一組資料點。

　　➲ 更新參數。

由此得知，主要的區別是批量演算法一次處理所有的資料；而在遞增演算法中，每處理一個或數個觀測值，就要更新一次參數。這裡的「處理」和「更新」二詞，根據演算法的不同有不一樣的涵義。在反向傳播演算法中，「處理」對應的具體操作就是計算損失函數的梯度變化曲線。若為批量演算法，則是計算平均或者總體損失函數的梯度變化曲線；如果是遞增演算法，則損失函數僅計算對應於該觀測值或數個觀測值時的梯度變化曲線。「更新」則是從既有的參數值，減去梯度變化率和學習速率的乘積。

線上學習和離線學習

在深度學習中，另外兩個常見的概念是線上學習（Online Learning）和離線學習（Offline Learning）。以後者來說，所有資料都可以反復取得，例如上面的批量學習就是離線學習的一種。而在線上學習中，處理完每個觀測值以後會被丟棄，同時更新參數。線上學習永遠是一種遞增演算法，但是遞增演算法既可以離線學習也能線上學習。

離線學習有下列幾個優點。

- ➲ 對於任何固定個數的參數，可以直接計算出目標函數，因此很容易驗證模型訓練是否朝著所需的方向發展。
- ➲ 計算精度可以達到任意合理的程度。
- ➲ 可以使用各種不同的演算法，避免出現局部最佳化的情況。
- ➲ 可以採用訓練、驗證、測試三分法，針對模型的普適化進行驗證。
- ➲ 可以計算預測值及其信賴區間。

線上學習無法實現上述功能，因為資料未被儲存，不能反復取得，因此對於任何固定的參數集，無法在訓練集上計算損失函數，或在驗證集上計算誤差。這就造成線上演算法，一般來說要比離線演算法更加複雜和不穩定。但是離線遞增演算法並沒有線上演算法的問題，所以有必要理解線上學習和遞增演算法的區別。

偏移 / 門檻值

在深度學習中，採用 sigmoid 啟動函數的隱藏層或者輸出層的神經元，通常在計算網路輸入時會加入一個偏移值，稱為 Bias。對於線性輸出神經元，偏移項就是迴歸中的截距項。

跟截距項的作用類似，偏移項被視為一個由特殊神經元引出的連結權重，這是因為它通常連結到一個固定單位值的偏移神經元。例如在一個多層感知器（MLP）神經網路中，某一個神經元的輸入變數為 N 維，那麼這個神經元在高維空間根據參數畫一個超平面，一邊是正值，另一邊為負值。採用的參數決定了超平面在輸入空間的相對位置。如果沒有偏移項，表示超平面的位置會被限制住，必須通過原點；如果多個神經元都需要各自的超平面，就會嚴重限制模型的靈活性。好比是一個沒有截距項的迴歸模型，在大多數情況下，斜率會大幅偏離最佳的估計值，因為產生的擬合曲線必須通過原點。因此，如果缺少偏移項，多層感知器的普適擬合能力便幾乎不存在。

一般來說，每個隱藏層和輸出層的神經元都有自己的偏移項。但是，如果輸入資料已經等比例轉換到一個有限值域，例如 [0, 1] 區間，那麼第一個隱藏層的神經元設定偏移項以後，後面任何層內跟這些具備偏移項的神經元有連結的其他神經元，就不需要再額外設定偏移項了。

標準化資料

在機器學習和深度學習中，常常會出現資料標準化的動作。什麼是標準化資料呢？其實這裡是用「標準化」一詞代替幾個類似但又不同的動作。下文詳細講解三個常見的「標準化」資料處理動作。

(1) **重調整（Rescaling）**：加上一個向量或者減去一個常數，再乘以或者除以一個常數。例如將華氏溫度轉換為攝氏溫度，就是一個重調整的過程。

(2) **正規化（Normalization）**：將一個向量除以其範數，例如採用歐幾里得距離，則以向量的變異量數作為範數來正規化向量。在深度學習中，正規化通常採用全距為範數，亦即將向量減去最小值，並除以其全距，進而使數值的範圍落在 0 到 1 之間。

(3) **標準化（Standardization）**：將一個向量移除其位置和規模的度量。例如一個服從常態分佈的向量，可以減去均值，並除以其變異量數標準化資料，進而取得一個遵守標準常態分佈的向量。

那麼，在深度學習中是否應該進行以上任何一種資料處理呢？答案是視情況而定。一般來講，如果啟動函數的值域在 0 到 1 之間，那麼正規化資料到 [0, 1] 的值域區間比較合理。另一點考量是：正規化資料能使計算過程更穩定，特別是在資料值域範圍有較大差別的時候，正規化資料總是相對穩健的一種選擇。而且，很多演算法的初始值設定，也是針對使正規化後的資料更有效而設計。

1.4 梯度下降演算法

最佳化決策函數時，通常是針對一個誤差的度量，例如誤差的平方，以求得一系列參數，然後最小化這個誤差度量的值來進行，目前一般採用的計算方法是梯度下降法（Gradient Descent Method）。這是一個非常抽象的名詞，好比遊客要從某個不知名的高山儘快、安全地到達谷底，此時需要藉助指南針來引導方向。對於這個遊客，他必須在南北和東西兩個軸向進行選擇，以便確保下山的路在目前環境下，既是最快又是安全的途徑。可以把南北和東西兩個軸向，想像成目標函數的兩個維度或引數。那麼，這名遊客怎麼取得這個最佳的路徑呢？

在山頂時，遊客因為不能完全看到通往谷底的情況，所以很可能隨機選擇一條路線，多數時刻這個選擇很關鍵。一般山頂是一塊平地，有多個通往山下的可能點。如果真正下山的路線是在某個地方，而遊客選擇另外一處，很可能最後到達不了真正的谷底，或許是半山腰或者山腳下的某處，但是離真正的谷底可能有不小差距。這就是最佳化問題中，由於初始化參數不佳，導致只能獲得局部最佳解的情況。圖 1.6 具象地展示前述情況。

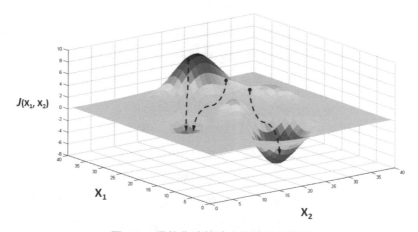

圖 1.6　最佳化演算法中初始值的影響

梯度下降法是一種短視的方法，好比遊客在下山時遇到非常濃的大霧，只能看見腳下一小塊地方，於是他就把一個傾角計放在地上，看哪個方向最陡，便朝著此方向往下滑一段距離。下滑的距離通常根據遊客對目前地形的研判程度來決定，接著停下來，再繼續重複上面的傾角計算，以及往下滑的動作。此舉和最佳化常用的最速下降法很類似，可視為後者的一個特例。在最速下降法中，參數的更新使用下列公式：

$$w_k^{(t+1)} = w_k^{(t)} - \varepsilon \nabla_{wk} f(w)$$

其中，$w_k^{(t)}$ 是第 k 個參數在 t 次反覆運算時的值，$\nabla_{wk} f(w)$ 是誤差函數對應於該參數的一階偏導數，而 ε 則是當前步進的大小，一般是透過線性搜索取得一個目前最佳值。

但是，以梯度下降法求解神經網路模型時，通常是使用隨機梯度下降法（Stochastic Gradient Descent），公式如下：

$$w_k^{(t+1)} = w_k^{(t)} - \Delta w_k^{(t+1)}$$
$$\Delta w_k^{(t+1)} = -\alpha \Delta w_k^{(t)} + \varepsilon \nabla_{wk} f(w)$$

這個演算法有下列幾點變化。

- 首先，計算時不是通覽所有的資料後再執行最佳化，而是針對每個觀測值或每組觀測值，執行梯度下降的最佳化計算。原來的演算法因此被叫作批量（Batch）或者離線（Offline）演算法，現在這種演算法則稱為遞增（Incremental）或者線上（Online）演算法，因為參數估計值會隨著觀測組的變化而更新。

- 其次，步進值通常從一開始就固定為一個較小的值。

- 最後，透過上述公式得知，參數更新部分不僅取決於一階偏導數的大小，還包含了一個動量項 $\alpha \Delta w_k^{(t)}$。動量項的效果是將過去累計更新項的一部分，加入目前參數的更新項，亦即把過去每一步的更新進行指數遞減的加權求和，可視為對過往更新值的記憶；越遠的記憶影響越小，越近的記憶影響越大，此舉有助於演算法的穩定性。如果步進值極小，而動量項的控制變數 α 趨近於數值 1，那麼線上演算法就類似於離線演算法。

圖 1.7 對梯度下降演算法進行具體的呈現。

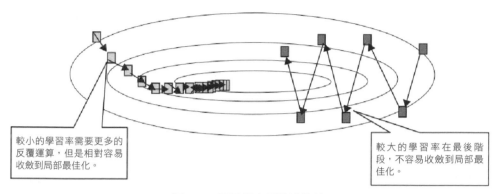

較小的學習率需要更多的反覆運算，但是相對容易收斂到局部最佳化。

較大的學習率在最後階段，不容易收斂到局部最佳化。

圖 1.7　展示梯度下降演算法

雖然現在最常見的演算法是基於一階偏導數的梯度下降法，但是跟其他幾種以前常用基於二階偏導數的最佳化演算法進行比較，還是十分有趣，有助於讀者更容易理解這些演算法。

基於二階偏導數的演算法通常統稱為牛頓法，因為使用比一階偏導數更多的資訊，可以看作遊客在下山的過程中霧小了點，能夠直接看到周邊的地勢。假設整座山是一個平滑的凸形狀，他就可以一路下滑到谷底，毋須中途停下來。當然，這個谷底也不能確保是最低的，有可能只是某個半山腰的窪地，因為還是有霧，遊客無法徹底看清整個地勢。

針對一般牛頓法的改進叫作增穩牛頓法（Stabilized Newton Method）。這種方法相當於遊客帶了一個高度計，因此滑下去以後可以查看結果，如果發現地勢反而增高，那麼便退回原來的地方，重新跳一小步，進而確保每次下滑都能到達更低的地點。針對此法的進一步改善叫作嶺增穩牛頓法（Ridge Stabilized Newton Method）。本法站在上一種方法的基礎上，遊客不僅可以退回原來的地方，重新下滑時還能選擇跳躍的方向，以確保有更多的機會使得每次下滑都離谷底更近一些。

針對深度學習模型的函數，每一層的節點都是一個啟動函數套著一個組合函數的形式（參考圖 1.5），亦即常見的複合函數形式。在參數更新部分，就需要使用微積分的鏈式法則（Chain Rule）計算複合函數的導數。假設有函數 $y = J(z)$，$z = g(h)$，$h = h(w)$，那麼應用鏈式法則 $\frac{\partial f}{\partial w} = \frac{\partial f}{\partial h} \frac{\partial h}{\partial w}$，可以得到：

$$\frac{\partial J(w)}{\partial w} = \frac{\partial J}{\partial z} \frac{\partial z}{\partial h} \frac{\partial h}{\partial w}$$

假設損失函數使用均方誤差，同時採用 logistic 的 sigmoid 啟動函數，而組合函數是求和函數，則以鏈式法則求解參數的更新，可以寫成：

$$\frac{\partial J(w)}{\partial w} = 2(f(x'w + b) - y)\frac{\partial f(x'w + b)}{\partial w}$$

$$= 2(f(x'w + b) - y) f(x'w + b)[1 - f(x'w + b)] x$$

將上述公式帶入前文梯度下降演算法的參數更新步驟 b，就可以得到新的參數估計。更新偏置項 b 採用幾乎一樣的公式，只是此時 x = 1，因此消掉上述公式中最後的 x。

1.5 反向傳播演算法

上一節解說梯度下降演算法，如果神經網路只有一層，那麼只要反復運用此演算法到損失函數，依照上面公式更新參數，直到收斂就好了。倘若神經網路是一個深度模型，在輸入層和輸出層之間包含很多隱含層的話，就需要一個高效率的演算法儘量減少計算量。為了快速估計深度神經網路的權重值，反向傳播演算法（Backpropagation）就是為此而設計的演算法。

設假 $f^0, ..., f^N$ 代表 1, ..., N 層的決策函數，其中 0 對應於輸入層，N 對應於輸出層。如果已知各層的權重值和偏置項估計值，便可採用下面的遞迴演算法，快速求得在目前參數值下的損失函數大小：

$$f^0 = x$$
$$f^1 = g(w^0h^0 + b^0)$$
$$f^2 = g(w^1h^1 + b^1)$$
$$......$$
$$f^{N-1} = g(w^{N-2}h^{N-2} + b^{N-2})$$
$$f^N = g(w^{N-1}h^{N-1} + b^{N-1})$$

為了更新參數值，亦即權重值和偏置項的預估值，反向傳播演算法先正向計算組合函數和其他相關的數值，再反向從輸出層 N 求解損失函數開始，按照梯度下降演算法依序往輸入層回算參數的更新值。

(1) 按照給定的參數，從輸入層到輸出層正向計算組合函數 h 的值

(2) $\delta^N = 2(f^N - y)\frac{\partial}{\partial w}g(w^{N-1}h^{N-1} + b^{N-1})$

(3) $\delta^{N-1} = (w^{N-1}\Delta w^N)\frac{\partial}{\partial w}g(w^{N-2}h^{N-2} + b^{N-2})$

(4) $\Delta w^{N-1} = \delta^N h^{N-1}$

(5) $\Delta b^{N-1} = \delta^{N-1}$

(6) 對 N - 1, … , 1 層重複上述步驟

深度學習模型的計算將大量使用鏈式法則，使得很多計算結果被重複使用。反向傳播演算法把這些中間結果保存下來，藉以大幅地減少計算量，提高模型擬合速度。因為每一層都使用同樣的函數：f: R → R，在這些層中，存在：$f^{(1)}$=f(w); $f^{(2)}$=f($f^{(1)}$); $f^{(3)}$=f($f^{(2)}$)，其中上標代表對應的網路層$\frac{\partial f^{(3)}}{\partial w}$。若想計算，可透過鏈式法則得到：

$$\frac{\partial f^{(3)}}{\partial w} = \frac{f^{(3)}}{\partial f^{(2)}}\frac{\partial f^{(2)}}{\partial f^{(1)}}\frac{\partial f^{(1)}}{\partial w}$$
$$= f'\left(f^{(2)}\right)f'\left(f^{(1)}\right)f'(w)$$
$$= f'(f(f(w)))f'(f(w))f'(w)$$

由此得知，只需計算 f(w) 一次、保存在變數 $f^{(1)}$ 中，就能在以後的計算中重複使用多次，當層數越多，效果越明顯。反之，如果不是反向，而是在正向傳播那一步求解參數更新量，那麼每一步的 f(w) 都要重新求解，計算量將大增。換句話說，反向傳播演算法是神經網路模型普及的基礎之一。

02

準備深度學習的環境

2.1 硬體環境的建置和組態的選擇

從事機器學習，良好的硬體環境不可或缺。在硬體環境的選擇上，不一定最貴的就有最好的效果，多數時候可能付出 2 倍的成本，但是效能的提升卻只有 10%。深度學習的運算環境對不同元件的要求不同，因此這裡先簡要討論硬體的合理組合。如果不缺錢的話，則可跳過本節。

雖然現今有一些雲端服務供應商提供 GPU 的計算能力，加上一鍵部署，聽起來很不錯；但是，基於雲端計算的 GPU 實例受到兩個限制。首先，一般廉價 GPU 實例的記憶體稍小，例如 AWS 的 G2 實例，目前只支援單 GPU 4GB 的視訊記憶體；其次，支援較大視訊記憶體的實例費用比較高，性價比不划算。例如 AWS 的 P2 實例，它使用每 GPU 12GB 記憶體的 K80 GPU，每小時費用高達 0.9 美元。不過 K80 GPU 屬於 Kepler 架構，乃是兩代前的技術。另外，實際狀況下需要開啟其他服務以使用 GPU 實例，各種成本加總後，每月的開銷還是十分可觀，或許 6 個月的總成本，已經能夠買一台 GPU 配備較好的全新電腦了。

搭配深度學習機器選擇硬體時，通常要考慮以下幾個因素。

(1) **預算**。這一點非常重要。如果預算足夠，當然可以秉持最貴就是最好的理念來選擇。但當預算有一定限制的時候，如何搭配組件最大化效能、儘量減少瓶頸等，就是更重要的考量了。

(2) **空間**。指的是主機內的空間。大部分新的 GPU 都是雙風扇，因此對主機的尺寸要求很高。如果已擁有一台主機，那麼選擇合適大小的 GPU 就成為最優先的考慮。倘若是新購主機，那麼全尺寸的大小是最好的選擇。因為大型主機的通風良好，同時 Keras 也能快速上手：基於 Python 的深度學習實戰，可以為日後增加多個 GPU 的升級留有餘地；另外，大型主機通常有多個 PCIe 的背板插槽，允許置放多個 PCIe 設備。現在的 GPU 卡，一般都會佔據兩個 PCIe 的插槽空間，因此背板插槽越多越好。

(3) **能源消耗**。效能越好的 GPU 對能源的要求越高，而且很可能是整個系統耗能最高的元件。如果已存在一台機器，只想增加一個 GPU 做為學習用途，那麼選擇效能一般、耗能低的 GPU 卡比較明智。如果需要高密度計算，搭配多個 GPU 平行處理，得便要求非常高的電源；一般來說，搭配 4GPU 卡的系統，至少需要 1600W 的電源。

(4) **主機板**。主機板的選擇非常重要，因為涉及跟 GPU 介面的搭配。一般來說，至少要有一塊支援 PCIe 3.0 介面的主機板。如果以後想升級系統到多個 GPU，那麼還需要支援 8+16 核心 PCIe 電源介面的主機板，這樣便可連接最多 4 個 GPU 進行 SLI 並聯。對於 4 個 GPU 的限制，乃是因為目前最好的主機板最多只能支援 40 條 PCIe 通道（16x、8x、8x、8x 的配置）。多個 GPU 平行加速並不能達到完美，畢竟還有一些額外的開銷。例如系統需要決定，在哪個 GPU 進行某個資料塊對應的計算任務。後文將會提到，CNTK 計算引擎的平行加速性非常好，在採用多個 GPU 時值得考慮。

(5) **CPU**。CPU 在深度學習計算的作用不是非常明顯，除非是以它進行深度學習演算法的計算。如果已經有一台電腦的話，就不用太糾結是否要升級 CPU；但是如果想要建置新系統，那麼還是需要考量 CPU 的選擇，以便使系統最大化地利用 GPU 的能力。首先，請挑選一個支援 40 條 PCIe 通道的 CPU。請注意，不是所有的 CPU 都支援這麼多的 PCIe 通道，例如 haswell 核心的 i5 系列 CPU，最多就支援 32 條通道。其次是選擇一個高頻的 CPU。雖然系統是以 GPU 進行具體的計算，但是在準備模型階段，CPU 還是有重要的作用，因此請選擇在預算內高頻、速度快的 CPU。CPU 的核心數量不是一個很重要的指標，一般來說，一個 CPU 核心可以支援一塊 GPU 卡。按照這個標準，大部分現代的 CPU 都算合格。

(6) **記憶體**。記憶體容量是越大越好，以減少資料擷取的時間、加快和 GPU 之間的交換。一般原則是按照 GPU 記憶體容量的兩倍（含）以上，進而配置主機記憶體。

(7) 儲存系統。對於儲存系統的要求，除了容量大以外，主要體現在計算時 GPU 不停供應資料的計算方面。如果是圖形方面的深度學習，資料量通常都非常大，可能需要多次存取資料，才能完成一輪計算，此時儲存系統讀取資料的能力，就成為整個計算的瓶頸。因此，大容量的 SSD 是最好的選擇。現今 SSD 的讀取速度，已經超過 GPU 從 PCIe 通道載入資料的速度。如果使用傳統的機械式硬碟，組成 RAID 5 也是一個不錯的選擇。倘若資料量不大，那麼這個因素就不是如此重要。

(8) GPU。GPU 顯然是最重要的因素，對整個深度學習系統的影響最大。相對於以 CPU 進行計算，改用 GPU 提高深度學習的速度已是眾所周知。通常能夠見到 5 倍左右的加速比，而在大數據的優勢甚至達到 10 倍。儘管好處十分明顯，但是如何在控制性價比的條件下選擇一個合適的 GPU，卻不是一件簡單的事情。因此，底下的章節將詳細討論如何挑選 GPU。

2.1.1　圖形處理器通用計算

介紹 GPU 加速卡的選擇之前，首先聊聊圖形處理器通用計算（GPGPU）。GPGPU 一般只應用到圖形計算（這些計算以前是由 CPU 完成）。就本質而言，GPGPU 管道是一個或多個 GPU 和 CPU 之間的平行處理，它們對資料像圖形格式一樣進行分析處理。雖然 GPU 的工作頻率比 CPU 低，但是它們有更多的核心，所以能夠更快地操作圖片和圖形資料。將待分析的資料轉換成圖形格式後再分析，便可達到很可觀的加速效果。

GPGPU 管道最初是應用於一般的圖形處理，後來發現這些管道更符合科學計算的需求，之後就朝著這個方向深度開發了。

2001 年後，因為支援了可程式化著色器和圖形處理器的浮點運算，在 GPU 進行通用計算變得實用和流行起來。請注意，涉及矩陣和 / 或向量（特別是二維、三維或四維向量）的問題，很容易轉換為 GPU 適合的計算。科學計算社群對新硬體的實驗開始於矩陣乘法程式：在 GPU 上執行速度比 CPU 高的流行科學問題之一，首選便是 LU 因式分解。

早期使用 GPU 作為通用處理器的努力，必須根據圖形處理器的 OpenGL 和 DirectX 兩個主要 API 支援的圖形元素，以便重新建構計算問題。由於通用程式語言和 API（例如 Sh/RapidMind、Brook 和 Accelerator）的出現，已不再需要這類繁瑣的重構。然後是 NVIDIA 的 CUDA，它不需要程式人員考慮底層適用於高效能計算的圖形概念。同時，較新與獨立於硬體供應商的程式設計架構，包括微軟 DirectCompute 和蘋果 /Khronos 集團 OpenCL 的出現，使得軟體可以方便地平行利用多核心 CPU 和 GPU。這意味著現代 GPGPU 管道能夠善用 GPU 的速度，但毋須將資料完全和明確地轉換為圖形形式。

DirectX 9 以前的圖形卡僅支援調色或者整數顏色類型。每種可用的格式都包含一個紅色、一個綠色和一個藍色元素，再加上額外的 α 值，用來表示透明度。通用格式有：

- 每像素 8 位元——有時候採用調色板模式，其中每個值都是表中的索引，指向其他格式定義的實際顏色值。有時候 3 位元為紅色，3 位元為綠色，2 位元為藍色。
- 每像素 16 位元——通常分配為紅色 5 位元，綠色 6 位元，藍色 5 位元。
- 每像素 24 位元——紅色、綠色和藍色分別有 8 位元。
- 每像素 32 位元——紅色、綠色、藍色和 α 值都為 8 位元。

2008 年最後修訂的 IEEE 754 標準定義了浮點數精度。David Goldberg 在他的論文 *What Every Computer Scientist Should Know About Floating-Point Arithmetic* 中，對浮點數和許多問題做了很好的介紹。

標準要求二進位浮點數在 3 個欄位上進行編碼：最高有效位是符號位，其後是儲存次高有效 e 個位元的指數部分，以及存放有效數（或分數）的小數部分，如圖 2.1 所示。

圖 2.1　二進位浮點數編碼

為了實現跨平台的一致性計算，以及交換浮點數的需求，IEEE 754 標準定義了基本格式和交換格式。32 位元和 64 位元二進位浮點格式，基本上對應於 C 語言的 float 和 double 類型，如圖 2.2 所示。

圖 2.2　IEEE 754 標準定義的 32 位元和 64 位元二進位浮點格式

對於表示有限值的數值資料，符號是負號或者正號，指數欄位編碼基數為 2 的指數，分數欄位編碼有效數，而沒有最高有效非零位。例如，值 -192 等於 $(-1)^1 x 2^7 x 1.5$，亦即同時表示為具有負號、指數為 7 和分數部分的編碼。規定單精度指數的偏離量為 127，雙精度指數的偏離量為 1023，以便允許指數從負數延伸到正數。因此，上例中指數 7 的對應階碼表示：在單精度情況下為指數 7 加上 127，等於 134；而在雙精度情況下則為 7 加上 1023，等於 1030。1.5 的整數部分（即 1），隱含在分數部分的編碼，如圖 2.3 所示。

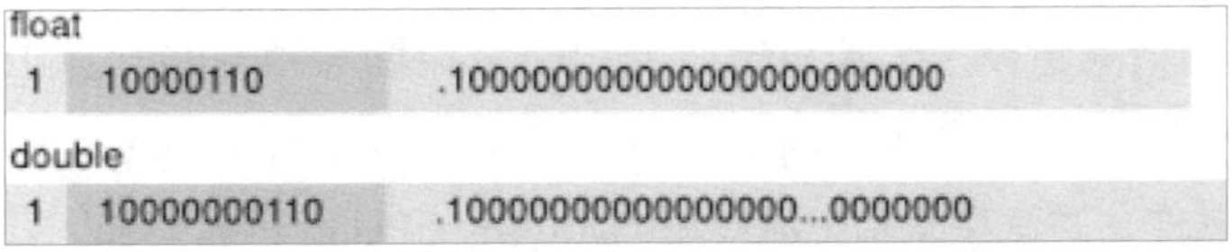

圖 2.3　有限值的浮點數格式

此外，保留代表無窮大和非數字（NaN）資料的編碼，IEEE 754 標準也全面描述了其浮點格式。

假設分數欄位使用有限的位數，並不是所有的實數都能夠精確地表示出來。例如，以二進位形式表示分數 2/3 的數值為 0.10101010...，在小數點之後有無限數量的位數。值 2/3 必須先捨入，以便以有限的精度呈現為浮點數。在 IEEE 754 的標準中，業已規定四捨五入和捨入模式的規則。最常用的是四捨五入到最近或偶數模式（縮寫為 round-to-nearest）。在此模式下捨入的值 2/3，以二進位形式表示為圖 2.4 的樣子：符號為正號，儲存的指數值表示 -1 的指數。

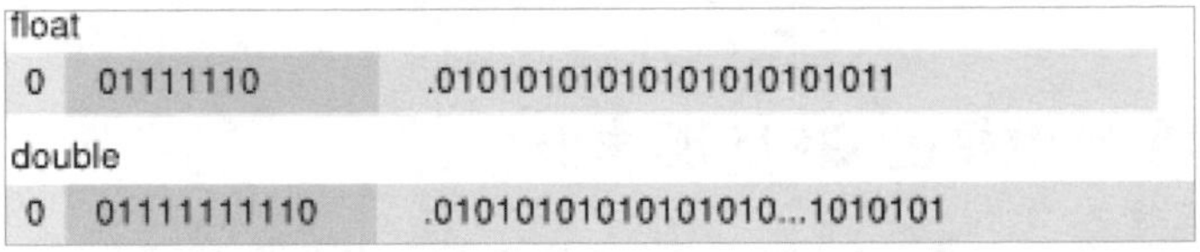

圖 2.4　在 IEEE 754 標準下分數的表達

GPU 的大多數操作都以向量化方式執行：一次多達 4 個值。例如，如果一種顏色 <R1, G1, B1> 被另一種顏色 <R2, G2, B2> 調製，則 GPU 便可透過 <R1 * R2, G1 *

G2, B1 * B2> 的向量操作，由一種顏色產生另一種所需的顏色。此功能在圖形領域非常有用，因為幾乎每種基底資料型別都是向量（二維、三維或四維）。

CPU（中央處理器）經常被稱為 PC 的大腦。但是，越來越多的 PC 正由它的另一部分 GPU（圖形處理器）來增強，這是其靈魂。

所有 PC 都具有將圖形呈現給顯示器的晶片，但並非所有的晶片都一樣。英特爾的整合式顯示卡控制器提供基本圖形，只能顯示與支援常見的應用程式，如 Microsoft PowerPoint、低解析度影片和基本遊戲。

GPU 本身就是一種類型——它遠遠超出基本的圖形控制器功能，屬於一個可程式化且功能強大的計算設備。

GPU 的進階功能最初應用於 3D 遊戲渲染。但如今這些能力正受到更廣泛的利用，例如加速金融建模、尖端科學研究和油氣探勘等領域的計算工作。同時，GPU 加速計算已經成為蘋果（OpenCL）和微軟（DirectCompute）最新作業系統支援的主流動作。廣泛接受和主流應用的原因是 GPU 計算能力強，其功能增長速度快於以 x86 為代表的傳統 CPU。

在今日的 PC 中，GPU 可以承擔多種多媒體任務，例如加速 Adobe Flash 影片、不同格式的影片轉換、圖形識別、病毒碼比對等，非常適合這類具備固有平行性的操作。因此，CPU 與 GPU 的結合，可以提供最佳的系統效能、價格和耗能。基本上，GPGPU 是一種軟體概念，而非硬體概念，它是一種演算法，不是一個設備。然而，專門設計的設備能夠進一步提升 GPGPU 管道的效率。傳統上 GPGPU 管道對大量資料執行相對較少的計算，而大規模平行化、巨量的資料任務，可以透過諸如機架計算（機架內部許多類似、高度客製化的機器）的專門設定進一步平行化。眾多計算單元使用多個 CPU 對應到更多的 GPU，例如一些比特幣礦工就藉由這類裝置，藉以進行大量處理，進而挖掘比特幣。

2.1.2　需要什麼樣的 GPU 加速卡

從品牌來說，現在獨立的 GPU 加速卡有 3 種選擇。首先是顯示卡的兩個陣營，即 NVIDIA 和 AMD；其次是 Intel 的 Xeon Phi。

就顯示卡而言，推薦 NVIDIA。首先，採用 NVIDIA 的標準程式庫，非常容易在 CUDA 建立一個深度學習套件，而 AMD 的 OpenGL 卻沒有那麼強悍的標準程式庫。對於非底層演算法的開發人員來說，現今 AMD 的 GPU 還沒有較好的深度學習套件。即使將來發表某些 OpenCL 程式庫，但是從成熟度來講，NVIDIA 還是好很多，CUDA 的 GPU 社群和 GPGPU 社群很大，而 OpenGL 的社群相對較小。因此，在 CUDA 社群，已經有良好的開源方案和指導意見供大家使用。其次，NVIDIA 在深度學習領域發展得非常好。早在 2010 年，NVIDIA 就預言深度學習在未來 10 年內會越來越流行，因此投入大量資源進行研究和開發。AMD 在這方面的投入，相對於 NVIDIA 稍微落後一些。

如果選擇 Xeon Phi，則只能使用標準的 C 語言，然後將其轉換成加速的 Xeon Phi 程式碼。這個功能看起來挺有意思，因為可以使用現今普及的 C 語言程式碼。然而，理想很豐滿，現實很骨感。真正能夠支援的 C 程式碼只有很少一部分，所以這個功能沒有什麼用處，而且大部分 C 程式執行速度很慢。Xeon Phi 在社群支援方面也不是很好，例如 Xeon Phi 的 MKL 數值庫和 Numpy 不相容；在功能方面也不盡完善，例如 Intel Xeon Phi 編譯器無法最佳化範本，也不支援 GCC 的向量化功能，Intel 的 ICC 編譯器不支援 C++ 11 全部的功能等。另外，寫完程式碼還無法進行單元測試。這些問題說明 Xeon Phi 尚不是一個成熟、可靠的工具，不適合一般程式人員或者資料科學家進行深度學習的工作。

因此，目前最適合的選擇是 NVIDIA 旗下的各種 GPU 加速卡。

2.1.3　GPU 需要多少記憶體

鎖定品牌以後，還得選擇正確的 GPU 型號，這時候需要瞭解該用多少記憶體執行深度學習。接下來便討論卷積神經網路的記憶體需求，這是因為它在計算時對記憶體的需求非常大。一塊滿足訓練卷積神經網路任務的 GPU 加速卡，通常也能滿足大部分其他的計算任務。如此就可確保買到容量合適的 GPU 卡，而不會花冤枉錢購買高階的加速卡，但是又發揮不出全部的效能。

卷積神經網路對記憶體的要求，和一般神經網路非常不一樣。如果只是儲存的話，所需的記憶體會稍小一些，因為參數少；但是如果要訓練一個卷積神經網路，那麼所需的記憶體則非常大。因為每個卷積層的啟動函數量和誤差量，相較於簡單神經網路十分大，這些是記憶體消耗的主要來源。把啟動函數量和誤差量加起來，便可決定大致的記憶體需求。然而，在這類網路透過某一種狀態，進而確定啟動函數和誤差的數量，可說是非常困難。一般來說，最開始的幾層會耗用很多記憶體，主要記憶體的需求取決於輸入資料的大小。所以，首先應考慮輸入資料的大小。

舉例來說，假如需要訓練一個圖形識別模型，資料中每個圖片寬度為 512 像素，高度也為 512 像素，每個像素有 3 個顏色通道，亦即每張圖片可以存成一個 512×512×3 的多維矩陣。再假設設定一個 3x3 的濾鏡（filter），表 2.1 列出一個 7 層卷積神經網路所需的神經元個數，以及每個神經元對應的權重數。

表 2.1　卷積神經網路參數的計算表

層數	像素高度	像素寬度	深度	濾鏡高度	濾鏡寬度	神經元數	單神經元參數
1	512	512	3	3	3	786432	108
2	256	256	6	3	3	393216	216
3	128	128	12	3	3	196608	432
4	64	64	24	3	3	98304	864
5	32	32	48	3	3	49152	1728
6	16	16	96	3	3	24576	3456
7	8	8	192	3	3	12288	6912
						1560576	13716

表 2.1 顯示卷積神經網路對記憶體的巨大需求。針對一個 115×115×3 的圖形，如果所有參數都以 8 位的浮點數來儲存，那麼最終所需的記憶體高達 1GB。

當然，實際應用時，可以根據硬體的 GPU 記憶體限制縮小計算的規模。例如在常見的 ImageNet 資料集中，通常是以 224×224×3 的多維矩陣儲存圖形。假如訓練這樣的資料集可能需要 12GB 的記憶體，如果將圖形縮小為 115×115×3 的維度，那麼只需要四分之一的記憶體容量就夠了。

此外，GPU 的記憶體需求也取決於資料集的樣本量。例如只用了 ImageNet 資料集的 10%，那麼一個非常深的模型就會很快地過度擬合（fitting），因為沒有足夠的樣本泛化。但是較小的神經網路通常會表現比較好，同時所需的記憶體也較少，這樣 4GB 或者更少的記憶體就足夠了。這表示以較少的圖片訓練模型時，因為模型的複雜度降低，對記憶體的需求相對就變少。

第三個決定記憶體需求的因素是分類類別的數目。相較訓練一個 1000 種類別圖形的模型而言，如果改為訓練一個二分類圖形的問題，那麼所需的記憶體會小很多。因為如果需要互相區別更少的分類時，過度擬合便發生得更快；換句話說，比起區分 1000 個類別，只需更少的參數分辨兩類。

對於卷積神經網路而言，有兩種方法降低 GPU 的記憶體需求。第一種是採用較大的遞進步數作為卷積核心，此時不是為每一個像素，而是為兩個或四個像素（2 或 4 步幅）應用卷積核心，這樣將產生更少的輸出資料。前述技巧通常用於輸入層，因為這一層最消耗記憶體。第二種是引入一個 1×1 的卷積核心層，進而降低所需的深度。例如，$64\times64\times256$ 的輸入可以透過 96 個 1×1 顆粒，減少到 $64\times64\times96$ 的輸入。

最後，總是降低訓練批量的大小，訓練批量的大小對記憶體需求的影響非常顯著。例如對於同一個模型，使用 64 個而非 128 個訓練批量，可以降低一半的記憶體消耗。但是，模型訓練也可能花費更長的時間，特別是在訓練的最後階段。最常見的卷積操作，一般是對 64 個或更大的訓練批量進行最佳化，使得從 32 個訓練批量的大小開始，模型訓練速度將大幅降低。因此，收縮訓練批量的大小，甚至減少到 32 個以下，應該只作為最後手段的一個選項。

另一個經常被忽略的選擇是：改變卷積網路採用的資料類型。從 32 位元切換到 16 位元，便很容易將記憶體消耗降低 50%，同時又不會明顯降低模型的效能。這種方法在 GPU 上通常會得到非常顯著的加速比。

所以，這些記憶體減少技術在面對真實資料時，會是什麼樣的情況呢？

如果把 128 個批量大小、250 像素 x 250 像素、3 種顏色（$250\times250\times3$）的圖形作為輸入，採用 3×3 核心，按照 32、64、96 步驟遞增的話，那麼若只為了進行誤差計算和啟動函數，所需的記憶體大小為：92MB → 1906MB → 3720MB → 5444MB。

在一塊普通的 GPU 卡上，記憶體很快就會不夠用。如果以 16 位代替 32 位，這個數字便減半；同理也適用於訓練批量個數為 64 的情況。如果同時使用 64 個訓練批量和 16 位精度，記憶體消耗就會降為原來的四分之一。不過，如果要用多層訓練深度網路，記憶體仍然會非常吃緊。如果在第一層增加步長 2，接著採用 2×2 的最大池化技術，那麼記憶體消耗的變動為：92MB (input) → 952MB (conv) → 238MB (pool) → 240MB (conv) → 340MB (conv)。

如此就大幅降低記憶體消耗。但是，如果資料量夠大、模型夠複雜，還是會出現記憶體問題。如果使用 2~3 層，那麼可改以另外一層做最大池化或者應用其他技術。例如 32 個 1×1 的核心，會把最後一層的記憶體消耗從 340MB 降低到 113MB，這樣便能簡單地把神經網路擴展到很多層，而且不用擔心效能問題。

如果使用最大池化、跨越式和 1×1 的核心等技術，雖然可以有效地降低記憶體消耗，但是也相對地扔掉這些層的若干資訊，造成對模型的預測效能不利。其實訓練卷積網路的本質，就是把混合的不同技術應用到一個網路上，藉以利用儘量低的記憶體得到最好的結果。

事實證明，最重要的 GPU 效能指標應該是記憶體頻寬，亦即以 GB/s 衡量記憶體每秒讀取和寫入的輸送量。記憶體頻寬非常重要，因為目前幾乎所有的數學運算，例如矩陣乘法、內積、求和等都受到頻寬的約束。瓶頸在於多少資料可從記憶體提取出來以供運算，而不是有多少運算能力可用。筆者在實際情況下以 GTX 1060 顯示卡做 GPU，通常只能達到 40% 的飽和計算能力，這就是由於記憶體頻寬的限制所造成。表 2.2 列出在 Kepler、Maxwell 和 Pascal 架構下，不同 GPU 的記憶體頻寬。

表 2.2　不同 GPU 的頻寬比較（GB/s）

架構 Pascal	Tesla P100 (16GB) 720	Tesla P100 (12GB) 540	GTX 1080Ti 484	GTX 1080 320	GTX 1070 256	GTX 1060 192
架構 Maxwell	Tesla M60 2x160	Tesla M40 288	GTX 980Ti 330	GTX 980 224	GTX 970 196	GTX 960 120
架構 Kepler	Tesla K80 2x240	Tesla K40 288	GTX 690 2x256	GTX 680 256	GTX 660Ti 192	GTX 660 192

在同一種架構下，頻寬可以直接比較。例如同為 Pascal 架構的 GTX 1080 和 GTX 1070 高效能顯示卡，便可查看記憶體頻寬互相比較。然而，在不同的體系結構

中，由於各種架構如何利用給定的記憶體頻寬不同，就不能直接以記憶體頻寬比較效能。例如 Pascal 架構的 GTX 1080 和 Maxwell 的 GTX Titan X，就無法直接以頻寬考察其性能差異。如此一來便有點棘手，因為總體頻寬僅提供一個 GPU 速度的大致概念。一般在預算確定的情況下，可以選擇架構最新、記憶體頻寬最大的顯示卡。但因顯示卡價格下降得非常快，因此買一張二手顯示卡應該是預算吃緊時的最佳選擇。現今 GTX 10 系列的新一代顯示卡大行其道，因此 9 系列，特別是 960 系列顯示卡的價格下降較快，不失為一個入門的選擇。如果還能增加一點預算，則可挑選 1060 系列的入門顯示卡，價格和 980 系列差不多，但是架構更新、耗能更低、記憶體更大，只是頻寬稍微小了點。

另一個需要考慮的重要因素是：並非所有的架構都與 cuDNN 相容。例如 Kepler 架構的 GPU 就不行，不過由於它已經非常老舊，估計市面上不多見。GTX 9 系列或者 10 系列都能完善地利用 cuDNN 的計算能力，所以在選購時基本上沒有什麼問題。

基於上面的頻寬論述，表 2.3 簡單地比較不同 GPU 執行深度學習任務的相對效能。請注意，這只是大概的比較，實際情況會有一些不同。在表 2.3 中，Pascal 架構的 Titan X 作為目前最強的主流 GPU 之一，將被指定為比較物件，標為其他幾種主流 GPU 的一個倍率，好讓讀者對不同 GPU 的選擇有一個比較直觀的概念。例如 Pascal 架構的 Titan X=1，而 GTX 1080=1.43，代表 Pascal 架構的 Titan X，在執行深度學習任務時，其速度是 GTX 1080 的 1.43 倍左右，換句話說，就是 Pascal 架構的 Titan X 比 GTX 1080 快 43%。

表 2.3　主流 **GPU** 的相對計算能力

Pascal Titan X 1	GTX 1080 1.43	GTX 1070 1.82	GTX TitanX 2.00	GTX 980Ti 2.00	GTX 1060 2.50	GTX 980 2.86
GTX 1080 1	GTX 970 3.33	GTX Titan 4.0	AWS GPU Instance 5.72	GTX 960 5.72		

一般來說，如果預算比較充裕，GTX 1080 或 GTX 1070 是不錯的選擇。如果預算不是問題，顯然 GTX 1080Ti 11GB 版本是非常好的選擇；如果預算稍微吃緊，那

麼 GTX 1070 8GB 版本應該是性價比最高的 GPU。普通的 GTX Titan X 卡因為使用 8GB 記憶體，因此比只有 6GB 記憶體的 GTX 980Ti 更適合深度學習。

GTX 1060 是最好的入門級 GPU，價格便宜，記憶體也高達 6GB，對於大多數的學習專案已足夠。其主要問題是頻寬介面較小，只有 192 bit，整個記憶體的輸送量相對於 GTX 1080 和 1070 低了很多。不過，雖然 GTX 1060 與相對高階的 GPU 相比，效能還是有所欠缺，但是跟 GTX 980 的效能幾乎持平，記憶體還大 2GB，因此性價比非常高，可說是個人練習深度學習非常好的選擇。6GB 和 8GB 記憶體，對於大多數中等規模的深度學習任務尚且夠用，但是遇到 ImageNet 這類規模的資料或者影片等，就明顯不足了。此時 11GB 記憶體的 GTX 1080Ti 就派上用場。

2.1.4　是否應該使用多個 GPU

透過 SLI（Scalable Link Interface），GPU 的互連速度達到 40Gb/s。在遊戲裡建置 SLI 並聯顯示卡，也能顯著提升效能。那麼能否藉由搭建多個 GPU，進而提升工作站的深度學習計算能力呢？如果能，是不是越多越好呢？圖 2.5 展示此類配置。

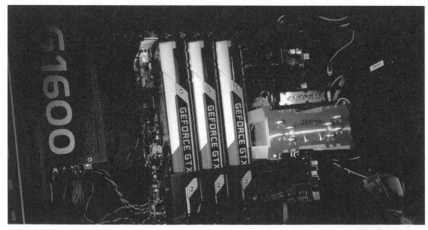

圖 2.5　三塊 GTX Titan 卡和一塊 InfiniBand 卡（為深度學習而配置）

跟遊戲裡的表現相反，在多個並聯的 GPU 上平行計算神經網路很困難，而且提升的優勢非常有限。對於小型的神經網路，資料平行更有效；而對於大型的神經網路，由於資料傳輸上的瓶頸，簡單並聯多個 GPU，有時並不能取得理想的效果。

另外，在某些特定問題上，GPU 的平行效果不錯。例如，卷積層很容易平行化，而且可以很好地進行伸縮。許多現成的框架，例如 TensorFlow、Caffe、Theano 和 Torch 等，都支援這種平行性，如果使用 4 個 GPU，則會看到 2.5~3 倍的速度提升；而微軟的 CNTK 提供最佳的平行效能，多數情況下加速比能夠提高 3.6~3.8 倍。CNTK 使用自己專門的 BrainScript 描述神經網路，對於初學者而言，學習曲線稍陡，不過現在也提供基於 Python 以及其他語言的 API，有利於其應用。TensorFlow 和 Theano 都採用函數形式的 API 描述神經網路。

目前 CNTK 和 TensorFlow、Theano 一樣，同樣納入了 Keras 的後端平台，使用者只需瞭解 Keras 高度抽象的建構方法即可，不需要考慮 CNTK 與其他套裝軟體很多不同的地方，藉以大幅提高生產效率。這也是撰寫本書的目的。

相信隨著軟體和硬體效能的提升，使用多個 GPU 平行計算神經網路，以便大幅提高計算能力的情況會越來越普遍，最終會讓一般客戶實現快速訓練許多不同深度學習模型的能力。

當然，從另一個角度而言，採用多個 GPU 還有一個優點，就是能在每個 GPU 上各自運行自己的演算法或實驗。雖然沒有提升效能，但是同時除錯不同的演算法或參數，便可儘快地取得所需的理想模型。無論是對於研究人員或資料科學家，這一點都是非常重要，因為實際上大部分的時間，其實都投入到參數的調校了。

另外，心理上有助於讀者保持學習的興趣。一般來說，執行任務和接收回饋的時間間隔越短，人們越能更好地將相關的印象和學習經驗整合到一起，也不會因為長時間反復等待計算結果而灰心喪氣。如果利用兩個 GPU 訓練兩個卷積網路的小資料集，則能更快地瞭解什麼參數對模型的效果影響較大，也更容易檢查交叉驗證錯誤的規律。這些經驗的有效總結，就可幫助分析師正確地理解到底需要調整哪些參數或刪減哪些層，才能夠提高模型的效能。

整體來說，一個 GPU 應該滿足幾乎所有的任務，但使用多個 GPU 正變得越來越重要，而且有助於加快深度學習模型的建模過程。所以，如果想要快速地訓練深度學習模型，採用多個廉價的 GPU 會是不錯的選擇。

2.2　安裝軟體環境

下面準備安裝深度學習的軟體環境。這是本書應用案例的執行環境，同時適用於大部分中小型的深度學習專案。考慮到讀者的背景廣泛，此處選擇在 Windows 系統環境下設定深度學習的軟體環境。

2.2.1　所需的軟體清單

下面是所需的軟體工具和計算程式庫清單。

(1) Visual Studio 2013 Community Edition，版本號 12.0.31101.00 Update 4。我們需要 VS 的 C/C++ 編譯器和 SDK，內建的 .NET 環境為 4.6.01586。

(2) Anaconda 計算環境。對於基於 Python 的系統來說，通常的做法是安裝預先包裝好的 Python 科學計算環境，目前常見的有 WinPython、Anaconda Python 等。本書選擇 Anaconda 環境。Anaconda 是一個非常流行、基於 Python 的科學計算環境，預先整合了 150 多個資料科學計算程式庫，使用上非常方便。Anaconda 的伺服器支援超過 700 種常用的套裝軟體，額外供分析師和資料科學家下載安裝和使用。雖然目前最新版本是支援 Python 3.6 的 Anaconda 3-4.4.0，但是本書使用的是基於 Python 3.5 的 Anaconda 3-4.2.0 版本，因此請下載 Python 3.5 對應的版本，以便順利安裝所需的計算環境。

(3) CUDA 8.0.44 (64-bit)。這是 NVIDIA 的 GPU 計算數學程式庫和編譯器。

(4) MinGW-w64 (5.4.0)。需要 MinGW 的編譯器和工具，例如 g/g++、make 等。

(5) CNTK 2.0。CNTK 是微軟一套開發深度學習的計算環境，具備速度快、GPU 並行擴充能力強等優點，也是目前在遞歸神經網路模型中，計算速度最快的深度學習環境。

(6) Theano 0.9.0。Theano 是蒙特婁大學開發與開源的一套深度學習環境，提供針對神經網路模型數學公式和多維矩陣代數運算的環境。

(7) TensorFlow。TensorFlow 是 Google 開發與開源的一套深度學習環境，在此領域名氣較大。

(8) Keras 1.1.0，或者微軟的伺服端倉庫複刻（fork）的 Keras（基於 Keras 2.0 介面）。Keras 是以 CNTK、Theano 或者 TensorFlow 為計算後台的深度學習建模環境。此程式庫將繁雜的數學運算抽象出來，好讓使用者能夠集中精力建構自己的神經網路模型和建模，非常有效、方便，也是本書案例的主要工具和講解的對象。

(9) OpenBLAS 0.2.14。提供針對不同 CPU 架構最佳化後的線性代數數值計算程式庫。

(10) cuDNN v5.1 (August 10, 2016) for CUDA 8.0（可選項）。這是針對卷積神經網路模型最佳化的數值計算程式庫。使用後，卷積神經網路的計算速度能夠提高 2~3 倍，非常可觀。

2.2.2 CUDA 的安裝

首先需要安裝 CUDA，步驟如下。

(1) 下載並安裝 Visual Studio Community 2013。需要登錄 Visual Studio 網站，如果尚未註冊，請註冊一個帳戶。不要下載 Visual Studio 2015/2017，這個版本不支援 CUDA 8.0。如果用的是 NVIDIA 10 系列的顯示卡，必須使用 CUDA 8.0 的驅動程式。

(2) 把 C:\Program Files (x86)\Microsoft Visual Studio 12.0\VC\bin 目錄加到目前的路徑 PATH 裡面。

(3) 下載並安裝 CUDA 8.0。需要登錄 CUDA 網站，如果尚未註冊，請註冊一個帳戶。安裝完畢以後，可透過執行一個樣本程式來檢驗。請選擇這個樣本檔，按一下滑鼠右鍵，選擇 Debug → Start New Instance 開始執行，螢幕上將看到一個模擬的落葉畫面。

2.2.3 Python 計算環境的安裝

下面繼續安裝 Python 計算環境。

(1) 下載並安裝 Anaconda 4.2.0（https://repo.continuum.io/archive/Anaconda3-4.2.0-Windows-x86_64.exe，MD5=0ca5ef4dcfe84376aad073bbb3f8db00），該版本支援 Python 3.5。這個過程會持續幾分鐘到二十幾分鐘，通常安裝的目錄是 C:\Anaconda3\。安裝完成後，按一下「開始」按鈕，便可看到幾個相關的項目出現在裡面，如圖 2.6 所示。

按一下「Anaconda Prompt」帶出 Anaconda Console，輸入 python 就能進入 Python 環境，如圖 2.7 所示。

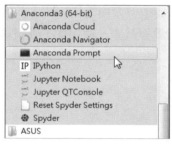

圖 2.6　Anaconda 安裝完成後新增的項目

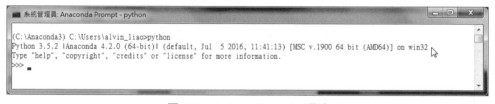

圖 2.7　Python Console 環境

(2) 安裝 MinGW 和 LibPython 套件。Anaconda 4.2 版以前的環境無法透過 conda 安裝 LibPython 套件，過程會提示衝突；但在 4.2 版已經修正此問題，可以順利安裝，只需在 Anaconda Console 中輸入如下命令：

```
conda install -c anaconda mingw libpython
```

如此便可順利安裝 MinGW 和 LibPython 這兩套軟體。這是接下來安裝 GPU 計算環境的前提，安裝過程會看到如圖 2.8 所示的訊息。

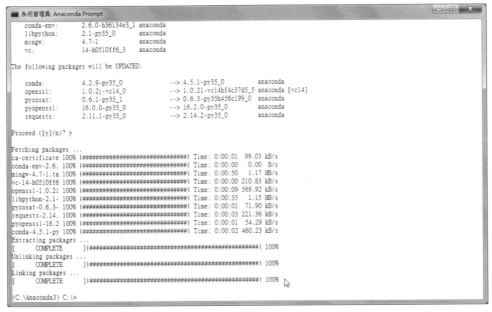

圖 2.8　MinGW 和 LibPython 套件安裝過程

2.2.4　深度學習建模環境介紹

接下來還需要考慮 GPU 建模環境。本書選擇以 Keras 為基礎的 GPU 建模環境，而 Keras 則是以 CNTK、Theano 或者 TensorFlow 之一作為實際後台的建模環境。相對於標準的 GPU 建模環境，例如 CNTK、Theano、TensorFlow、Caffe 等，Keras 有一個非常巨大的優勢：使用簡單，並將使用者從繁雜的數學公式中解放出來，直接考慮具體的深度學習神經網路的架構。當然，缺點就是只能使用目前已有的結構建置自己的神經網路，而且只提供一個建模環境，實際計算還需要仰賴 CNTK、Theano 和 TensorFlow 其中一種計算環境進行。不過，對於現實的應用來說，這一點已經足夠，實作時反而應該避免採用新的、未經過驗證的網路結構。

下文分別介紹 CNTK、Theano 和 TensorFlow 後台的安裝。

雖然目前 TensorFlow 很流行，但是本書實際範例的計算，使用的後台都是 CNTK。這是因為作為後台，相較於 Theano 和 TensorFlow 兩種後台以及其他深度學習環境，CNTK 具有下列優勢。

(1) CNTK 在速度上有比較明顯的優勢。根據香港浸會大學（HKBU）Shaohuai Shi 等人於 2017 年發表的研究結果（http://dlbench.comp.hkbu.edu.hk/），運行 GPU 時，CNTK 在大多數模型的速度表現都優於其他計算環境，而在遞歸神經網路模型中更是大幅領先，在語音辨識、自然語言解析、翻譯以及時間序列預測類的任務中尤其明顯。在我們的實驗中，以 CNTK 作為 Keras 的後台，遞歸神經網路模型要比 TensorFlow 平均快 30%~40%，只在簡單的全連接網路模型稍慢於 TensorFlow。測試平台是 Intel Xeon CPU 5E-2620 V2 @2.1GHz + 32GB 記憶體 + Windows 10 企業版。顯示卡選擇的是 NVIDIA Titan Xp。其中採用 8 個例子比較 TensorFlow、CNTK 和 Theano 的效能，結果如表 2.4 所示。

表 2.4　三種 Keras 後台速度的比較

範例程式	反覆運算次數	TensorFlow	CNTK	Theano
mnist_cnn.py	12	116	94	128
mnist_mlp.py	100	485	530	569
imdb_lstm.py	15	3645	2505	3456
imdb_cnn.py	2	28	27	29
mnist_hierachical_rnn.py	5	1757	1163	1834
addition_rnn_lstm.py	200	3486	3349	3479
imdb_cnn_lstm.py	2	210	155	246
lstm_text_generation.py	10	1920	1190	2189

(2) CNTK 有良好的預測精準度。CNTK 提供很多先進的演算法實作，藉以協助提高預測精準度。例如 CNTK 的 Automatic Batching Algorithm 允許分析師合併不同長度的序列，在提高執行效率的同時，實現了更優化的隨機性，通常能提高 1~2 個百分點的精準度。微軟研究院也透過這項技術，實現和人類一樣的即時對話語音辨識能力（Human Parity）。

(3) CNTK 的產品品質更好。雖然很多深度學習計算環境聲稱能夠重複論文裡的樣本模型結果，但實際運算時會遇到各式各樣的問題，不是最後的結果達不到預期的精準度，不然就是 bug 不斷，無法執行完樣本程式。CNTK 的品質保證對於任意模型，根據資料和模型的描述從頭建模，都能夠重複論文裡的結果，這對於線上系統來說非常重要。例如 Inception V3 網路模型（https://arxiv.

org/abs/1512.00567），如果以別的深度學習框架的樣本程式碼，自己利用資料從頭訓練模型的話，便會遭遇前述的問題，因為樣本程式並未提供許多資料的預處理等小技巧。如果改用 CNTK 的樣本程式碼，就能順利地實現模型的訓練，並且達到優於論文裡的預測精準度。有興趣的讀者可以連結 https://github.com/Microsoft/CNTK/tree/master/Examples/ 下載不同的樣本來學習。

(4) CNTK 在 GPU 的擴展性良好。真正上線用的深度學習模型，通常需要極大量的資料，因此在實際訓練時要求盡可能多的 GPU。CNTK 可以很輕鬆地平行到數百個 GPU 上，特別是其獨家的 1-bit SGD 和 Block-Momentum SGD 演算法，藉以實現高度的平行計算。2014 年微軟發表於 INTERSPEECH 上的論文顯示，採用 1-bit SGD 演算法，針對不同規模的資料和迷你批量數，加上 8 個 K20X GPU，便能在常見的 Switchboard DNN 上達到 3.6~6.3 倍的加速能力，其中較大的迷你批量數可以實現較高的倍增率。根據 2016 年微軟發表於 ICASSP 的論文，CNTK 的 Block-Momentum SGD 演算法在 LSTM 和 DNN 類型的模型中，完全能滿足近乎線性的加速能力。

(5) CNTK 的 API 設計基於 C++，完美地體現於速度和可用性上。因為 CNTK 的所有核心功能都是 C++ 程式碼，因此速度自然有保證，同時在其他語言撰寫介面也非常自然、方便。雖然本書是教導讀者以 Keras 來建模，但是如果後台採用 CNTK 的話，則可確保分析環境和生成環境的結果相同。此外，CNTK 的 Python API 有高抽象版本和低抽象版本，其中前者基於函數程式設計（Functional Programming）的理念，使用起來非常方便；而後者則適用於線上系統。

2.2.5 安裝 CNTK 及對應的 Keras

本小節介紹 CNTK 2.0 版本的安裝。

首先開啟 Anaconda Console，建立一個新的 Anaconda 虛擬環境，這樣就不會和已經安裝好的 Python 套件衝突。請輸入以下命令：

```
(c:\Anaconda3) D:\temp> conda create --name cntkKeraspy35 Python=3.5
numpy scipy h5py jupyter
```

如果有其他常用的程式庫，例如 pandas、matplotlib 等，則可以加在後面。然後看到下面的螢幕輸出，說明 Anaconda 正在新建一個虛擬環境，並且安裝指定的軟體套件。

```
1   Solving environment: done
2   ## Package Plan ##
3
4   environment location: C:\Anaconda3\envs\cntkKeraspy35
5   added / updated specs:
     - h5py
     - jupyter
     - numpy
     - python=3.5
     - scipy
6
7   The following NEW packages will be INSTALLED:
8
9   bleach: 1.5.0-py35_0
10  colorama: 0.3.9-py35_0
11  decorator: 4.0.11-py35_0
12  entrypoints: 0.2.2-py35_1
13  h5py: 2.7.0-np112py35_0
14  hdf5: 1.8.15.1-vc14_4 [vc14]
15  html5lib: 0.999-py35_0
16  icu: 57.1-vc14_0 [vc14]
17  ipykernel: 4.6.1-py35_0
18  iPython: 6.0.0-py35_1
19  iPython_genutils: 0.2.0-py35_0
20  ipywidgets: 6.0.0-py35_0
21  jedi: 0.10.2-py35_2
22  jinja2: 2.9.6-py35_0
23  jpeg: 9b-vc14_0 [vc14]
24  jsonschema: 2.6.0-py35_0
25  jupyter: 1.0.0-py35_3
26  jupyter_client: 5.0.1-py35_0
27  jupyter_console: 5.1.0-py35_0
28  jupyter_core: 4.3.0-py35_0
29  libpng: 1.6.27-vc14_0 [vc14]
30  markupsafe: 0.23-py35_2
31  mistune: 0.7.4-py35_0
```

```
32  mkl: 2017.0.1-0
33  nbconvert: 5.1.1-py35_0
34  nbformat: 4.3.0-py35_0
35  notebook: 5.0.0-py35_0
36  numpy: 1.12.1-py35_0
37  openssl: 1.0.2k-vc14_0 [vc14]
38  pandocfilters: 1.4.1-py35_0
39  path.py: 10.3.1-py35_0
40  pickleshare: 0.7.4-py35_0
41  pip: 9.0.1-py35_1
42  prompt_toolkit: 1.0.14-py35_0
43  pygments: 2.2.0-py35_0
44  pyqt: 5.6.0-py35_2
45  Python: 3.5.3-3
46  Python-dateutil: 2.6.0-py35_0
47  pyzmq: 16.0.2-py35_0
48  qt: 5.6.2-vc14_4 [vc14]
49  qtconsole: 4.3.0-py35_0
50  scipy: 0.19.0-np112py35_0
51  setuptools: 27.2.0-py35_1
52  simplegeneric: 0.8.1-py35_1
53  sip: 4.18-py35_0
54  six: 1.10.0-py35_0
55  testpath: 0.3-py35_0
56  tornado: 4.5.1-py35_0
57  traitlets: 4.3.2-py35_0
58  vs2015_runtime: 14.0.25123-0
59  wcwidth: 0.1.7-py35_0
60  wheel: 0.29.0-py35_0
61  widgetsnbextension: 2.0.0-py35_0
62  win_unicode_console: 0.5-py35_0
63  zlib: 1.2.8-vc14_3 [vc14]
64
65  Proceed ([y]/n)? y
66
67  mkl-2017.0.1-0 100% |#########################| Time: 0:00:02 56.40 MB/s
68  jpeg-9b-vc14_0 100% |#########################| Time: 0:00:00 15.43 MB/s
69  openssl-1.0.2k 100% |#########################| Time: 0:00:00 30.41 MB/s
70  Python-3.5.3-3 100% |#########################| Time: 0:00:01 30.70 MB/s
71  colorama-0.3.9 100% |#########################| Time: 0:00:00 0.00 B/s
72  decorator-4.0. 100% |#########################| Time: 0:00:00 2.07 MB/s
```

```
 73  entrypoints-0. 100% |#######################| Time: 0:00:00 599.98 kB/s
 74  iPython_genuti 100% |#######################| Time: 0:00:00 2.51 MB/s
 75  jedi-0.10.2-py 100% |#######################| Time: 0:00:00 16.38 MB/s
 76  jsonschema-2.6 100% |#######################| Time: 0:00:00 0.00 B/s
 77  libpng-1.6.27- 100% |#######################| Time: 0:00:00 32.88 MB/s
 78  mistune-0.7.4- 100% |#######################| Time: 0:00:00 9.32 MB/s
 79  numpy-1.12.1-p 100% |#######################| Time: 0:00:00 32.43 MB/s
 80  pandocfilters-  100% |#######################| Time: 0:00:00 0.00 B/s
 81  path.py-10.3.1 100% |#######################| Time: 0:00:00 0.00 B/s
 82  pygments-2.2.0 100% |#######################| Time: 0:00:00 31.54 MB/s
 83  pyzmq-16.0.2-p 100% |#######################| Time: 0:00:00 16.59 MB/s
 84  testpath-0.3-p 100% |#######################| Time: 0:00:00 7.07 MB/s
 85  tornado-4.5.1- 100% |#######################| Time: 0:00:00 20.86 MB/s
 86  h5py-2.7.0-np1 100% |#######################| Time: 0:00:00 22.93 MB/s
 87  html5lib-0.999 100% |#######################| Time: 0:00:00 4.87 MB/s
 88  jinja2-2.9.6-p 100% |#######################| Time: 0:00:00 25.44 MB/s
 89  pip-9.0.1-py35 100% |#######################| Time: 0:00:00 26.58 MB/s
 90  prompt_toolkit 100% |#######################| Time: 0:00:00 22.53 MB/s
 91  Python-dateuti 100% |#######################| Time: 0:00:00 15.33 MB/s
 92  qt-5.6.2-vc14_ 100% |#######################| Time: 0:00:01 32.13 MB/s
 93  scipy-0.19.0-n 100% |#######################| Time: 0:00:00 30.25 MB/s
 94  traitlets-4.3. 100% |#######################| Time: 0:00:00 8.55 MB/s
 95  bleach-1.5.0-p 100% |#######################| Time: 0:00:00 1.43 MB/s
 96  iPython-6.0.0- 100% |#######################| Time: 0:00:00 30.43 MB/s
 97  jupyter_core-4 100% |#######################| Time: 0:00:00 0.00 B/s
 98  pyqt-5.6.0-py3 100% |#######################| Time: 0:00:00 29.48 MB/s
 99  jupyter_client 100% |#######################| Time: 0:00:00 10.31 MB/s
100  nbformat-4.3.0 100% |#######################| Time: 0:00:00 8.85 MB/s
101  ipykernel-4.6. 100% |#######################| Time: 0:00:00 9.57 MB/s
102  nbconvert-5.1. 100% |#######################| Time: 0:00:00 13.14 MB/s
103  jupyter_consol 100% |#######################| Time: 0:00:00 4.86 MB/s
104  notebook-5.0.0 100% |#######################| Time: 0:00:00 29.31 MB/s
105  qtconsole-4.3. 100% |#######################| Time: 0:00:00 11.15 MB/s
106  widgetsnbexten 100% |#######################| Time: 0:00:00 28.75 MB/s
107  ipywidgets-6.0 100% |#######################| Time: 0:00:00 0.00 B/s
108
109  #
110  # To activate this environment, use:
111  # > activate cntkKeraspy35
112  #
```

```
113   # To deactivate this environment, use:
114   # > deactivate cntkKeraspy35
115   #
116   # * for power-users using bash, you must source
117   #
```

建立完成後，請啟動這個虛擬環境：

```
(c:\Anaconda3) D:\temp> activate cntkKeraspy35
```

現在可以安裝 CNTK。如果只支援 CPU 的版本，則可執行下列命令：

```
(cntkKeraspy35) D:\temp> pip install https://cntk.ai/PythonWheel/CPU-
Only/cntk-2.0-cp35-cp35m-win_amd64.whl
```

螢幕上將出現下面的訊息：

```
1   Processing https://cntk.ai/PythonWheel/CPU-Only/cntk-2.0-cp35-cp35mwin_
    amd64.whl
2   Requirement already satisfied: numpy>=1.11 in c:\anaconda3\envs\
    cntkKeraspy35\lib\site-packages (from cntk==2.0)
3   Requirement already satisfied: scipy>=0.17 in c:\anaconda3\envs\
    cntkKeraspy35\lib\site-packages (from cntk==2.0)
4   Installing collected packages: cntk
5   Successfully installed cntk-2.0
```

如果打算安裝支援 GPU 的版本，則可執行下面的命令：

```
(cntkKeraspy35) D:\temp> pip install https://cntk.ai/PythonWheel/GPU/
cntk-2.0-cp35-cp35m-win_amd64.whl
```

螢幕上將出現下面的訊息：

```
1   Processing https://cntk.ai/PythonWheel/GPU/cntk-2.0-cp35-cp35m-win_
    amd64.whl
2   Requirement already satisfied: numpy>=1.11 in c:\anaconda3\envs\
    cntkKeraspy35\lib\site-packages (from cntk==2.0)
3   Requirement already satisfied: scipy>=0.17 in c:\anaconda3\envs\
    cntkKeraspy35\lib\site-packages (from cntk==2.0)
4   Installing collected packages: cntk
5   Successfully installed cntk-2.0
```

安裝好 CNTK 後，接著是安裝支援 CNTK 版本的 Keras。截至目前為止，正式版本的 Keras 還沒有整合 CNTK，微軟研究院正在和 Keras 的作者合作，希望在下一個版本正式整合 CNTK。現在請先安裝微軟伺服端倉庫複刻（fork）的 Keras：

```
pip install git+https://github.com/souptc/Keras.git
```

安裝完畢以後需要更新 Keras 的設定檔，指定以 CNTK 作為後台。一般是修改 %USERPROFILE%/.Keras/Keras.json 檔案為：

```
1  {
2      "epsilon": 1e-07,
3      "image_data_format": "channels_last",
4      "backend": "cntk",
5      "floatx": "float32"
6  }
```

如果找不到該檔，說明 Keras 尚未被啟動過，可以手動建立這個檔案，並輸入以上內容。在 Windows 或者 Linux 中，也可以透過設定系統環境變數 Keras_BACKEND 的值為 cntk 來完成。

本書稍後的範例中，都是採用基於 GPU 的 CNTK 後台。

CNTK 的 Python Wheel 檔以及與 CNTK 搭配的 Keras，皆已放到 www.broadview. com.cn 供讀者下載，請以 pip 命令安裝 CNTK 和 Keras。

如果不喜歡 CNTK，也可以在 Theano 和 TensorFlow 之中選擇一個作為後台計算環境，然後安裝 Keras 作為建模環境。

2.2.6　安裝 Theano 計算環境

Theano 可以說是基於 Python 的深度學習環境的鼻祖，由蒙特婁大學的 MILA 研究小組開發。Theano 這個名字源於古希臘女數學家 Theano，她是著名數學家畢達哥拉斯的老婆。

Theano 是一種符號式計算環境，針對基於 Python 的數學運算式進行編譯與執行，可執行於 CPU 或 GPU 上。很多研究人員都以 Theano 開發新的網路結構和演算法，進而促進深度學習的普及化。換句話說，如果沒有 Theano，也許就沒有深度學習現今的熱潮，至少會晚來幾年。

Theano 的缺點是目前只支援一個 GPU，不支援多個 GPU 的平行運算，於是造成在大規模的建模訓練中，Theano 並非最好的選擇。

透過 GitHub 可以下載最新的 Theano 環境，在下載的目錄執行 python setup. pyinstall 命令，即可將 Theano 安裝到目前的 Python 環境中。接著安裝 Keras。以同樣的方法藉由 GitHub 複刻最新的 Keras 環境，在下載的目錄執行 python setup. py install 命令即可安裝。

為了讓 Theano 有效執行，還需要設定相關的參數。進入「控制台」，開啟「系統」，按一下「進階系統設定」，開啟「系統內容」對話方塊，如圖 2.9 所示。按一下「環境變數」，輸入如下的新環境變數，如圖 2.10 所示。

```
THEANO_FLAGS= floatX = float32,device = gpu,base_compiledir=C:\Theano_
compiledir,[nvcc]compiler_bindir=C:\Program Files (x86)\Microsoft Visual
Studio 12.0\VC\bin
```

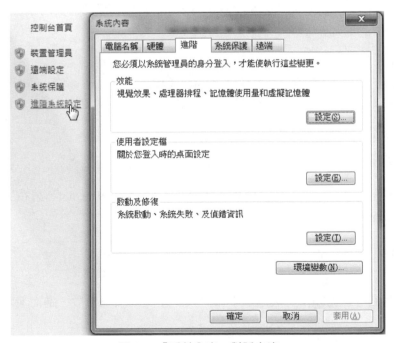

圖 2.9 「系統內容」對話方塊

圖 2.10　**THEANO_FLAGS** 的設定

按照作者的原意，Theano 無法與 Python 3.5 一起運作，因此需要刪除初始化檔案 __init__.py 的下列語句：

```
1   if sys.platform == 'win32' and sys.version_info[0:2] == (3, 5):
2     raise RuntimeError( "Theano do not support Python 3.5 on Windows.
                      UsePython 2.7 or 3.4.")
```

初始設定檔案位於下列目錄：

```
%USERPROFILE%\Anaconda3\lib\site-packages\Theano\Theano\
```

為了替模型繪圖，還得安裝兩個套裝軟體，即 graphviz 和 pydot。請在 Anaconda Console 中輸入：

```
1   conda install graphviz
2   pip install git+https://github.com/nlhepler/pydot.git
```

如果安裝過程有錯誤，可透過以下命令找到相關的環境變數，進而發現出錯的原因。

⊃　where Python，顯示 Anaconda 系統安裝的目錄。

- where gcc, where g++, where gendef, where dlltool，返回 MinGW 的目錄。

- where cl，返回 VS 2013 的安裝路徑。

現在就可以使用 Keras 和 Theano 進行深度學習的模型訓練。

2.2.7 安裝 TensorFlow 計算環境

有一些讀者可能傾向於以 TensorFlow 作為後端計算平台。TensorFlow 是一套多人熟知的深度學習計算環境，由 Google Brain 的科學家開發。TensorFlow 的開源較早，各種教材和培訓資料很多，社群也非常成熟、活躍，目前是熱度排名第一的深度學習計算環境，這是 TensorFlow 最大的優勢。依靠 Google 的力量，TensorFlow 在持續開發新的功能上也完全沒有落後。TensorFlow 對於多 GPU 和分散式運算的支援，乃是其受到追捧的原因之一。

根據 TensorFlow，Google 開發很多著名的深度學習模型，例如 Inception、Neural Networks for Machine Translation、Generative Adversarial Networks 等。同時還有很多高品質的程式框架方便使用，例如本書即將講解的 Keras 就是其中之一。另外還有 TensorFlow Slim，目的是便於針對複雜模型進行定義和建模，特別是圖形類模型；對於張量類的物件，PrettyTensor 使用鏈結式（Chainable）語法快速建置所需的模型。

下文講解 TensorFlow 的安裝。

- 只有 CPU 支援的 TensorFlow。如果電腦沒有 NVIDIA 顯示卡，就必須採用這個版本。該版本很簡單，如果只是「玩票」性質，一般推薦使用這個版本。

- GPU 支援的 TensorFlow。TensorFlow 程式在 GPU 跑得比 CPU 快上數十倍，如果電腦已經安裝下列的軟體／硬體，而且又追求極致的效能，那麼推薦使用這個版本。不過該版本的 TensorFlow 不支援 Windows 作業系統，因此讀者需要以 Docker 來安裝。

- CUDA Toolkit 8.0，參考前文 CUDA 的安裝步驟。同時保證將 CUDA 的路徑加到 %PATH% 環境變數中。

- NVIDIA 顯示卡驅動程式，必須相容於 CUDA Toolkit 8.0。

- cnDNN v5.1，參考 NVIDIA 文件 https://developer.NVIDIA.com/cudnn。cnDNN 通常不和其他 CUDA DLL 裝在同一個目錄下，所以得確保將 cuDNN DLL 的路徑加到 %PATH% 環境變數。

- GPU 顯示卡必須支援 CUDA Compute Capability 3.0 或以上版本。請參考 https://developer.NVIDIA.com/cuda-gpus 的說明。

TensorFlow 有兩種安裝方式：pip 安裝和 Anaconda 安裝。pip 直接把 TensorFlow 裝在本機 OS 下，而非虛擬環境；Anaconda 則把 TensorFlow 安裝於虛擬機器上。Anaconda 並沒有 Google 的官方支持，所以 TensorFlow 團隊並未測試與維護 conda 套件，必須由使用者自己承擔風險。這裡只介紹 pip 安裝。

(1) 按照前面的步驟安裝 Python 3.5，TensorFlow 只支援 3.5.x 版本。Python 3.5.x 內建了 pip3 套件管理工具。

(2) 如果安裝支援 CPU 的 TensorFlow 版本，請輸入以下命令：

```
> pip3 install --upgrade tensorflow
```

(3) 如果安裝支援 GPU 的 TensorFlow 版本，請輸入以下命令：

```
> pip3 install --upgrade tensorflow-gpu
```

安裝完成以後，可以利用下列步驟驗證 TensorFlow 是否已經正確安裝。

(1) 啟動命令列，輸入 Python。

(2) 輸入以下程式：

```
1   import tensorflow as tf
2   hello = tf.constant('Hello, TensorFlow!')
3   sess = tf.Session()
4   print(sess.run(hello))
```

如果正確安裝，則會輸出訊息：Hello, TensorFlow!。

至此，TensorFlow 安裝成功。

2.2.8 安裝 cuDNN 和 CNMeM

如果想要更有效地訓練模型，特別是卷積神經網路模型，還得安裝 cuDNN 和 CNMeM 套裝軟體。

cuDNN 是 NVIDIA 專門開發用來強化卷積神經網路模型訓練的程式庫，全名為 NVIDIA CUDA Deep Neural Network library，它支援常見的深度學習軟體，例如 CNTK、Caffe、Theano、Keras、TensorFlow 等。針對卷積神經網路模型的訓練速度，cuDNN 能夠提升 2~3 倍，例如 cuDNN 5.1 在 VGG 模型中，相對於不使用該軟體的情況提升大約 2.7 倍。可連結 https://developer.NVIDIA.com/cudnn 直接下載安裝程式，下載之前，NVIDIA 會要求註冊一個免費的帳號。

NVIDIA 提供的下載套件是一個 ZIP 壓縮檔，解壓縮後有一個 cuda 資料夾，裡面有三個子資料夾，分別是 bin、include 和 lib。bin 資料夾下包含一個 cudnn64_7.dll 檔案，include 資料夾有一個 cudnn.h 標頭檔，而 lib 資料夾則包含一個 x64 子目錄，內含一個名為 cudnn.lib 的檔案。為了使用 cuDNN，請將 cudnn.lib 檔案複製到 CUDA 安裝資料夾的 lib 子目錄，將 cudnn64_7.dll 檔案複製到 CUDA 安裝資料夾的 bin 子目錄，將 cudnn.h 標頭檔複製到 CUDA 安裝資料夾的 include 子目錄下就行了。

CNMeM 是 NVIDIA 開發的一個視訊記憶體管理分配軟體。預先給深度學習專案分配足夠的視訊記憶體，便能有效提高訓練速度，一般是提升 10% 左右。Theano 已經整合了 CNMeM，因此如果需要使用 CNMeM，只需修改 .theanorc 設定檔，加入如下語句即可：

```
1   [lib]
2   cnmem=0.8
```

cnmem 後面的數值是 GPU 記憶體分配給 Theano 的百分比，0.8 表示 80%。如果該值設為 0，表示禁止使用 CNMeM 的功能。任何 0~1 之間的實數都行，對應至百分比。不過，實際上會被卡在 95% 左右，剩餘的部分供驅動程式使用。如果該值大於 1，代表就是指定以 MB 為單位的視訊記憶體容量，例如 cnmem=50，表示分配 50MB 視訊記憶體給深度學習使用。

03

Keras 入門

3.1 Keras 簡介

在現今的深度學習軟體中，本書選擇介紹 Keras，並於稍後的章節運用 Keras 解決實際問題。Keras 一詞源於希臘古典史詩《奧德賽》裡的牛角之門（Gate of Horn），此為真實事物進出夢境和現實的地方。《奧德賽》一書形容：象牙之門（Gate Of Ivory）內只是一場無法應驗的夢境，唯有走進牛角之門（Gate Of Horn）奮鬥的人，才能擁有真正的回報（"Those that come through the Ivory Gate cheat us with empty promises that never see fulfillment. Those that come through the Gate of Horn inform the dreamer of the truth."）（見圖 3.1）。Keras 作者的寓意不可謂不深刻。

圖 3.1　象牙之門與牛角之門（圖片來自 http://www.coryianshaferlpc.com/）

Keras 是 Python 中一個以 CNTK、TensorFlow 或 Theano 為計算後台的深度學習建模環境。相對於幾種常見的深度學習計算軟體，例如 TensorFlow、Theano、Caffe、CNTK、Torch 等，Keras 在實際應用時有下列幾個顯著的優點。

- ⮑ Keras 在設計時以人為本，強調快速建模，使用者能夠快速地將所需模型的結構映射到 Keras 程式碼，盡可能減少編寫程式碼的工作量，特別是對於成熟的模型類型，進而加快開發速度。

- ⮑ 支援現有常見的結構，例如卷積神經網路、時間遞歸神經網路等，足以應付大量的常見應用場景。

- ⮑ 高度模組化，幾乎能夠任意組合各個模組建構所需的模型。在 Keras 中，任何神經網路模型都可以描述成一個圖模型或序列模型，其中的元件被劃分為以下模組：神經網路層、損失函數、啟動函數、初始化方法、正規化方法、最佳化引擎。這些模組可以以任意合理的方式放入圖模型或序列模型，藉以產生所需的模型，使用者並不需要知道每個模組後面的細節。相較於其他軟體要求編寫大量程式碼，或用特定語言描述神經網路結構等，這種方法的效率高出很多，也不容易出錯。

- ⮑ 基於 Python，可以使用 Python 程式碼描述模型，因此易用性、可擴充性都非常高。此外也十分容易編寫客製化模組，或者修改與擴展已有的模組，所以有利於開發和應用新的模型與方法，加快反覆運算的速度。

- ⮑ 能在 CPU 和 GPU 之間無縫切換，適用於不同的應用環境。當然，本書強烈推薦 GPU 環境。

3.2 Keras 的資料處理

首先介紹 Keras 的資料處理。任何機器學習軟體對所需資料的規範和格式，都有自己的要求，通常要求輸入演算法的資料為一個多維矩陣的形式。用於建模的資料來源多式多樣，因此在進行任何機器學習之前，都要先按照軟體規則進行處理原始資料。

對於一些常見的深度學習輸入模型和資料形態，Keras 提供幾種易於使用的工具，包括針對序列模型的資料預處理、文字輸入的資料處理，以及圖片輸入的資料處理等。所有函數都位於 Keras.preprocessing 程式庫，內含 text、sequence 和 image 三個子程式庫。

3.2.1 文字預處理

在文字的建模實踐中，一般都需要把原始文字拆解成單字、單詞或者片語，然後進行索引與標記化，以供機器學習演算法使用。這種預處理叫作標記化（Tokenize）。雖然這些功能都可透過 Python 實現，但是 Keras 提供現成的方法，既方便又有效。一般來說，對於已經讀入的文字，其預處理包含以下幾個步驟。

(1) 文字拆分。

(2) 建立索引。

(3) 序列補齊（Padding）。

(4) 轉換為矩陣。

(5) 使用標記類批量處理文字檔。

所有跟文字相關的預處理函數都在 Keras.preprocessing.text 程式庫。不過這是為英文文字設計，如果要處理中文，因為中英文的差異，建議使用結巴分詞提供的切分函數 cut 拆分文字。

1. 文字拆分

文字拆分是第一步，這時候需要使用 text_to_word_sequence 函數，顧名思義，就是將一段文字根據預定義的分隔符號（不能為空值），切分成字串或者單詞（英文）。該函數返回一個單字清單，但有一些前置處理，例如篩選過濾表中的字元，或者轉換為小寫字母等。下面看幾個例子。首先是一個英文範例，以前文提到《奧德賽》裡面講解象牙之門和牛角之門的那段話為例。

```
1  txt ="Those that come through the Ivory Gate cheat us with empty
   promises that never see fulfillment. Those that come through the Gate
   of Horn inform the dreamer of the truth"
2  out1 = text_to_word_sequence(txt)
```

```
3  print(out1[:6])
4
5  out2 = text_to_word_sequence(txt, lower=False)
6  print(out2[:6])
7
8  out3 = text_to_word_sequence(txt, lower=False, filters="Tha")
9  print(out3[:6])
```

輸出結果分別是：

```
1  ['those', 'that', 'come', 'through', 'the', 'ivory']
2  ['Those', 'that', 'come', 'through', 'the', 'Ivory']
3  ['ose', 't', 't', 'come', 't', 'roug']
```

那麼，在中文直接使用這個函數，會有怎樣的效果呢？接著借用《紅樓夢》的一段話。

```
1   chn=' 此開卷第一回也。作者自云：因曾歷過一番夢幻之後，故將真事隱去，而借 " 通靈
    " 之說，撰此《石頭記》一書也。故曰 " 甄士隱 " 云云．但書中所記何事何人？自又
    云：今風塵碌碌，一事無成，忽念及當日所有之女子，一一細考較去，覺其行止見
    識，皆出於我之上．何我堂堂鬚眉，誠不若彼裙釵哉？實愧則有餘，悔又無益之大無可
    如何之日也！當此，則自欲將已往所賴天恩祖德，錦衣紈絝之時，飫甘饜肥之日，背父
    兄教育之恩，負師友規談之德，以至今日一技無成，半生潦倒之罪，編述一集，以告天
    下人：我之罪固不免，然閨閣中本自歷歷有人，萬不可因我之不肖，自護己短，一併使
    其泯滅也．雖今日之茅椽蓬牖，瓦灶繩床，其晨夕風露，階柳庭花，亦未有妨我之襟懷
    筆墨者．雖我未學，下筆無文，又何妨用假語村言，敷演出一段故事來，亦可使閨閣昭
    傳，複可悅世之目，破人愁悶，不亦宜乎？故曰 " 賈雨村 " 云云。'
2
3   chout1 = text_to_word_sequence(chn)
4   print(len(chout1), chout1[:2])
5
6   chout2 = text_to_word_sequence(chn, lower=True)
7   print(len(chout2), chout2[:2])
8
9   chout3 = text_to_word_sequence(chn, lower=True, filters="。：")
10  print(len(chout3), chout3[:4])
```

結果很有趣：

```
8  [' 此開卷第一回也。作者自云：因曾歷過一番夢幻之後，故將真事隱去，而借 ', ' 通靈 ']
8  [' 此開卷第一回也。作者自云：因曾歷過一番夢幻之後，故將真事隱去，而借 ', ' 通靈 ']
```

```
6   ['此開卷第一回也', '作者自云', '因曾歷過一番夢幻之後，故將真事隱去，而借
    "通靈"之說，撰此《石頭記》一書也', '故曰"甄士隱"云云，但書中所記何事何人？自
    又云']
```

由此得知，預設情況下，text_to_word_sequence 函數採用引號作為分隔符號，在「通靈」一詞的引號前後切分句子。因為中文沒有大小寫之分，因此 lower 選項沒有任何作用，但是過濾選項的表現很奇怪。第三段命令使用了 filters="，：" 選項，這時分隔符號發生變化，該函數不再以引號作為分隔符號，而是改用過濾符號。對於中文而言，顯然應該使用專門為中文設計的切分工具，此處選擇「結巴分詞」（jieba）工具。「結巴分詞」是一個基於 Python 的中文分詞程式，可透過 pip install jieba 自動安裝（如果是 Python 3 環境，請改以 pip3 安裝）。

根據結巴分詞的介紹，它使用下列演算法進行中文分詞。

➪ 基於首碼詞典實現有效的詞圖掃描，產生句中漢字所有可能成詞情況所構成的有向無環圖（DAG）。

➪ 採用動態規劃找尋最大機率路徑，以找出基於詞頻的最大切分組合。

➪ 對於未登錄詞，採用基於漢字成詞能力的 HMM 模型，以及 Viterbi 演算法。

針對中文分詞，結巴分詞提供 jieba.cut 和 jieba.cut_for_search 函數。其中最常用的是 cut，cut_for_search 是比精確分詞模式顆粒度略細的分詞方法，主要提供給搜尋引擎建立索引所用，並返回一個可反覆運算的生成器（Generator）物件，可利用 for 迴圈取得分割後的單詞。它們各自對應一個返回列表的函數，分別是 lcut 和 lcut_for_search，其用法一樣，只是資料類型不同。這裡主要講解 cut 函數，不過為了便於展示，範例使用返回資料類型為列表的 lcut 函數。

cut/lcut 接受三個參數，分別是待分割的 Unicode 字串、分詞是否採用細顆粒度模式，以及是否使用 HMM 模型。依然以上面的例子來示範。

```
1   chnout4 = jieba.lcut(chn, cut_all=False)
2   print(len(chnout4), chnout4[:8])
3
4   chnout5 = jieba.lcut(chn, cut_all=True)
5   print(len(chnout5), chnout5[:15])
6
7   chnout6 = jieba.lcut(chn, cut_all=True, HMM=True)
8   print(len(chnout6), chnout6[:15])
```

結果如下：

```
233 ['此', '開卷', '第一回', '也', '。', '作者', '自云', '：']
345 ['此', '開卷', '第一', '第一回', '一回', '也', '', '', '作者', '自',
'云', '', '', '因', '曾']
345 ['此', '開卷', '第一', '第一回', '一回', '也', '', '', '作者', '自',
'云', '', '', '因', '曾']
```

由此得知，使用 cut_all=True 選項時，返回的單詞顆粒度較細，「第一回」被拆解
成三個可能的單詞：「第一」、「第一回」、「一回」，同時在返回列表移除了標點符
號，只剩一個空元素。在這個比較簡單的範例中，採用 HMM 模型不影響返回的
結果。此處將該模型的練習留給讀者。

2. 建立索引

完成分詞以後，得到的單字或單詞並不能直接用來建模，還需要轉換成數字序
號，才能進行後續處理。這就是建立索引。建立索引的方法很簡單，對於拆分出
來的每一個單字或單詞，排序之後編號即可。下列程式碼是 Keras 預處理模組建
立索引的方法，內容已稍加簡化。假設已經有一份字串列表，例如前文透過 text_
to_word_sequence 產生的 out1 變數，接著便可藉由下面的程式產生拆分後單字或
單詞的索引。

```
1   out1.sort(reverse=True)
2   dict(list(zip(out1, np.arange(len(out1)))))
```

第一句敘述是對原有字串反向排序；第二句敘述有三個動作，首先以 zip 命令將
每個單詞依序與序號配對，然後透過 list 命令將配對的資料改為列表。每個元素
的格式如 ('with', 0)，最後應用字典命令將列表改為字典，即可完成索引。

建立索引也可採用 One Hot 編碼法，亦即針對 K 個不同的單字或單詞，依序設定
一個 1 到 K 之間的數值，以便索引 K 個單字或單詞構成的詞彙表。這些動作很容
易以 one_hot 函數完成。

此函數有兩個參數：一個是待索引的字串列表；另一個是最大索引值 n。先將輸
入的字串列表按照規則，將其分配給 0, …, n-1 共 n 個索引值其中之一。那麼，規
則的內容為何呢？先看下面的範例。

```
1   xin = [0,1,2,3,4,5,6,7,8,9,10,11,12,13]
2   tout=(text_to_word_sequence(str(xin)))
3   xout=one_hot(str(xin), 5)
4   for s in range(len(xin)):
5       print(s, hash(tout[s])%(5-1), xout[s])
```

結果如下：

```
1   0 2 3
2   1 1 4
3   2 1 2
4   3 3 2
5   4 1 2
6   5 0 1
7   6 2 3
8   7 2 3
9   8 3 2
10  9 0 1
11  10 3 2
12  11 1 4
13  12 0 1
14  13 2 3
```

一般要將大量不同的資料映射到有限的空間，通常採用的方法都是雜湊表，one_hot 函數也不例外。這個函數其實是按照列表輸出元素的雜湊值，取模之後作為輸出。如果輸入整數值，雜湊值就等於這個整數；而對於連續的字串，例如一段文字，該函數先以 text_to_word_sequence 函數切分。因此，如果輸入中文長字串，必須先用結巴分詞切分以後，再呼叫該函數建立索引。該函數的程式碼如下：

```
1   def one_hot(text, n, filters=base_filter(), lower=True, split=" "):
2       seq = text_to_word_sequence(text, filters=filters, lower=lower, split=split)
3       return [(abs(hash(w)) % (n - 1) + 1) for w in seq]
```

如果最大索引值設定為不同的單字或單詞的數量，則能達到跟上面一樣的索引目的。

這個方法的問題是：如果最大索引值不小心設成小於不同單字或單詞的數量，就會出現雜湊碰撞的問題，取模後同樣取值的字元，實際上並不具備任何關係。倘若最大索引值跟不同字串的數量一樣，就會產生極度稀疏的輸入矩陣。無論哪種情況，這類索引在以後建模時效果都不好。

3. 序列補齊

最終索引之後的文字，將按照索引編號放入多維矩陣以利建模。多維矩陣的行寬對應於所有拆分後的單字或單詞，但是將索引放入矩陣之前，需要先進行序列補齊的工作。因為將一段話拆分成單一的詞以後，便丟失了重要的上下文資訊，因此將上下文的一組詞放在一起建模，才能保持原來的意思，進而提高建模的品質。序列補齊分成兩種情況。

第一種情況是自然的文字序列，例如 Line 或推特上的一段話，都是一個自然的單字或單詞序列，而建模的資料是由多段話組成；或者是一段文章，每篇文章的每一句話構成一個文字序列。由於每句話的長度不一，因此需要補齊為統一長度。

第二種情況是將由 K 個（K 較大）具備一定順序的單詞字串，拆分成小塊的連續子字串，每個子字串只有 M 個（M < K）單詞。這種情況一般是一大段文字按照固定長度移動一個窗口，再將其內的單詞索引載入多維矩陣的每一列，因此一句話可能會對應到矩陣的多列資料，形成時間步長（timestep）。

對於序列補齊，可以使用 pad_sequences 函數，輸入的要素是列表串（list of list）。假設已有一個列表串，包含單詞的索引號，下列程式展示如何在不同的設定選項下，以該函數補齊序列。

```
1  from Keras.preprocessing.sequence import pad_sequences
2  x = [[1,2,3], [4,5], [6,7,8,9]]
3  y0 = pad_sequences(x)
4  y1 = pad_sequences(x, maxlen=5, padding='post')
5  y2 = pad_sequences(x, maxlen=3, padding='post')
6  y3 = pad_sequences(x, maxlen=3, padding='pre')
7  print(y0)
8  print("=====")
9  print(y1)
10 print("=====")
11 print(y2)
12 print("=====")
13 print(y3)
```

結果如下：

```
 1  [[0 1 2 3]
 2   [0 0 4 5]
 3   [6 7 8 9]]
 4  =====
 5  [[1 2 3 0 0]
 6   [4 5 0 0 0]
 7   [6 7 8 9 0]]
 8  =====
 9  [[1 2 3]
10   [4 5 0]
11   [7 8 9]]
12  =====
13  [[1 2 3]
14   [0 4 5]
15   [7 8 9]]
```

由此得知，padding 選項是指定從後面還是從前面補齊，補齊的索引數字預設為
0，不過可透過 value 選項修改（上例並未明確標識）。如果不用 maxlen 選項設
定補齊序列的長度，則按照列表元素的最長長度為準。倘若設定的補齊序列長度
小於一些列表元素的長度，便直接截斷。截斷的標準是：假設補齊序列的長度為
k，則保留最後 k 個索引值。

4. 轉換為矩陣

所有的建模都只能使用多維矩陣，因此，最後必須將索引後的文字元素轉換成用
於建模的矩陣。Keras 提供兩種方法。第一種方法是使用 pad_sequences 函數。由
前例得知，對於一個已經建立索引的文字句子列表集合，該函數可以產生一個寬
度為指定句子長度、高度為句子個數的矩陣。假設 text 是一個包含每一句話的列
表，而每一句話已經透過 text_to_word_sequence 或 jieba.cut 函數拆分為單字或單
詞的列表，那麼下面的程式會將文字映射到對應的索引上，再藉由序列補齊函數
建立對應的矩陣。

```
1  max_sentence_len=50
2  X = []
3  for sentences in text:
4      x = [word_idx[w] for w in sentences]
```

```
5      X.append(x)
6
7  pad_sequences(X, maxlen=max_sentence_len)
```

第二種方法是使用下文即將介紹的標記類別。一般要將文字轉換為矩陣時，多是對應於多個不同的文字（例如不同的小說），或者同一個文字的不同段落（例如同一本小說的不同章節等），因此很自然地對應於大量元素的列表串。在這種情況下，標記類別提供一系列整合的方法，以便按照上述步驟處理文字。

5. 使用標記類別批量處理文字檔

批量處理文字檔時，需要一種更有效的方法。Keras 提供一個標記類別（Tokenizer class）進行文字的處理。它先將所有文字讀入一個大的列表中，每一個元素是單個檔案的文字或者一大段文字。上述方法都是針對單一字串設計，而標記類別的方法則是針對一個文字列表而來。它包含幾個非常實用的方法，也能返回資料的重要統計量，方便後續建模。這個類別對應的操作型資料儲存（ODS）有兩種類型，分別是文字列表和單詞串列表，相關的方法包含「texts」或者「sequences」字樣。對應於文字列表的方法，都是將文字拆分成單詞串以後執行相關的操作。下面舉一個簡單的例子。

假設已經透過 open(file).read() 函數，將一系列文字檔讀入 alltext 列表變數，每個元素是一個文字檔中的文字。在進行所有預處理之前，先初始化標記物件：

```
1  from Keras.preprocessing.text import Tokenizer
2  tokenizer = Tokenizer(nb_words=1000)
3  tokenizer.fit_on_text(alltext)
```

fit_on_text() 函數的作用是針對輸入的文字計算一些關鍵統計量，並對裡面的元素進行索引。

- 首先，依序巡訪文字列表變數，對於每一個字串元素，以上面提到的 text_to_word_sequence 函數進行拆分，並統一轉換為小寫字元。

- 其次，計算單詞出現的總頻率，以及在不同檔案分別出現的頻率，並對單詞表排序。

- 最後，計算總體的單詞量，並對每個單詞建立一個總體索引，以及在不同檔案中的索引。

完成上述準備工作之後，就可以拆分整個列表的元素了。

```
word_sequences = tokenizer.texts_to_sequences(alltext)
```

將每個文字字串拆分成單詞以後，還需要做序列補齊的工作，才能轉換為最終可用於建模的矩陣。這時就要使用上面提到的 pad_sequences 函數，其用法一樣：

```
padded_word_sequences = pad_sequences(word-sequence, maxlen = MAX_
sequence_length);
```

標記類別有兩個方法，用來轉換文字序列列表為待建模的矩陣，分別是 text_to_matrix 和 sequence_to_matrix。其中 text_to_matrix 基於後者，對於從文字序列列表抽取的每個序列元素，都會應用 sequence_to_matrix 轉換為矩陣。

3.2.2　序列資料預處理

關於序列資料的處理，上一節已經提到一個單詞串補齊的範例。但是序列資料不僅有字串，還有時間序列資料等，但因其處理行為跟上述例子一樣，這裡便不再詳解。其實無論是補齊還是截斷，其操作都是將相鄰的連續 N 個元素連在一起，跟自然語言處理的 N 元語法（N-Gram）模型類似。

另外一種與此相似，但又不同於序列資料的處理方法叫作跳躍語法（Skip Gram）模型。這是 Tomas Mikolov 在 2013 年提出的單詞表述（Word Representation）模型，它把每個單詞映射到一個 M 維的空間，而且有一個更著名的別名，即Word2Vec。這個模型雖然用來處理序列資料，不過並沒有考慮詞的順序，而是一個單純從單詞到向量的映射模型。Keras 的預處理模組有一個 skipgrams 函數，它將一個詞向量索引標號按照兩種可選方式，轉換成一系列兩兩元素的組合 (w1, w2) 和標記 z。如果 w2 緊鄰著 w1，則標記 z 為 1，代表正樣本；如果 w2 是從不相鄰的其他元素隨機抽取，則標記 z 為負樣本。

下面看一個例子。

```
1  z0 = skipgrams([1,2,3],3)
2  res=list(zip(z0[0], z0[1]))
3  for s in res:
4      print(s)
```

輸出結果為：

```
([3, 2], 0)
((1, 1], 0)
((2, 2], 0)
([3, 2], 0)
([2, 3], 1)
([2, 2], 0)
([1, 3], 1)
([2, 1], 1)
([1, 1], 0)
([3, 2], 1)
([3, 1], 1)
([1, 2], 1)
```

3.2.3　圖片資料登錄

Keras 為圖片資料的輸入提供一個很好的介面，即 Keras.preprocessing.image. ImageDataGenerator 類別。這個類別建立一個資料生成器（Generator）物件，再以迴圈批量產生對應於圖形資訊的多維矩陣。根據後台運行環境的不同，例如 TensorFlow 還是 Theano，多維矩陣不同維度對應的資訊，分別是圖形二維的像素點，第三維對應至色彩通道。因此，如果是灰階圖形，那麼色彩通道只有一個維度；如果是 RGB 顏色，那麼色彩通道有三個維度。

3.3　Keras 的模型

Keras 設定了兩類深度學習模型：一類是序列模型（Sequential 類別）；另一類是通用模型（Model 類別）。其差異在於不同的拓撲結構。

序列模型

序列模型屬於通用模型的一個子類，因為很常見，所以這裡單獨列出來介紹。這種模型各層之間是循順的線性關係，在第 k 層和第 k+1 層之間可以加上各種元素建構神經網路。這些元素透過一個列表來制定，然後作為參數傳遞給序列模型產生對應的模型。範例程式碼如下：

```
1   from Keras.models import Sequential
2   from Keras.layers import Dense, Activation
3
4   layers = [ Dense(32, input_shape=(784,)),
5       Activation('relu'),
6       Dense(10),
7       Activation('softmax')]
8   model = Sequential(layers)
```

除了一開始直接在列表指定所有元素外，也可以像下面的例子一樣逐層增加：

```
1   from Keras.models import Sequential
2   from Keras.layers import Dense, Activation
3
4   model = Sequential()
5   model.add(Dense(32, input_shape=(784,)) )
6   model.add(Activation('relu'))
7   model.add(Dense(10))
8   model.add(Activation('softmax') )
```

通用模型

通用模型用來設計非常複雜、任意拓撲結構的神經網路，例如有向無環網路、共用層網路等。類似於序列模型，通用模型以函數化的應用介面定義模型。這類型的應用介面有多個好處，例如：決定函數執行結果的唯一要素是返回值，而決定返回值的唯一要素則是其參數，如此便大幅減輕測試程式碼的工作量。因為函數式語言是一種形式系統，只要能用數學運算式表達，就能以這種語言來陳述。因此，如果在數學上是等價，那麼機器就能使用等價，但是以效率更高的程式碼代替效率低的程式碼，而不影響結果。一方面有利於分析師撰寫程式；另一方面又從數學上保證程式碼的效率，有效地實現人工時間和機器時間的雙重效果。有興趣的讀者可以閱讀一些函數式程式設計的書籍，以助於理解。

在函數式程式設計中，操作物件都是函數，同時也作為參數傳遞，因此可以很方便地轉換為函數介面，以供其他函數呼叫。例如有一個計算任意兩個實數乘積的函數：double times(double x, double y)，那麼 Triple = double times(double x, 3) 就定義一個計算 3 倍數的新函數，只需要一個參數，從程式的角度來看會繼續呼叫 times 函數，並把第二個參數設為 3，藉以建立一個 times 函數的封裝函數。

通用模型使用同樣的方法定義模型的要素和結構。首先從輸入的多維矩陣開始，然後定義各層及其要素，最後是輸出層。將輸入層和輸出層作為參數納入通用模型後，就能定義一個模型物件，並進行編譯和擬合。下例來自 Keras 手冊，它以一個全連接神經網路擬合一個手寫阿拉伯數字的分類模型。輸入資料是 28 x 28 的圖形。

首先，匯入相關模組。

```
1   from Keras.layers import Input, Dense
2   from Keras.models import Model
```

其次，定義輸入層 Input，主要是指定輸入的多維矩陣的尺寸。因為每一張圖形都被拉平為 784 個像素點的向量，因此這個多維矩陣的尺寸為 (784,) 的向量。

```
input = Input(shape = (784, ) )
```

現在定義各個連接層，包括相關的啟動函數。假設從輸入層開始，定義兩個隱含層都有 64 個神經元，都使用 relu 啟動函數。

```
1   x = Dense(64, activation='relu')(inputs)
2   x = Dense(64, activation='relu')(x)
```

第一個隱含層以輸入層作為參數，第二個隱含層則使用第一個隱含層作為參數，這跟上面的封裝範例類似，實現了函數式程式設計的優點。

接下來定義輸出層，採用最近的隱含層作為參數。

```
y = Dense(10, activation='softmax')(x)
```

所有要素都齊備以後，就可以定義模型物件，參數很簡單，分別是輸入和輸出，輸出則包含中間的各種資訊。

```
model = Model(inputs = input, outputs = y);
```

最後，完成模型物件的定義後，就可以開始編譯，並對資料進行擬合。擬合時也有兩個參數，分別對應至輸入和輸出。

```
1   model.compile(optimizer='rmsprop', loss='categorical_crossentropy',
    metrics=['accuracy'])
2   model.fit(data, labels)
```

由此得知，對於序列模型和通用模型，其主要差異在於如何定義從輸入層到輸出層的各層結構。

⮑ 首先，序列模型是先定義序列模型物件；而通用模型則是定義從輸入層到輸出層的各層要素，包括尺寸結構等。

⮑ 其次，在序列模型中，當存在一個模型物件以後，可透過 add 方法依序增加各層資訊，包括啟動函數和網路尺寸等定義整個神經網路；而在通用模型中，則是不停地封裝含有各層網路結構的函數作為參數，以便定義網路結構。

⮑ 最後，在序列模型中，各層只能依序線性增加；而在通用模型中，因為採用封裝的概念，於是可在原有的網路結構上應用新的結構快速建立新模型，因此靈活度更高，特別是在具有多種類型輸入資料的情況下。例如，Keras 手冊就舉了一個例子，教導神經網路看影片進行自然語言問答。在這個例子中，輸入資料有兩種：一是影片與圖形；二是自然語言的提問。首先建構多層卷積神經網路，以序列模型編碼圖形，然後將這個模型放入 TimeDistributed 函數建立影片編碼，最後以 LSTM 對編碼建模，同時對自然語言也進行從文字到向量的轉換。合併兩個網路以後，將合併的網路作為參數輸入下一個全連接層進行計算，並輸出可能的回答。

雖然針對大部分的工作，序列模型已經能夠有效應對，但是函數式介面的通用模型為分析師提供更強大的工具。

3.4 Keras 的重要物件

Keras 預先定義很多物件，用來說明建置 Keras 的網路結構，例如常用的啟動函數、參數初始化方法、正規化方法等。這些豐富的預定義物件是讓 Keras 方便易用的重要前提條件。下文簡要介紹常用的啟動物件、初始化物件和正規化物件。

啟動物件

定義網路層時，啟動函數是很重要的選擇。Keras 提供大量內建的啟動函數，方便制定各種不同的網路結構。在 Keras 使用啟動物件有兩種方法：一是單獨定義一個啟動層；二是在前置層裡面透過啟動選項定義所需的啟動函數。例如，下面是兩段等效的程式碼，前一段以啟動層使用啟動物件；後一段則是利用前置層的啟動選項使用啟動物件。

```
1  model.add(Dense(64, input_shape=(784,)))
2  model.add(Activation('tanh'))

model.add(Dense(64, input_shape=(784, ), activation='tanh') )
```

Keras 內建的啟動函數允許透過預先定義的字串來引用，例如上述的 tanh 啟動函數。下文簡要說明這些預定義的啟動函數。

⇨ softmax：本函數也稱為歸一條件的指數函數，它是邏輯函數的擴展，能將 K 維實數域的數值壓縮到 K 維的 (0, 1) 值域，並且 K 個數值的和為 1。該函數可以寫作：

$$s(x)_j = \frac{\exp(x_j)}{\sum_i^K \exp(x_j)}, \qquad j = 1, \dots, K$$

在機率理論中，前述公式描述一個有 K 種不同取值的離散變數的分佈，因此很自然地出現在其他多類別的分類演算法中，例如多類別邏輯迴歸、多類別線性分類器等都使用這個函數。

⇨ softplus：將原始值從任意實數區間投射到正實數區間，亦即值域從整個實數域變為 (0; inf)。以公式表示如下：

$$s(x) = \ln(1 + \exp(x))$$

⇨ softsign：作用類似於三角函數，將實數域的數值投射到 (-1, 1) 區間。以公式表示如下：

$$s(x) = \frac{x}{1 + ||x||}$$

⇨ elu：英文全名為 Exponential Linear Unit，帶有一個參數。以公式表示為：

$$s(x) = x < 0? \, \alpha(\exp(x) - 1) : x$$

當參數小於 0 時，以 $α(exp(x)-1)$ 作為輸出；如果參數大於或等於 0，則輸出參
數的值，因此其值域為 $(-α,inf)$。

⊃ relu：英文全名為 Rectified Linear Unit，它是一個階梯函數。當參數小於 0
時，取值為 0；當參數大於或等於 0 時，則保持參數的值，因此將實數域的數
值投射到 [0, inf) 區間。

⊃ tanh：運用三角函數的雙曲正切函數，將實數域的數值壓縮到 (-1, 1) 區間。以
公式表示如下：

$$s(x) = \tanh(x) = \frac{2}{1 + \exp(-2x)} - 1$$

⊃ sigmoid：這個啟動函數在 Keras 中特指邏輯函數，它會將實數域的數值壓縮
到 (0, 1) 區間。如果具備統計學背景，那麼應該非常熟悉此函數。以公式表示
如下：

$$s(x) = \frac{1}{1 + \exp(-x)}$$

sigmoid 是指代其壓縮後的取值具有 S 形曲線。有時候 tanh 也被納入 sigmoid
這類函數。

⊃ hard_sigmoid：標準 sigmoid 啟動函數的多段線性逼近形式，目的是避免 exp()
函數的計算，以便加快速度。以公式表示為：

$$s(x) = \begin{cases} 0 & , x < -2.5 \\ 0.2 * x + 0.5, & -2.5 \leq x \leq 2.5 \\ 1 & , x > 2.5 \end{cases}$$

⊃ linear：線性啟動函數不對參數做任何轉換，亦即 f(x) = x。當啟動選項設為
None 時，代表選擇線性啟動函數。

初始化物件

初始化物件（Initializer）會隨機設定網路層啟動函數的權重值，或是偏置項的初
始值，包括 kernel_initializer 和 bias_initializer。良好的權重初始化值能協助加快
模型收斂的速度。Keras 預先定義了許多不同的初始化物件，包括：

- Zeros，將所有參數值都初始化為 0。

- Ones，將所有參數值都初始化為 1。

- Constant(value=1)，將所有參數值都初始化為某一個常數，例如 1。

- RandomNormal，將所有參數值都按照一個常態分佈產生的亂數初始化。常態分佈的均值預設為 0，而標準差預設為 0.05。可透過 mean 和 stddev 選項修改。

- TruncatedNormal，使用一個截斷常態分佈產生的亂數初始化參數向量，預設的參數均值為 0，標準差為 0.05。在均值兩個標準差之外的亂數會被丟棄並重新取樣。這種初始化方法既有一定的多樣性，又不會產生特別偏的值，因此是比較推薦的方法。針對不同的常用分佈選項，Keras 還提供兩個基於此法的特例，即 glorot_normal 和 he_normal。前者的標準差不是 0.05，而是輸入向量和輸出向量維度的函數：stddev=$\sqrt{(2/(n_1+n_2))}$，其中 n_1 是輸入向量的維度，n_2 則是輸出向量的維度；後者的標準差是輸入向量維度的函數：stddev=$\sqrt{(2/n_1)}$。

- RandomUniform，按照均勻分佈產生的亂數初始化參數值，預設的分佈參數最小值為 -0.05，最大值為 0.05，可透過 minval 和 maxval 選項分別修改。針對常用的分佈選項，Keras 還提供兩個基於此分佈的特例，即 glorot_uniform 和 he_uniform。前者均勻分佈的上下限是輸入向量和輸出向量維度的函數：minval/maxval = -/+$\sqrt{(6/(n_1+n_2))}$；而後者的上下限只是輸入向量維度的函數：minval/maxval = -/+$\sqrt{(6/n_1)}$。

- 自訂，使用者可以自訂一個與參數維度相符的初始化函數。下面的例子來自 Keras 手冊，它使用後台的常態分佈函數產生一組初始值，並在定義網路層時呼叫這個函數即可。

```
1  from Kerasimport backend as K
2
3  def my_init(shape, dtype=None):
4      return K.random_normal(shape, dtype=dtype)
5
6  model.add(Dense(64, kernel_initializer=my_init))
```

正規化物件

建模的時候，正規化是防止過度擬合的一種很常用的方法。神經網路也提供正規化的手段，分別應用於權重參數、偏置項以及啟動函數，對應的選項分別是

kernel_regularizer、bias_reuglarizier 和 activity_regularizer。它們都可以應用 Keras. regularizier.Regularizer 物件，此物件提供定義好的一階、二階和混合的正規化方法，分別將前面的 Regularizier 替換為 l1(x)、l2(x) 和 l1_l2(x1, x2)，其中 x、x1、x2 為非負實數，代表正規化的權重。

讀者也可以自行設計權重矩陣的正規項，只要接受權重矩陣為參數，並且輸出單個數值即可。Keras 手冊提供的例子如下：

```
1   from Kerasimport backend as K
2
3   def l1_reg(weight_matrix):
4       return 0.01 * K.sum(K.abs(weight_matrix))
5
6   model.add(Dense(64, input_dim=64, kernel_regularizer=l1_reg)
```

本例定義了一個比例為 0.01 的一階正規化項，返回的單一數值是權重參數絕對值的和，再乘以 0.01 的比例，其用法跟預先提供的 regularizier.l1(x) 物件一模一樣。

3.5 Keras 的網路層構造

從前文的介紹得知，在 Keras 中，定義神經網路的具體結構，乃是透過組織不同的網路層（Layer）來完成。因此有必要瞭解各種網路層的作用。

核心層

核心層（Core Layer）是構成神經網路最常用的網路層集合，包括：全連接層、啟動層、放棄層、扁平化層、重構層、排列層、向量反復層、Lambda 層、啟動值正規化層、掩蓋層。所有的層都有一個輸入端和一個輸出端，中間包含啟動函數與其他相關的參數等。

(1) 全連接層。神經網路最常見的網路層就是全連接層，本層實現對神經網路裡面神經元的啟動。例如：y = g(x'w + b)，其中 w 是該層的權重向量，b 是偏置項，g() 是啟動函數。如果 use_bias 選項設為 False，那麼偏置項為 0。常見引用全連接層的語句如下：

```
model.add(Dense(32, activation='relu', use_bias=True, kernel_
initializer='uniform', kernel_initializer='uniform', activity_
regularizer=regularizers.l1_l2(0.2, 0.5) )
```

在上面的語句中：

- 32，表示向下一層輸出向量的維度。

- activation='relu'，表示使用 relu 函數作為對應神經元的啟動函數。

- kernel_initializer='uniform'，表示使用均勻分佈初始化權重向量，類似的選項也可應用於偏置項。請參考前文「初始化物件」一節的介紹。

- activity_regularizer=regularizers.l1_l2(0.2, 0.5)，表示以彈性網作為正規項，其中一階的正規化參數為 0.2，二階的正規化參數為 0.5。

(2) 啟動層。對上一層的輸出應用啟動函數的網路層，這是除了 activation 選項之外，另一種指定啟動函數的方式。其用法很簡單，只要在參數指定所需的啟動函數即可，預先定義好的函數直接引用其名稱，或者使用 TensorFlow 和 Theano 內建的啟動函數。如果這是整個網路的第一層，則需要以 input_shape 指定輸入向量的維度。

(3) 放棄層。放棄層（Dropout）是對該層的輸入向量應用退出策略。在模型訓練更新參數的步驟中，網路的某些隱含層節點，按照一定比例隨機設為不更新狀態，但是仍然保留權重，進而防止過度擬合。該比例透過參數 rate 設定為 0 到 1 之間的實數。在模型訓練時不更新這些節點的參數，表示這些節點並不屬於當時的網路；但是保留其權重，因此在以後的反覆運算順序中可能會影響網路，打分時也會受到影響。所以，這個放棄策略藉由不同的參數估計值，業已相對固化於模型中。

(4) 扁平化層。扁平化層（Flatten）是將一個維度大於等於 3 的高維矩陣，按照設定「壓扁」為一個二維的低維矩陣。壓縮方法是保留第一個維度的大小，然後將其他剩下的資料壓縮到第二個維度中；因此第二個維度的大小，乃是原矩陣第二個維度之後所有維度大小的乘積。第一個維度通常是每次反覆運算所需的小批量樣本數量，而壓縮後的第二個維度就是表達原圖形所需的向量長度。

例如輸入矩陣的維度為 (1000, 64, 32, 32)，扁平化之後的維度為 (1000, 65536)，其中 65536 = 64 x 32 x 32。如果輸入矩陣的維度為 (None, 64, 32, 32)，則扁平化之後的維度為 (None, 65536)。

(5) **重構層**。重構層（Reshape）的功能和 Numpy 的 Reshape 方法一樣，將一定維度的多維矩陣重新排列，以建構一個保持同樣元素數量，但是不同維度尺寸的新矩陣。其參數為一個元組（tuple），用來指定輸出向量的維度尺寸。最終向量輸出維度的第一個維度，其尺寸是資料批量的大小，從第二個維度開始指定輸出向量的維度大小。

例如可以把一個有 16 個元素的輸入向量，重構為一個 (None, 4, 4) 的新二維矩陣：

```
1  model = Sequential()
2  model.add(Reshape( (4, 4), input_shape=(16, ) ) )
```

最後的輸出向量不是 (4, 4)，而是 (None, 4, 4)。

(6) **排列層**。排列層（Permute）按照給定的模式排列輸入向量的維度。這個方法常應用於連接卷積網路和時間遞歸網路時，其參數是輸入矩陣的維度編號在輸出矩陣中的位置。例如：

```
model.add(Permute((1, 3, 2), input_shape=(10, 16, 8)))
```

將輸入向量第二維和第三維的資料交換後輸出，但是第一維的資料還是維持在第一維。本例使用了 input_shape 參數，一般是應用於第一層網路，在接下來的網路層中，Keras 能自行分辨輸入矩陣的維度大小。

(7) **向量反復層**。顧名思義，向量反復層就是將輸入矩陣重複多次。例如下面這個例子：

```
1  model.add(Dense(64, input_dim=(784, )))
2  model.add(RepeatVector(3))
```

在第一句敘述中，全連接層的輸入矩陣是一個帶有 784 個元素的向量，輸出向量則是一個維度為 (one, 64) 的矩陣。第二句敘述將該矩陣反復 3 次，變成維度為 (None, 3, 64) 的多維矩陣，反復的次數構成第二個維度，第一個維度永遠是資料批量的大小。

(8) **Lambda 層**。Lambda 層可以將任意運算式包裝成一個網路層物件。參數就是表達式，一般是一個函數，或者是自訂函數，也可以是任意的函數。如果使用

Theano 和自訂函數，可能還需要定義輸出矩陣的維度。倘若後台使用 CNTK 或 TensorFlow，便可自動探測輸出矩陣的維度。例如：

```
model.add(Lambda(lambda x: numpy.sin(x)))
```

上述語句使用一個現成的函數來包裝。這是一個比較簡單的例子，Keras 手冊有一個更複雜的例子，其中使用者自訂一個叫作 AntiRectifier 的啟動函數，同時也需要明確定義輸出矩陣的維度。

```
1  def antirectifier(x):
2      x -= K.mean(x, axis=1, keepdims=True)
3      x = K.l2_normalize(x, axis=1)
4      pos = K.relu(x)
5      neg = K.relu(-x)
6      return K.concatenate([pos, neg], axis=1)
7
8  def antirectifier_output_shape(input_shape):
9      shape = list(input_shape)
10     assert len(shape) == 2
11     shape[-1] *= 2
12     return tuple(shape)
13
14 model.add(Lambda(antirectifier, output_shape=antirectifier_output_shape))
```

(9) 啟動值正規化層。這個網路層的作用，是對輸入的損失函數更新正規化。

(10) 掩蓋層。主要應用於跟時間有關的模型，例如 LSTM。其作用是輸入張量的時間步長，在給定位置以指定的數值進行「遮罩」，以便定位需要跳過的時間步長。

輸入張量的時間步長，一般是輸入張量的第 1 維度（維度從 0 開始，詳見範例）。如果輸入張量在時間步長上等於指定的數值，則其對應的資料將在模型接下來所有支援遮罩的網路層被跳過，亦即被遮罩。如果模型接下來的一些層不支援遮罩，卻接收到遮罩過的資料，便拋出異常。

```
1  model = Sequential()
2  model.add(Masking(mask_value=0., input_shape=(timesteps, features)))
3  model.add(LSTM(32))
```

如果輸入張量 X[batch, timestep, data] 對應於 timestep=5, 7 的數值是 0，即 X[:, [5,7], :] = 0，那麼上面程式碼指定需要遮罩的物件，便是所有資料為 0 的時間步長。然後接下來的長短記憶網路在遇到時間步長為 5 和 7 的 0 值資料時，都會予以忽略。

卷積層

針對常見的卷積操作，Keras 提供對應的卷積層 API，包括一維、二維和三維的卷積操作、切割操作與補零操作等。

卷積在數學上的定義為：將作用於兩個函數 f 和 g 的操作，用來產生一個新的函數 z。新函數是原有兩個函數其中一個（如 f），在另一個（如 g）值域上的積分或者加權平均。可透過 https://en.wikipedia.org/wiki/Convolution 維基百科上的圖例來理解。

假設有兩個函數 f 和 g，其函數形式如圖 3.2 所示。請依照下列步驟對這兩個函數進行卷積操作。

(1) 將 f 和 g 函數都表示為一個變數 t 的函數，如圖 3.2 所示。

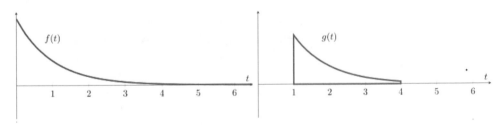

圖 3.2　f 和 g 函數形式

(2) 將 f 和 g 函數都表示為虛擬變數的函數，並且反轉其中一個函數（如 g）的取值，如圖 3.3 所示。

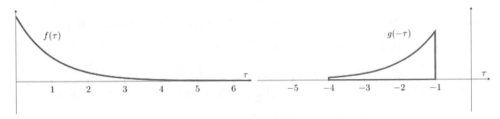

圖 3.3　反轉 g 的取值

(3) 接下來在此基礎上加入一個時間抵消項，如此在新值域上的函數 g，就是在這個軸上移動的窗口，如圖 3.4 所示。雖然這裡是靜態圖形，但是可以想像 g 函數的曲線，它代表的是該函數沿著坐標軸移動的情景。

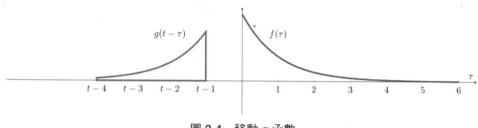

圖 3.4　移動 g 函數

(4) 從負無窮大的時間開始，一直移動到正無窮大。在兩個函數取值有交接的地方，找出其積分。換句話說，就是對函數 f 計算其在一個平滑移動窗口的加權平均值，此權重就是反轉後的函數 g 在同樣值域的對應取值。圖 3.5 展示前述過程。

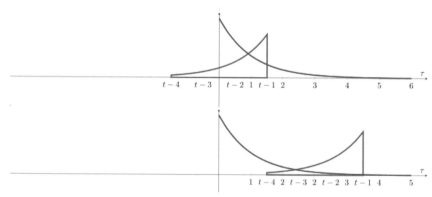

圖 3.5　卷積過程

如此得到的波形，就是這兩個函數的卷積。

卷積操作分為一維、二維和三維，對應的方法分別是 Conv1D、Conv2D 和 Conv3D，這些方法擁有同樣的選項，只是作用於不同維度的資料，因此適用於不同的業務場景。當作為首層使用時，必須提供輸入資料維度的選項 input_shape。這個選項指定輸入層資料應有的維度，但是每個維度資料的涵義不同，需要分別解說。

一維卷積通常稱為時域卷積，主要應用於以時間排列的序列資料，它使用卷積核對一維資料的鄰近訊號，接著進行卷積操作產生一個張量。二維卷積通常稱為空域卷積，一般應用在與圖形相關的輸入資料，也是利用卷積核對輸入資料進行卷積操作。三維卷積也執行同樣的操作。

Conv1D、Conv2D 和 Conv3D 的選項幾乎相同。

- filters：卷積濾鏡輸出的維度，要求整數。

- kernel_size：卷積核心的空域或時域窗長度。要求是整數、整數列表，或者是元組。如果是單一整數，則應用於所有適用的維度。

- strides：卷積在寬或高維度的步長。要求是整數、整數列表，或者是元組。如果是單一整數，則應用於所有適用的維度。倘若步長不為 1，則 dilation_rate 選項的值必須為 1。

- padding：補齊策略，其值為 valid、same 或 causal。causal 將產生因果（膨脹的）卷積，即 output[t] 不依賴於 input[t+1:]，應用於不能違反時間順序的時序訊號建模時。請參考 *WaveNet: A Generative Model for Raw Audio, section 2.1.*。valid 代表只進行有效的卷積，亦即不處理邊界資料。same 表示保留邊界處的卷積結果，通常會導致輸出 shape 與輸入 shape 相同。

- data_format：資料格式，取值為 channels_last 或者 channels_first。此選項決定資料維度的順序，其中 channels_last 對應的順序是（批量數，高，寬，頻道數），而 channels_first 對應的順序則是（批量數，頻道數，高，寬）。

- activation：啟動函數，為預定義或者自訂的啟動函數名稱，請參考前文「網路層物件」一節的介紹。如果不加指定，將不會使用任何的啟動函數（亦即採用線性啟動函數：a(x) = x）。

- dilation_rate：指定擴張卷積（Dilated Convolution）中的擴張比例。要求為整數或由單個整數構成的列表 / 元組，如果 dilation_rate 不為 1，則步長選項必須設為 1。

- use_bias：指定是否使用偏置項，其值為 True 或者 False。

- kernel_initializer：權重初始化方法，為預定義初始化方法名稱的字串，或者用來初始化權重的函數。請參考前文「網路層物件」一節的介紹。

- bias_initializer：偏置初始化方法，為預定義初始化方法名稱的字串，或者用來初始化偏置的函數。請參考前文「網路層物件」一節的介紹。

- kernel_regularizer：施加在權重上的正規項，請參考前文關於網路層物件正規項的介紹。

- bias_regularizer：施加在偏置項上的正規項，請參考前文關於網路層物件正規項的介紹。

- activity_regularizer：施加在輸出上的正規項，請參考前文關於網路層物件正規項的介紹。

- kernel_constraints：施加在權重上的約束項，請參考前文關於網路層物件約束項的介紹。

- bias_constraints：施加在偏置項上的約束項，請參考前文關於網路層物件約束項的介紹。

除了上面介紹的卷積層以外，還有一些特殊的卷積層，例如 SeparableConv2D、Conv2DTranspose、UpSampling1D、UpSampling2D、UpSampling3D、ZeroPadding1D、ZeroPadding2D、ZeroPadding3D 等，礙於篇幅有限，這裡就不一一介紹，有興趣的讀者請參考 Keras 使用者手冊。

池化層

池化（Pooling）是在卷積神經網路中對圖形特徵的一種處理，通常在卷積操作之後進行。池化的目的是為了計算特徵在局部的充分統計量，進而降低總體的特徵數量，防止過度擬合與減少計算量。舉例來說：假設有一個 128×128 的圖形，以 8×8 的網格做卷積，那麼一次卷積操作一共可以得到 $(128-8+1)^2$ 個維度的輸出向量。如果有 70 個不同的特徵進行卷積操作，那麼總體的特徵數量便可達到 $70×(128-8+1)^2 = 1,024,870$ 個。以 100 萬個特徵做機器學習，除非資料量極大，否則很容易發生過度擬合。

因此，池化技術就是對卷積出來的特徵分塊（例如分成新的 m x n 個較大區塊）求充分統計量，例如本塊內所有特徵的平均值或最大值等，然後以得到的充分統計量作為新的特徵。當然，這項操作依賴一個假設，就是卷積之後的新特徵在局部是平穩的，亦即在相鄰空間內的充分統計量相差不大。對於大多數應用而言，特別是與圖形相關的應用，這個假設可視為成立。圖 3.6 展示對卷積出來的特徵，在 4 個 (2×2) 不重合區塊進行池化操作的結果。

Keras 的池化層按照計算的統計量，分為最大統計量池化和平均統計量池化；依照維度分為一維、二維和三維池化層；按照統計量計算區域，則分為局部池化和全域池化。

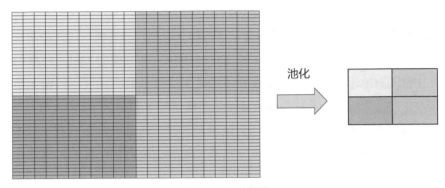

圖 3.6　池化操作

(1) 最大統計量池化方法：

■ MaxPooling1D，對一維的時域資料計算最大統計量的池化函數，輸入資料的格式要求為（批量數，時間步長，各個維度的特徵值），輸出資料為三維張量（批量數，採樣後的時間步長，各個維度的特徵值）。

■ MaxPooling2D，對二維的圖形資料計算最大統計量的池化函數，輸入輸出資料均為四維張量，具體格式根據 data_format 選項的要求，分別為：

  • data_format="channels_first"：輸入資料 =（樣本數，頻道數，列，行），輸出資料 =（樣本數，頻道數，池化後列數，池化後行數）。

  • data_format="channels_last"：輸入資料 =（樣本數，列，行，頻道數），輸出資料 =（樣本數，池化後列數，池化後行數，頻道數）。

■ MaxPooling3D，對三維的時空資料計算最大統計量的池化函數，輸入輸出資料都是五維張量，具體格式根據 data_format 選項的要求，分別為：

  • data_format="channels_first"：輸入資料 =（樣本數，頻道數，一維長度，二維長度，三維長度），輸出資料 =（樣本數，頻道數，池化後一維長度，池化後二維長度，池化後三維長度）。

- data_format="channels_last"：輸入資料＝（樣本數，頻道數，一維長度，二維長度，三維長度），輸出資料＝（樣本數，池化後一維長度，池化後二維長度，池化後三維長度，頻道數）。

(2) 平均統計量池化方法：這個方法的選項和資料格式的要求，跟最大化統計量池化方法一樣，只是池化方法使用局部平均值而非局部最大值作為充分統計量，方法名稱分別為 AveragePooling1D、AveragePooling2D 和 AveragePooling3D。

(3) 全域池化方法：本法應用全部特徵維度的統計量來代表特徵，因此會壓縮資料維度。例如在局部池化方法中，輸出維度和輸入維度相同，只是特徵的維度尺寸會因為池化而變小。但是在全域池化方法中，輸出維度小於輸入維度，假如在二維全域池化方法中輸入維度為（樣本數，頻道數，列，行），全域池化以後列和行的維度都被壓縮到全域統計量，因此輸出維度只有（樣本數，頻道數）二維。全域池化方法也分為最大統計量池化和平均統計量池化，以及一維和二維池化方法。

- 一維池化：一維池化方法分為最大統計量和平均統計量兩種，方法名稱分別為 GlobalMaxPooling1D 和 GlobalAveragePooling1D。輸入資料格式要求為（批量數，步進數，特徵值），輸出資料格式為（批量數，頻道數）。這兩個方法都沒有選項。

- 二維池化：二維池化方法也分為最大統計量和平均統計量兩種，方法名稱分別為 GlobalMaxPooling2D 和 GlobalAveragePooling2D。這兩個方法有關於輸入資料要求的選項：data_format。當 data_format="channels_first" 時，輸入資料格式為（批量數，列，行，頻道數）；當 data_format="channels_last" 時，輸入資料格式為（批量數，頻道數，列，行）。輸出資料格式都為（批量數，頻道數）。

遞歸層

遞歸層（Recurrent Layer）用來建構跟序列有關的神經網路。但是其本身是一個抽象類別，無法產生實體物件，應用時應該使用 LSTM，GRU 和 SimpleRNN 三個子類別建置網路層。介紹這些子類別的用法之前，先來瞭解遞歸層的概念，如此在撰寫 Keras 程式碼時，便有助於在頭腦中進行映射。遞歸網路和全連接網路最大的不同是：以前的隱藏層狀態資訊要進入目前的網路輸入中。

例如，全連接網路的資訊流如下：（目前輸入的資料）→隱藏層→輸出。而遞歸網路的資訊流如下：（目前輸入的資料 + 以前的隱藏層狀態資訊）→目前隱藏層→輸出。

下面的範例借用 iamtrask.github.io 版主的講解。

圖 3.7 展示一個典型的遞歸層依時間步長變化的結構。

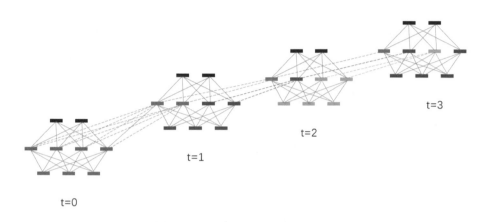

圖 3.7　典型的遞歸層依時間步長變化的結構

首先，在時間步長為 0 時，所有的影響都來自於輸入；但是從時間步長 1 開始，其隱藏層的資訊是時間步長 0 和 1 的混合；時間步長 3 的隱藏層狀態資訊，則是以前兩個時間步長和目前時間步長資訊的混合，餘依此類推。以前時間步長的隱藏層狀態資訊構成了記憶，因此，網路大小決定了記憶力的大小，而透過控制保留和去除哪些記憶，便可選擇以前時間步長的資訊對目前時間步長的影響力，亦即記憶的深度。

以上面的資訊流方式表達這個網路，如圖 3.8 所示（此圖的彩色效果，請到本書的下載資源中查看）。

(input + empty_hidden) -> hidden -> output
(input + prev_hidden) -> hidden -> output
(input + prev_hidden) -> hidden -> output
(input + prev_hidden) -> hidden -> output

圖 3.8　遞歸層結果依時間步長變化的資訊流之表達形式

這裡以色彩明確地顯示不同時間段的資訊，透過隱藏層在以後時間中傳播和施加影響的過程。

- ⊃ 簡單遞歸層。SimpleRNN 是遞歸層的一個子類別，用來建構全連接的遞歸層，乃是其中最直接的應用，它使用 recurrent.SimipleRNN 來呼叫。

- ⊃ 長短記憶層。LSTM 是遞歸層的另一個子類別，和簡單遞歸層相比，其隱藏狀態的權重網路較為稀疏。

- ⊃ 帶記憶門的遞歸層（GRU）。

以上的具體類別包含下列共同選項。

- ⊃ units：輸出向量的大小，為整數。

- ⊃ activation：啟動函數，為預定義或者自訂的啟動函數名稱，請參考前文「網路層物件」一節的介紹。如果不加指定，將不會使用任何的啟動函數（亦即採用線性啟動函數：a(x) = x）。

- ⊃ use_bias：指定是否使用偏置項，其值為 True 或者 False。

- ⊃ kernel_initializer：權重初始化方法，為預定義初始化方法名稱的字串，或者用來初始化權重的函數。請參考前文「網路層物件」一節的介紹。

- ⊃ recurrent_initializer：遞歸層狀態節點權重初始化方法，為預定義初始化方法名稱的字串，或用來初始化權重的函數。請參考前文「網路層物件」一節的介紹。

- ⊃ bias_initializer：偏置初始化方法，為預定義初始化方法名稱的字串，或用來初始化偏置的函數。請參考前文「網路層物件」一節的介紹。

- ⊃ kernel_regularizer：施加在權重上的正規項，請參考前文關於網路層物件正規項的介紹。

- ⊃ recurrent_regularizer：施加在遞歸層狀態節點權重上的正規項，請參考前文關於網路層物件正規項的介紹。

- ⊃ bias_regularizer：施加在偏置項上的正規項，請參考前文關於網路層物件正規項的介紹。

- ⊃ activity_regularizer：施加在輸出上的正規項，請參考前文關於網路層物件正規項的介紹。

- ⊃ kernel_constraint：施加在權重上的約束項，請參考前文關於網路層物件約束項的介紹。

- ⊃ recurrent_constraint：施加在遞歸層狀態節點權重上的約束項，請參考前文關於網路層物件約束項的介紹。

- ⊃ bias_constraint：施加在偏置項上的約束項，請參考前文關於網路層物件約束項的介紹。

- ⊃ dropout：指定輸入節點的放棄率，為 0 到 1 之間的實數。

- ⊃ recurrent_dropout：指定遞歸層狀態節點的放棄率，為 0 到 1 之間的實數。

LSTM 和 GRU 額外包含一個叫作 recurrent_activation 的選項，用來控制遞歸步長所用的啟動函數。

嵌入層

嵌入層（Embedding Layer）是應用於模型第一層的一個網路層，目的是將所有索引標號映射到緻密的低維向量中，例如 [[4], [32], [67]] → [[0.3, 0.9, 0.2], [-0.2, 0.1, 0.8], [0.1, 0.3, 0.9]]，就是將一組索引標號映射到一個三維的緻密向量，通常適用於對文字資料進行建模的時候。輸入資料要求是一個二維張量：（批量數，序列長度），輸出資料則為一個三維張量：（批量數，序列長度，緻密向量的維度）。

其選項如下。

- ⊃ 輸入維度：詞典的大小，一般是最大標號數 +1，必須是正整數。

- ⊃ output_dim：輸出維度，代表映射到緻密低維向量的維度，必須是大於或等於 0 的整數。

- ⊃ embeddings_initializer：嵌入矩陣的初始化方法，請參考前文關於網路層物件針對初始化方法的介紹。

- ⊃ embeddings_regularizer：嵌入矩陣的正規化方法，請參考前文關於網路層物件正規項的介紹。

⊃ embeddings_constraint：嵌入層的約束方法，請參考前文關於網路層物件約束項的介紹。

⊃ mask_zero：是否遮罩 0 值。通常 0 是透過補齊策略補足不同長度輸入值的結果，若為 0，則需要遮罩起來。如果輸入張量在該時間步長上都等於 0，代表對應的資料將在模型接下來所有支援遮罩的網路層被跳過，亦即被遮罩。倘若後續的一些層不支援遮罩，卻收到遮罩過的資料，便拋出異常。如果設定了遮罩 0 值，則詞典不能從 0 開始做為索引標號，因為此時 0 值已經具有特殊涵義。

⊃ input_length：輸入序列長度。當需要連結扁平化和全連接層時，必須指定該選項；否則無法計算全連接層輸出的維度。

合併層

合併層是指將多個網路產生的張量，透過一定的方法合併在一起，可先參考下一節奇異值分解的例子。合併層支援不同的合併方法，包括：元素相加（merge.Add）、元素相乘（merge.Multiply）、元素取平均（merge.Average）、元素取最大（merge.Maximum）、疊加（merge.Concatenate）、矩陣相乘（merge.Dot）等。

其中，元素相加、元素相乘、元素取平均、元素取最大等方法，要求進行合併的張量的維度大小完全一致。疊加方法則得指定按照哪個維度（axis）進行疊加，除了疊加的維度之外，其他維度的大小也必須一致。矩陣相乘方法是對兩個張量採用矩陣乘法的形式來合併，因為張量是高維矩陣，因此需要指定沿著哪個維度（axis）進行乘法操作。同時可以指定是否正規化（Normalize），如果是的話（Normalize=True），便先將兩個張量歸一化以後再相乘，此時得到的是餘弦相似度。

來自於 MIT Technology Review 的圖 3.9，完善地展示了網路合併結構。

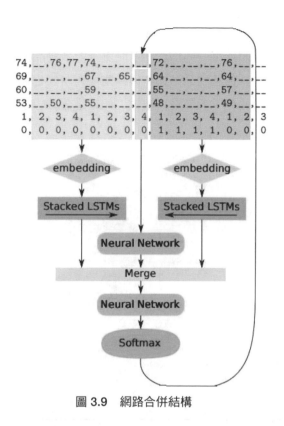

74, __,76,77,74, __, __, __,72, __, __, __, __,76, __, __
69, __, __, __,67, __,65, __,64, __, __, __, __,64, __, __
60, __, __, __,59, __, __, __,55, __, __, __, __,57, __, __
53, __,50, __,55, __, __, __,48, __, __, __, __,49, __, __
1, 2, 3, 4, 1, 2, 3, 4, 1, 2, 3, 4, 1, 2, 3
0, 0, 0, 0, 0, 0, 0, 0, 1, 1, 1, 1, 0, 0, 0

圖 3.9　網路合併結構

3.6 使用 Keras 進行奇異值矩陣分解

Keras 雖然是針對深度學習的各種模型而設計，但是透過巧妙建置網路結構，也可實現特定的傳統演算法。下文介紹如何以 Keras 進行奇異值矩陣分解（SVD）。

奇異值矩陣分解是一種基本的數學工具，應用於大量的資料探勘演算法中，比較有名的有協同過濾（Collaborative Filtering），PCA 迴歸等演算法。矩陣分解的目的是解析矩陣的結構、擷取重要資訊、去除雜訊，以及實現資料壓縮等。在奇異值矩陣分解中，資訊都集中在前幾個特徵向量，這幾個向量有可能較完善地（即均方誤差盡可能小地）復原原來的矩陣，同時只需要保留較少的資料。

本節準備介紹使用 Keras 進行奇異值矩陣的分解技巧。例如應用 SVD 至協同過濾推薦演算法，主要目的是針對資料降維，提高計算速度。協同過濾演算法一般應

用於使用者 – 物品矩陣，如圖 3.10 所示。這個矩陣的每一列代表一位使用者，每一行代表一件物品，因此每一列均標註了歷史上對該物品的評價或購買情況。如果不曾買過或者尚未評價該物品，則數值為空，有時候也用 0 代替；倘若購買過該物品，那麼數值一般是 1 或為購買次數；如果是評分，通常 x 為實際評分，例如 1~5 分。

	物品 1	物品 2	物品 3	物品 4	物品 5	物品 6	物品 7	...
使用者 1	1				5			
使用者 2		2						
使用者 3				3				
使用者 4	2			3			3	
使用者 5					2	1		
使用者 6			4					
使用者 7	2	1		5	3			
使用者 8						3	5	
使用者 9			1		2			
使用者 10			1	1		1		
使用者 11					4	2		
使用者 12		4		4			3	
使用者 13							1	
使用者 14					5	1		
使用者 15		5		3				
使用者 16	1							
使用者 17		3					5	
使用者 18				2	2			
使用者 19	1	4	3					
使用者 20			1		5		1	
...								

圖 3.10　使用者 - 物品矩陣圖

SVD 基於以下線性代數定理：任何 m×n 的實數矩陣 X 可以表示為下列三個矩陣的乘積：m×r 的么正矩陣 U，稱為左特徵向量矩陣；r×r 的對角矩陣 S，稱為特徵值矩陣；r×n 的么正矩陣 V^{T}，稱為右特徵向量矩陣，其中 r≤n。

$$X_{m \times n} = U_{m \times r} S_{r \times r} V_{r \times n}^{T}$$

上述矩陣分解可以利用圖 3.11 直觀地表達。

$$\begin{pmatrix} x_{11} & x_{12} & \dots & x_{1n} \\ x_{21} & x_{22} & & \\ \vdots & \vdots & \ddots & \\ x_{m1} & & & x_{mn} \end{pmatrix}_{m \times n} = \begin{pmatrix} u_{11} & \dots & u_{1r} \\ \vdots & \ddots & \\ u_{m1} & & u_{mr} \end{pmatrix}_{m \times r} \begin{pmatrix} s_{11} & 0 & \dots \\ 0 & \ddots & \\ \vdots & & s_{rr} \end{pmatrix}_{r \times r} \begin{pmatrix} v_{11} & \dots & v_{1n} \\ \vdots & \ddots & \\ v_{r1} & & v_{rn} \end{pmatrix}_{r \times n}$$

圖 3.11　奇異值分解展示

由此得知，其實 SVD 是將原始矩陣分解為一個對應於列資訊的矩陣 *U*，以及對應於行資訊的矩陣 *V*。因為包含特徵值的對角矩陣可以取方根後，分別納入左、右特徵向量矩陣中，所以現在要將原始矩陣分解為兩個緻密的實數矩陣，使得其乘積和原始矩陣的均方誤差盡量小。以 Keras 操作矩陣分解時，也是遵循以上的概念，使用的就是 Keras 層裡面的嵌入（Embedding）工具和合併（Merge）工具。嵌入工具能夠將一組正整數（如序列的索引）轉換為固定維度的緻密實數；合併工具則能按照不同的方法，諸如求和、疊加或者乘積等方式，將兩個網路合併在一起。

◐ 首先，將使用者和物品各自編號，就能以嵌入工具將其各自映射到一個固定的空間。以下面的程式碼為例，第 1 行和第 2 行先定義用戶序列的輸入，然後以嵌入工具將 n_users 個使用者都投射到 n_factor 維的新空間。一開始在新空間是隨機的位置，亦即初始化一個隨機向量，稍後在模型擬合階段再求取最佳解。

◐ 其次，將各自在新空間的投射以乘積方式合併起來，就能得到擬合後的 *UV'* 乘積矩陣：x = merge([u, v], mode='dot')，其中 mode='dot' 表示使用矩陣乘法合併兩個矩陣。

◐ 最後，定義一個模型，並採用隨機梯度下降演算法擬合，使得這個乘積矩陣和原始矩陣的均方誤差（MSE）最小。可透過下面的命令達到：

```
1  model = Model([user_in, movie_in], x);
2  model.compile(Adam(0.001), loss='mse')
```

底下是完整的程式。

```
1  user_in = Input(shape=(1,), dtype='int64', name='user_in')
2  u = Embedding(n_users, n_factors, input_length=1)(user_in)
3  movie_in = Input(shape=(1,), dtype='int64', name='movie_in')
4  v = Embedding(n_movies, n_factors, input_length=1)(movie_in)
5
6  x = merge([u, v], mode='dot')
7  x = Flatten()(x)
8  model = Model([user_in, movie_in], x)
9  model.compile(Adam(0.001), loss='mse')
10
11 model.fit([trn.userId, trn.movieId], trn.rating, batch_size=64, epochs=1))
```

04

資料收集與處理

大數據分析的一個重要組成部分，就是資料的收集、儲存和組織；特別是相較於傳統的資料分析，大量非結構化資料的爆炸性增長，使得這類需求更加緊迫。本章將介紹幾種常見的資料收集、儲存、組織以及分析的方法和工具。首先說明如何建構自己的網路爬蟲從網路上抓取內容，並且擷取出一定結構組織的資訊；然後是如何以 ElasticSearch 有效地存放、組織和查詢非結構化資料；最後簡要介紹和使用 Spark，以便引入初步分析大規模非結構化資料的方法。

4.1 網路爬蟲

網路上充滿大量豐富的資訊，透過網路爬蟲，便可將相關的資訊有組織、有計劃地收集起來。這些資訊大部分是非結構化的文字、圖片、影片或聲音等。雖然單一資訊碎片包含的有用內容不一定多，但是系統性地收集這些資訊，再透過合理的綜合分析之後，常常能得到意想不到的結果。例如，Click-o-Tron 公司藉由分析超過三百萬筆網路上誇張的新聞標題，運用深度學習技術教會電腦自動產生有吸引力的新聞標題；Narrative Science 公司分析大量的商業報表後，運用神經網路自動根據資料產生圖表及其解說。現在有了人工智慧，日後幾乎連初級分析師都不需要了！

因此，本節準備介紹如何以 Python 建構自己的網路爬蟲。

4.1.1 網路爬蟲技術

瀏覽網頁的時候，一般會在瀏覽器輸入網址，然後等待瀏覽器將該網頁的資訊取回，並顯示於其中。人們會掃描顯示的內容，再選擇自己想要的部分，例如文字或者影片，而忽略不想要的資訊，例如廣告等。這一切都可透過執行一套程式自動完成，這套程式通常稱為「網路爬蟲」。

正如前文提及，任何的網路爬蟲程式都會將瀏覽網頁的行為自動化與程式化，因此大都遵照如下的步驟進行。

(1) 準備待連結的完整網址，亦即網頁的網域名稱加上查詢字串，例如若想在 Bing 搜索 python scrapy，其完整的網址是：http://www.bing.com/search?q=python +scrapy。其中，http://www.bing.com/search 是網頁所在的網域名稱，問號後面就是查詢字串：q=python+scrapy，表示查詢的內容是與 Python 或 Scrapy 相關的網頁。

(2) 取得待連結的網址後，還需要確定存取方式。一般來說有兩種存取方式，亦即 GET 或 POST。顧名思義，GET 是直接將網頁的資料取回，而 POST 則是對指定網頁填入資料，例如在登錄頁面填寫 ID 和密碼等。有時候還需要填寫標頭資訊，即 Header，以及指定 Cookie 等。有些網站要求必須啟用 Cookie 才能正常存取。

(3) 提交網頁請求後，即可取得請求的回應，亦即 Response，通常是這份網頁的原始碼。

(4) 網頁原始碼不能直接使用，還需要進行解析，以便取出所需的內容，這個過程稱為 Parsing。一般返回的網頁內容都是 HTML 標記，瀏覽器均可解析，進而顯示結果。若想改用其他軟體的話，在 Python 中，比較有名的是 BeautifulSoup。

Python 有很多不同的網路爬蟲框架互相競爭，本書選擇其中一種非常強大的工具——Scrapy。Scrapy 是使用比較廣泛的一種資料抽取工具，不僅可以爬取網站的內容、擷取結構化資料，還能透過不同的 API 萃取特定網站的特定資料，例如亞馬遜 Associate Web Service 就可藉由 Scrapy 呼叫其 API 下載內容。因此，Scrapy 可說是一套功能強大、通用的資料收集工具。

本節將透過案例介紹如何建構和使用 Scrapy，進而爬取網站並擷取相關的內容。讀者可以修改本節的範例，以便取得合乎本身需求的爬蟲。如果尚未安裝 Scrapy，可藉由以下方式安裝。

(1) 如果已經安裝 Anaconda 內建的 Python，可直接在命令列輸入下列命令安裝 Scrapy：

```
conda install -c scrapinghub scrapy
```

(2) 如果是獨立的 Python 環境，那麼請利用 pip 安裝：

```
pip install Scrapy
```

安裝完成以後，就可根據下面的步驟建構自己的網路爬蟲。

4.1.2　建構自己的 Scrapy 爬蟲

建構一個 Scrapy 爬蟲非常簡單，基本上遵循以下幾步即可完成。

(1) 在空白目錄建立一個 Scrapy 專案，命令如下，結果如圖 4.1 所示。

```
scrapy startproject project_name
```

其中，project_name 是要建立的專案名稱，可以是任意合理的字元組合。

```
(base) D:\temp\crawler>scrapy startproject money163
New Scrapy project 'money163', using template directory 'C:\\Anaconda3\\lib\\site-packages\\scrapy\\templates\\project', created in:
    D:\temp\crawler\money163

You can start your first spider with:
    cd money163
    scrapy genspider example example.com

(base) D:\temp\crawler>
```

圖 4.1　產生 Scrapy 專案

(2) 定義抽取的內容，透過專案目錄下的 items.py 檔案完成。

(3) 定義爬蟲的目標網站和具體行為，可在 spider 子目錄下定義一個基於 Python 的爬蟲程式（通常叫做 spider.py）。

(4) 定義針對抽取出來的資料的操作，例如是存成文字檔還是存入資料庫等，可透過專案目錄下的 pipelines.py 檔案完成。

(5) 定義爬蟲的一般設定，位於專案目錄的 settings.py 檔案。

下面藉由爬取網易財經新聞的範例，詳細介紹以上每一步驟的具體實現。選擇網易財經新聞，主要是因為它的新聞網址規律，網頁的定義有規範可循，同時收集的資訊也比較有意思。舉例來說，網易財經新聞的一個典型網址是：http:// money.163.com/17/0301/10/CEEF06PH002581PQ.html，其中，基本網址是 http:// money.163.com，這一部分是共同所有；後面的 /17/0301/10/CEEF06PH002581PQ. html 部分，前 6 個數字 /17/0301 對應的是「/ 年 / 月日」的結構；稍後的 10 涵義不明，猜測是 24 小時制的新聞發佈時間，因為所有新聞連結的該處都是兩位的數字，介於 1~24 之間；最後的字串 CEEF06PH002581PQ 應該是新聞頁面的 ID。

首先建立一個空白的目錄，例如 money163crawler，在 Windows 系統的命令列輸入下列命令：

```
mkdir money163crawler
```

進入這個目錄，建立自己的 Scrapy 專案，並且命名為「money163」。請在命令列輸入如下命令：

```
scrapy startproject money163
```

此時，Scrapy 自動在 money163crawler 目錄下產生一個新的目錄 money163，其中又有一個同名的子目錄和一個 scrapy.cfg 設定檔。這個同名的子目錄下包含一系列的 Python 檔案，例如 __init__.py、items.py、settings.py、pipelines.py 等，同時還有一個子目錄 spiders，該子目錄下有一個 __init__.py 初始設定檔案。這兩個 __init__.py 初始化檔一般都是空白，暫時不需要理會，先將主要精力集中在 items.py、settings.py、pipelines.py，以及將於 spiders 子目錄產生的爬蟲程式（如 money_spider.py）上。

現在，Scrapy 專案的基本結構已經完成，如圖 4.2 所示。

```
money163\
    scrapy.cfg                      # 組態檔
    money163\                       # 專案的 Python 模組、程式碼匯入入口
        __init__.py
        items.py                    # 定義抓取的內容
        pipelines.py                # 定義最終的資料處理
        settings.py                 # 專案設定檔
        spiders\                    # 爬蟲程式所在的目錄
            __init__.py
            money_spider.py
```

圖 4.2　Scrapy 專案結構示意圖

基本結構建立起來以後，必須按照上面的步驟一次完成內容的擷取、爬蟲目標和行為，以及資料操作的定義。每一種定義都對應一個檔案，下文依序介紹。

首先，items.py 定義想要擷取的內容，基本上是透過一個繼承 scrapy.Item 的內容類別來完成。每一個內容都屬於 scrapy.Field()，定義非常簡單，亦即內容名稱 = scrapy.Field()。以新聞來說，通常包括新聞題目、新聞連結、新聞主體等。下列程式碼展示如何在類別中定義這三項內容。

```
1  class MoneyNewsItem(scray.Item):
2  #define as name = scrapy.Field()
3  news_title = scrapy.Field()
4  news_body = scrapy.Field()
5  news_url = scrapy.Field()
```

如果需要更多的內容，請按照上述方式繼續定義即可。至此為止，針對擷取內容的定義就完成了。

其次是定義爬蟲的起始網站和具體行為。在 spiders 子目錄下新建一個 Python 檔案，命名為「money_spider.py」，因為爬取的是網易財經網頁，統一子網域名稱是 money。這個檔案比較複雜，可透過繼承不同的類別來定義，這裡使用 Scrapy 的 CrawlSpider 類別。此檔需要指定三個主要內容：一是爬蟲的名稱；二是目標網站，包括爬取模式和對返回連結的過濾等；三是從返回的物件中，按照其結構擷取所需的資料。

爬蟲名稱的定義最簡單：name = "myspider"，亦即爬蟲的名字為「myspider」。

接下來是爬蟲的目標網站（或說起始網站），透過 start_urls=[...] 即可實現。列表裡用來定義要從哪些具體的網頁開始，可以是一個網頁，或者包含多個網頁，例如：

```
start_urls = ['http://money.163.com/', 'http://money.163.com/stock/']
```

表示依序從網易財經主頁和股票主頁開始爬取。實際進行時，爬蟲會把網頁上所有的元素都抓下來，包括裡面包含的其他連結。此時需要告訴爬蟲如何處理這些連結，例如是否按照這些連結繼續不停地抓取對應的網頁；返回的連結是否需要過濾，如果是，過濾的規則是什麼……等等都可以透過 rules 變數定義。下面是一個典型的爬取網頁的規則定義。

```
1  rules = Rule(
2     LinkExtractor(allow=r"/\d+/\d+/\d+/*"),
3     follow=True,
4     callback="moneyparser"
5  )
```

在這個規則裡，首先透過 LinkExtractor 定義針對返回連結的過濾條件，方法是藉助規則運算式 /\d+/\d+/\d+/*。這個規則運算式的涵義很明確，如果返回的連結是「/數字/數字/數字/任意字元」的形式就接受，否則便過濾掉。

接著，follow=True 告訴爬蟲，持續遞迴地抓取返回的連結。

最後，callback="moneyparser" 指定一個函數名稱，告訴爬蟲對於返回的 response 物件，下載後使用該函數加以處理。這個函數通常就是進行實際的擷取動作。詳細介紹 moneyparser 函數之前，先總結一下定義目標網站的語句。

```
1  allowed_domains=["money.163.com"]
2  start_urls=['http://money.163.com/', 'http://money.163.com/stock/']
3  rules = Rule(
4     LinkExtractor(allow=r"/\d+/\d+/\d+/*"),
5     follow=True,
6     callback="moneyparser"
7  )
```

整體來說，Scrapy 可以非常方便地制定爬蟲的規則。下面看看 callback 裡面提到的 moneyparser 函數。

moneyparser 函數以 xpath 解析返回的 response 物件，以便取出所需的具體內容。

```
1  def moneyparser(self,response):
2     item = MoneyNewsItem()
3     title=response.xpath("/html/head/title/text()").extract()
4     if title:
5        item['news_title']=title[0][:-5]
6
7     news_url=response.url
8     if news_url:
9        item['news_url']=news_url
10
11    news_body=response.xpath("//div[@id='endText']/p/text()").extract()
12    if news_body:
13       item['news_body']=news_body
```

是不是很簡單？在這個函數裡，新聞標題和本文以 xpath 進行擷取（extract），如果還要擷取其他元素，請參考 Scrapy 的教程，這裡就不一一解釋。但是，新聞連結不用抓取，它直接存放於 response 物件。

定義好規則和方法以後，這個爬蟲就能從一個給定的主頁，例如 money.163.com 抓取所有的內容，抓取時將按照規定的方法取出具體的要素；同時從內容中找出超連結，如果符合規則，就繼續下載該連結對應的頁面。

接下來需要處理擷取的具體要素，可顯示在終端視窗，或者存入某個地方或資料庫。作為展示，此處將抽取出來的元素組成一個字典，以 JSON 格式存為文字檔，每個頁面都單獨存成一個檔案。這個過程很容易定義於 pipelines.py 程式，其中包括一個類別，該類別只有一個方法──process_item(self, item, spider)。在返回的 item 元素列表裡面含有預設印表機，這個位址的最後部分就是新聞頁面的 ID，因此可以使用此 ID 作為檔案名稱，十分容易實現。

```
1  class MyPipeline(object):
2    def process_item(self, item, spider):
3      url = item['news_url']
4      filename = url.split("/")[-1].split(".")[0]
5      fo = open(filename, "w", encoding="UTF-8")
6      fo.write(str( dict(item) ))
7      fo.close()
8      return None
```

為了讓爬蟲正確運作，最後還需要進行以下設定。

● BOT_NAME：這是爬蟲的名稱，當在專案目錄以命令列執行操作時，Scrapy 會知道呼叫哪個爬蟲程式；這個名稱也用來建構 User-Agent 和記錄日誌。

● SPIDER_MODULES：定義具體的爬蟲，Scrapy 會根據此清單的內容找尋爬蟲。

● NEWSPIDER_MODULE：指定以 genspider 命令產生新爬蟲的路徑。

● ITEM_PIPELINES：這是一份清單，用來指定執行的順序。每一個需要執行的 pipeline 都以一個數字定義其順序，數字越小，代表執行的優先順序越高。

下面列出本節所需的設定，內容如下。

```
1  BOT_NAME = 'money163'
2  SPIDER_MODULES = ['money163.spiders']
3  NEWSPIDER_MODULE = 'money163.spiders'
4  ITEM_PIPELINES = {'money163.pipelines.MyPipeline':300,}
```

至此，爬蟲便已建立完畢，可用來爬取網頁。但是，這個簡單的爬蟲只能抓取固定的起始網頁，實際應用時效益不大。下面將擴充此爬蟲的功能，以便接受不同的參數改變爬取網頁的行為。例如，可以指定抓取某一天的網易財經網頁，如此就能累積各種財經新聞供日後的分析。

4.1.3　建構可接受參數的 Scrapy 爬蟲

本節說明如何改善上面的爬蟲程式，使其能夠接受一些參數，藉以改變起始網頁的位址，好讓同一個爬蟲抓取不同的網站。由前文得知，該網站不僅財經新聞符合頁面的連結模式，亦即是以「money.163.com+\ 年 \ 月日 \ 數字 \ 任意字元」的形式出現，此規律也適用於網易其他的子站，例如網易科技等。因此，只要能改變起始網頁的連結位址，就能爬取不同網站的頁面了。

達到這一點非常簡單，只需在爬蟲程式新建一個初始化方法，該方法接受參數，然後將 start_urls 放進去，這個功能就完成了。範例如下：

```
1  class ExampleSpider(CrawlSpider):
2     name = "stocknews"
3
4     def __init__(self, site='money.163.com', *args, **kwargs):
5        allowrule = r"/\d+/\d+/\d+/*"
6        self.counter = 0
7        self.stock_id = id
8        self.allowed_domain=[site]
9        self.start_urls = ['http://\%s' \% (site)]
10       super(ExampleSpider, self).__init__(*args, **kwargs)
```

程式根據提供的起始網頁，不僅修改了 start_urls，同時更改 allowed_domain，以保證爬蟲順利進行。最後透過 super 方法執行該類別更新資料。

完成修改以後，執行時需要提供參數給爬蟲。這與在命令列執行方法，或者透過別的程式呼叫時略有差異，下一節將詳細解釋。

假如現在不僅需要靈活定義爬取的網站，還包括抓取某一天的新聞，那麼除了修改 start_urls 變數，還有爬取規則 rules。參考前例後，這個異動也很容易。按照前文的定義，爬取網頁的規則，主要是更改 LinkExtractor 裡面允許的規則，使其依照輸入參數進行改變，可透過下面兩行敘述完成：

```
1  allowrule = "/\%s/\%s\%s/\d+/*" \% (year, month, day)
2  ExampleSpider.rules=(Rule(LinkExtractor(allow=allowrule), callback =
   "parse_news", follow=True),)
```

由此得知，修改 allowrule 變數的方法和前面一樣，但不是以 self.rules 定義新的規則，而是必須引用所在類別的名稱，即 ExampleSpider。

引入參數之後，便可設計一個比較靈活的爬蟲，以便抓取多種類型的網站或者不同時間、不同子站的網頁。下文便介紹如何執行 Scrapy 爬蟲。

4.1.4　執行 Scrapy 爬蟲

執行 Scrapy 爬蟲有兩種方法：一種是在命令列執行 crawl 指令；另一種是在其他程式呼叫 Scrapy 爬蟲。

第一種方法非常簡單，首先進入專案的主目錄，亦即包含 scrapy.cfg 檔案的目錄，輸入：

```
scrapy crawl myspider
```

即可讓爬蟲按照定義好的規則和方法抓取網頁。這裡的 myspider 是在 money_spider.py 程式中以 name 定義的爬蟲名稱。crawl 是讓 Scrapy 爬蟲開始擷取網頁。

如果爬蟲可以接受不同的參數，像是上例中不同的起始網址，那麼需改用 -a parameter = value 的方式提供參數值。例如要求從 money.163.com/stock 開始爬取網頁：

```
scrapy craw money163 -a site=money.163.com/stock
```

請注意，所有參數都是以字串形式傳遞給爬蟲，即使參數的內容是數字，例如 -a year=2017，也不需要加上引號。

從別的程式呼叫 Scrapy 爬蟲，比在命令列的方式稍微複雜一點，但是也十分直觀。下文以 Python 程式叫用剛才寫好的 myspider 爬蟲為例介紹這個方法。一般來說，在程式裡呼叫 Scrapy 爬蟲，可以採用不同的類別。這裡使用 CrawlerProcess 類別，配合 get_project_settings 方法，就能達到前述目的。

首先匯入相關的模組和函數：

```
1   from scrapy.crawler import CrawlerProcess
2   from scrapy.utils.project import get_project_settings
```

然後定義爬蟲過程。第一步先透過 get_project_settings 取得專案的資訊，再傳給定義的爬蟲過程：

```
process = CrawlerProcess(get_project_settings())
```

完成前述步驟後，只需呼叫此過程物件，包括傳遞參數等，就能執行爬蟲了。例如：

```
process.crawl('stocknews', id=id, page=page)
```

下列程式展示在 Python 裡面如何呼叫上面建立的爬蟲，包括應用不同的參數等。

```
1   from scrapy.crawler import CrawlerProcess
2   from scrapy.utils.project import get_project_settings
3
4   process = CrawlerProcess(get_project_settings())
5
6   # 'stocknews' is the name of one of the spiders of the project.
7   for site in ['money.163.com', 'tech.163.com', 'money.163.com/stock']:
8     process.crawl('myspider', site=site)
9   process.start() # the script will block here until the crawling is finished
```

本程式透過 process.crawl()，按照列表內的網址定義三個爬蟲，最後以 process.start() 啟動爬蟲。請注意，因為使用了 get_project_settings，這個 Python 程式需要在專案所在目錄下執行才有效。

另外，請特別注意，從命令列執行和從程式內部呼叫 API，在並行執行爬蟲的數量上會有差別。以命令列 scrapy crawl 方式啟動爬蟲時，預設方法是一個執行緒一個爬蟲；而透過 Python 程式叫用 API 的方式，則預設為同時啟用多個爬蟲。例如上述程式要求將列表中的三個網址作為起始網址，則會同時啟動三個爬蟲下載網頁。

同時啟動多個爬蟲雖然能夠充分利用 CPU 和頻寬，但在某些情況下，我們希望循序執行每個爬蟲，此時呼叫的程式會有一點小改變。必須使用 twisted 套件的 internet.defer 方法串聯每個爬蟲，同時叫用 reactor 控制執行的順序。底下的例子先定義一個函數，裡面透過 yield process.crawl('myspider', site=site) 串聯爬蟲，但是先不執行。最後呼叫 reactor.run() 循序執行爬蟲。

```
1   from twisted.internet import reactor, defer
2   from scrapy.crawler import CrawlerProcess
3   from scrapy.utils.project import get_project_settings
4
5   process = CrawlerProcess(get_project_settings())
6
7   sitelist = ['money.163.com', 'tech.163.com', 'money.163.com/stock']
8   @defer.inlineCallbacks
9   def crawl(sitelist):
10    for site in sitelist:
11        yield process.crawl('myspider', site=site)
12    reactor.stop()
13
14  crawl()
15  reactor.run()
```

Scrapy 也可以在多台機器部署分散式的爬蟲，礙於篇幅有限，這裡就不詳細介紹，有興趣的讀者請參考 Scrapy 的手冊和說明文件。

4.1.5 執行 Scrapy 爬蟲的要點

執行爬蟲時會對目標網站帶來一定的壓力，特別是並行運行很多爬蟲的時候。另外，很多網站會對網路爬蟲的請求進行識別，如果發現是網路爬蟲，則會進一步約束，例如限制流量甚至直接拒絕回應等。因此，當建構自己的爬蟲時，必須加上這方面的考量，主要是透過合理設定 settings.py 檔案裡面的選項來完成。

(1) 藉由不停地替換不同的 User-Agent，降低被網站識別出來的機率。User-Agent 是使用者對伺服器表明自己身份的字串，Scrapy 爬蟲預設的 User-Agent 是 Scrapy/VERSION(+http://scrapy.org)。將其設為網路常見的 User-Agent 字串，甚至設為一個包含多種常見的 User-Agent 字串的清單，在很多不具備精密探測算法的伺服器面前，Scrapy 爬蟲就偽裝得像普通常見的網路請求一樣，有效降低被伺服器遮罩的機率。透過搜尋引擎，可以很容易找到這些常見的 User-Agent 字串。

把 User-Agent 選項設為包含多種常見的字串清單時，還需要建置一個 middleware.py 程式，以便隨機叫用清單的某一個字串給伺服器表明身份。當然，在使用這個功能之前，必須先在 settings.py 設定程式進行兩件事。

一是配置多個 User-Agent 的清單：

```
1  USER_AGENTS = [
2    "Mozilla/4.0 (compatible; MSIE 6.0; Windows NT 5.1; SV1;
     AcooBrowser; .NET CLR 1.1.4322; .NET CLR 2.0.50727)",
3    "Mozilla/4.0 (compatible; MSIE 7.0; Windows NT 6.0; Acoo Browser;
     SLCC1;.NET CLR 2.0.50727; Media Center PC 5.0; .NET CLR 3.0.04506)",
4    "Mozilla/4.0 (compatible; MSIE 7.0; AOL 9.5; AOLBuild 4337.35;
     Windows NT 5.1; .NET CLR 1.1.4322; .NET CLR 2.0.50727)",
5    "Mozilla/5.0 (Macintosh; Intel Mac OS X 10_7_3) AppleWebKit/535.20
     (KHTML, like Gecko) Chrome/19.0.1036.7 Safari/535.20",
6  ]
```

二是指明 DOWNLOADER_MIDDLEWARES 是哪份文件。預設值是沒有這個中繼軟體，現在加上 RandomUserAgent 後，此值就要變為一個字典：

```
1  DOWNLOADER_MIDDLEWARES = {
2    'money163.middleware.RandomUserAgent': 1,
3  }
```

數值表示執行的順序，值越小越早執行。

下面的 middleware.py 程式範例，用來展示如何隨機叫用清單中的字串。

```
1  import random
2
```

```
3   class RandomUserAgent(object):
4       """Randomly rotate user agents based on a list of predefined ones"""
5
6       def __init__(self, agents):
7           self.agents = agents
8
9       @classmethod
10      def from_crawler(cls, crawler):
11          return cls(crawler.settings.getlist('USER_AGENTS'))
12
13      def process_request(self, request, spider):
14          request.headers.setdefault('User-Agent', random.choice(self.agents))
```

程式做了兩件事：一是從爬蟲的設定檔取得 USER_AGENTS 項目的值；二是
將從列表隨機選取的 User-Agent，填入目前的爬蟲請求中。

(2) 合理地設定以下選項，便可有效降低被伺服器遮罩的機率。

- DOWNLOAD_DELAY——控制下載器在連續下載網頁之間所需等待的
  時間，預設值為 0，單位為秒。該項目可以控制爬蟲的速度，防止目標
  伺服器超載。如果設定的數值含有小數位，則對應的單位是毫秒，例如
  DOWNLOAD_DELAY = 2.05，表示等待時間是 2 秒又 50 毫秒。

- DOWNLOAD_TIMEOUT——下載器在逾時之前需要等待的秒數，預設值
  為 180 秒。建議設為較小的數值較好。

- CONCURRENT_REQUESTS——Scrapy 下載器能夠同時傳送的請求數量，
  預設值為 16。建議設為較小的值控制流量。

- CONCURRENT_REQUESTS_PER_DOMAIN——Scrapy 下載器同時傳送到
  單一網域名稱的請求數量，預設值為 8。

- CONCURRENT_REQUESTS_PER_IP——限制 Scrapy 下載器同時傳送到某
  一 IP 位址的請求數量，預設值為 0，表示無限制。如果該值不為 0，則本項
  目有高於 CONCURRENT_REQUESTS_PER_DOMAIN 的優先順序；限制數
  量以 IP 位址為單位，而不是網域名稱。本設定同時會影響 DOWNLOAD_
  DELAY，等待時間也是以 IP 位址為單位。

- COOKIES_ENABLED——是否啟用 Cookies。預設為啟用，由於 Cookie 能夠識別使用者，因此透過連續追蹤某一用戶的行為，可能會被某些網站用來辨識是否為網路爬蟲。禁止此項目能夠減少被識別出來的機率。當然，有些網站規定必須使用 Cookies，此時只好藉助別的方法。

4.2 大規模非結構化資料的儲存和分析

根據維基百科的定義，非結構化資料是指未定義結構的資料。一種典型的非結構化資料是文字，包括日期、數值、人名、事件等。這類資料沒有規則可循，所以很難用傳統的手段和位於關聯式資料庫的資料做比較。

處理非結構化資料的技術，例如資料探勘、自然語言處理（NLP）、文字分析等，都提供不同的方法從中找出模式。處理文字常用的技巧，通常涉及利用中繼資料或詞性標籤手動標記。

非結構化資料還包括書籍、雜誌、文件、中繼資料、聲音、影片、類比資料、圖形和非結構化文字，例如網頁、筆記等。有些資料雖然封裝在特定的結構，但是仍然稱為非結構化資料，例如 HTML 檔案；雖然 XML 標記形成樹狀結構，但是這些標記僅用於渲染，並不代表資料的涵義或解釋，因此依然是非結構化的資料。

簡單來說，非結構化資料是不能儲存在傳統關聯式資料庫裡的資料。

結構化資料是有組織的資料，例如關聯式資料庫的內容，這也是 Google 內部對它的一個概括。當資訊高度結構化和可預測時，就能夠很容易地以創造性的方式組織和顯示。對於前文提到的非結構化資料，只要透過結構化資料標記進行組織，便可實現一定程度的結構化。結構化資料標記是一種基於文字的資料組織形式，可存放在本地檔案中，或者以網路服務的方式提供給協力廠商。

結構化資料標記一般是以 JSON-LD 格式表達，下面是一個具體範例。

```
1  <script type="application/ld+json">
2  {
3    "@context": "http://schema.org",
4    "@type": "Message",
```

```
5     "Subject": "This is a test message",
6     "Attachments": [{
7        "@type": "Attachment",
8        "Name": "Attachment 1",
9        "Size": "20k",
10       "Body": "abcedfg",
11    }]
12  }
13  </script>
```

結構化資料標記描述非結構化資料本身的內容和屬性等中繼資料。例如一個網站有各種品牌的衣服，於是需要以標記語言陳述每種品牌的屬性，諸如品牌風格、使用人群、價格區間、客戶評價等。網站的所有頁面都包含結構化的資料標記後，當搜尋引擎爬取這個網站時，就會把結構化資料應用到兩種場景。

(1) 搜索結果。如品牌服裝、使用人群、客戶評價等結構化資料，將出現在搜索結果中。

(2) 知識圖譜。針對網站的內容，如果其作者是最終結論者，那麼搜尋引擎便把此內容視為事實匯入知識圖譜中，進而在搜索結果提供顯著的答案。知識圖譜代表有關組織和時間的事實性資料，例如諾貝爾獎官網的資料。當搜索的關鍵字和諾貝爾獎有關時，搜索結果就會返回該官網的明顯連結。

組織非結構化資料時，一般是以 schema.org 定義的類型和屬性作為標記（如JSON-LD），而且必須公開這個標記。例如 Google 的搜尋引擎裡面將標記所有相關的網頁，而且有標記的頁面不會對搜尋引擎隱藏。

當單個網頁有多種實體類型時，應該標記這些實體。舉例來說：

⊃ 品牌服裝頁面包含品牌介紹和代表影片，應該分別使用 schema.org/clothes 和 schema.org/VideoObject 標記這些類型。

⊃ 列出幾種不同品牌的類別頁面，應該使用相關的 schema.org 類型標記每個實體，例如產品類別頁面的 schema.org/Brand。

⊃ 影片播放頁面可能會將相關影片嵌入頁面的單獨部分。在這種情況下，請標記主要以及相關的影片。

圖形資料也有一些標準的規定，例如將圖形 URL 標記為類型的屬性時，請確保該圖形實際上屬於此類型的實例。例如把 schema.org/image 標記為 schema.org/NewsArticle 的屬性，則標記圖形必須直接屬於該新聞文章。一般應該可爬取和可索引所有的圖片網址；否則，搜尋引擎便無法呈現在搜索結果裡的頁面。

4.2.1　ElasticSearch 介紹

ElasticSearch 是一個以 Java 開發的開源企業級搜尋引擎，現今非常流行。它基於 Lucene 的搜索伺服器，提供分散式全文檢索搜尋引擎；同時基於 RESTful Web 介面，具備多用戶能力。ElasticSearch 的特點如下：

- ElasticSearch 是一種分散式、支援 REST API 的搜尋引擎。每個索引都使用可分配數量的完全分片，每個分片有多個副本。搜尋引擎可以在任何副本上操作。

- 多叢集、多種類型，支援多個索引，每個索引支援多種類型。索引級組態（分片數、索引儲存等）。

- 支援多種 API，例如 HTTP RESTful API、Native Java API，所有 API 都執行自動節點操作與重新路由等。

- 檔案導向，不需要定義前期模式，可以為每種類型定義模式以客製化索引過程。

- 可靠，支援長期持續性地非同步寫入。

- 接近即時搜索。

- 建立在 Lucene 之上，每個分片都是一個功能齊全的 Lucene 索引，Lucene 的所有權利都可透過簡單的組態 / 外掛程式輕鬆開放。

- 操作具備高度一致性，單個檔案級別操作是不可分割、一致、隔離和耐用的。

- 開源許可夠友善，採用的是 Apache 授證下的開放原始碼版本 2（「ALv2」）。

下面介紹 ElasticSearch 的下載、安裝、使用和配置。

ElasticSearch 支援許多作業系統，這裡以 Windows 系統為例進行介紹。若想安裝在其他系統，請確認 ElasticSearch 的支援說明，具體列表如下：https://www.elastic.co/support/matrix。

ElasticSearch 利用 Java 實作，要求在 Java 8 虛擬環境執行。ElasticSearch 官網推薦 1.8.0_73 或者更高版本。如果使用不相容的版本，ElasticSearch 會啟動失敗。

關於 ElasticSearch 版本的選擇：為了讓它支援中文分詞外掛程式，通常不建議安裝 ElasticSearch 標準版，而是 RTF 版本（https://github.com/medcl/elasticsearch-rtf），該版本已經做好相關設定，好讓使用者節省很多時間。

安裝 ElasticSearch RTF（Windows）時，請執行以下步驟。

(1) 保證機器已經安裝 Java 8 虛擬機器，如果尚未安裝，請連結 Oracle 官網下載合適的作業系統版本。

(2) 下載 ElasticSearch RTF 版本：

```
git clone git://github.com/medcl/elasticsearch-rtf.git -b master --depth 1
```

(3) 執行：

```
cd Elasticsearch-rtf/bin
elasticsearch.bat
```

命令列視窗會顯示：

```
1  [2017-04-20T23:42:05,385][INFO ][o.e.h.HttpServer ] [qBJbdnQ]
    publish_address {127.0.0.1:9200}, bound_addresses {127.0.0.1:9200},
   {[::1]:9200}
2  [2017-04-20T23:42:05,386][INFO ][o.e.n.Node ] [qBJbdnQ]
   started
```

然後在瀏覽器連結 http://localhost:9200，如果顯示：

```
1  {
2    name: "qBJbdnQ",
3    cluster_name: "elasticsearch",
4    cluster_uuid: "CHZeVrVRSPqmI20I2XEJyQ",
5    version:
6    {
7      number: "5.1.1",
8      build_hash: "5395e21",
9      build_date: "2016-12-06T12:36:15.409Z",
10     build_snapshot: false,
11     lucene_version: "6.3.0"
```

```
12    },
13    tagline: "You Know, for Search"
14 }
```

說明 ElasticsSearch 啟動成功。

4.2.2 ElasticSearch 應用實例

接下來以一個實際案例說明如何應用 ElasticSearch。

成都市政府在網路公開了所有的政府公文，本小節使用前面介紹的爬蟲，自己寫個程式將這些檔案都抓取下來，礙於篇幅就不介紹細節了，有興趣的讀者可以自行嘗試。本例會把檔案保存到 ElasticSearch，然後提供基於機器學習的文字摘要和搜索功能。

首先建立索引，名稱為「chengdugov」，接著傳送下列請求：

```
curl -XPUT http://localhost:9200/chengdugov
```

收到回應：

```
1  HTTP/1.1 200 OK
2  content-type: application/json; charset=UTF-8
3  content-length: 48
4
5  {"acknowledged":true,"shards_acknowledged":true}
```

表示索引建立成功。

然後建立映射。保存在 ElasticSearch 的檔案包含結構化資料標記，所以必須為這個索引建立若干映射。

先看一個檔案範例，這個 JSON 格式的檔案已經預先處理過，這些結構化資料標記乃是透過解析網頁文字而來。

```
1  {
2  "題目" : " 成都市幼稚園管理辦法 ",
3  "內容" : " 第一章  總   則第一條 （目的依據）為規範幼稚園管理，促進學前
   教育事業健康發展，根據《中華人民共和國教育法》、《中華人民共和國民辦教育
   促進法》和國務院《幼稚園管理條例》等法律、法規，結合成都市實況，制定本辦
```

法。……［編者註：檔案內容太長，此處省略］……第三十七條（對違反配套
幼稚園建設移交規定的責任追究）違反本辦法規定，擅自改變規劃配套建設幼稚
園用途的，由有關部門依據職權責令改正，並依法追究責任；逾期不移交的，由建
設行政管理部門責令限期改正，作為不良信用記錄計入成都市房地產開發企業信用
資訊管理系統，並予以公示。第六章　附　則第三十八條（術語定義）本辦
法所稱幼稚園，是指對三周歲以上學齡前兒童實施保育和教育的學前教育機構。
公益性幼稚園，是指經區（市）縣教育行政主管部門認定，執行政府定價，接受財
政補助的幼稚園。第三十九條（施行日期）本辦法自 2014 年 3 月 1 日起施行。",

```
4    "填報時間": "2014-01-30",
5    "責任單位": "市政府辦公廳",
6    "文    號": "政府令第183號",
7    "簽發單位": "",
8    "簽發時間": "2014-01-21",
9    "生效時間": "2014-01-21"
10   }
```

這個檔案有 8 個屬性：題目、內容、填報時間、責任單位、文號、簽發單位、
簽發時間、生效時間。必須為這些屬性建立映射，可透過發送下列網路請求來
實現：

```
1    curl -XPUT "http://localhost:9200/gov/_mapping/Fulltext" -d "
2    {
3    \"properties\": {
4      \"題目\": {
5        \"type\": \"text\",
6        \"analyzer\": \"ik_max_word\",
7        \"search_analyzer\": \"ik_max_word\",
8        \"include_in_all\": \"true\",
9        \"boost\": 8
10     },
11     \"內容\": {
12       \"type\": \"text\",
13       \"analyzer\": \"ik_max_word\",
14       \"search_analyzer\": \"ik_max_word\",
15       \"include_in_all\": \"true\",
16       \"boost": 8
17     },
18     \"責任單位\": {
19       \"type\": \"text\",
20       \"analyzer\": \"ik_max_word\",
21       \"search_analyzer\": \"ik_max_word\",
```

```
22        \"include_in_all\": \"true\",
23        \"boost\": 1
24     },
25     \"簽發單位\": {
26        "type": "text",
27        "analyzer": "ik_max_word",
28        "search_analyzer": "ik_max_word",
29        "include_in_all": "true",
30        "boost": 1
31     },
32     \"文  號\": {
33        \"type\": \"text\",
34        \"analyzer\": \"ik_max_word\",
35        \"search_analyzer\": \"ik_max_word\",
36        \"include_in_all\": \"true\",
37        \"boost\": 1
38     },
39     \"填報時間\": {
40        \"type\": \"date\",
41        \"format\"  : \"YYYY-MM-dd\",
42        \"boost\": 1
43     },
44     \"簽發時間\": {
45        \"type\": \"date\",
46        \"format\"  : \"YYYY-MM-dd\",
47        \"boost\": 1
48     },
49     \"生效時間\": {
50        \"type\": \"date\",
51        \"format\"  : \"YYYY-MM-dd\",
52        \"boost\": 1
53     }
54 }
55 }"
```

如果成功建立映射的話，網路會回應：

```
1 HTTP/1.1 200 OK
2 content-type: application/json; charset=UTF-8
3 content-length: 21
4
5 {"acknowledged":true}
```

編註 在 Windows 平台執行 curl -XPUT 命令時，相關的參數最好都用雙引號（"）括住。如果參數內容也包含雙引號的話，前頭必須加上一個跳脫字元（\），變成「\"」，如前述的參數內容所示。在 Linux 平台執行時，可改用單引號（'）代替雙引號，而且兩種符號可以並存，因此毋須加上那些累贅的跳脫字元。此外，插入中文資料後出現一些亂碼，建議可先以英文資料測試。

接下來便可插入資料。這裡假設已經透過前面的網路爬蟲，將檔案從成都市政府官網抓取下來，並且整理成結構化標記的資料。URL 結尾是文件 ID，不要重複使用，不然就會覆蓋該文件。請使用下列命令插入資料：

```
1  curl -XPUT "http://localhost:9200/chengdugov/fulltext/1" -d "
2
3  {
4  \" 題目 \": \" 成都市歷史建築保護辦法 \",
5  \" 內容 \": \" 第一條 （目的依據）為加強對歷史建築的保護，繼承和弘揚優秀歷史
   文化，促進城鄉建設與社會文化協調發展，根據國務院《歷史文化名城名鎮名村保
   護條例》等法律法規，結合成都市實際，制定本辦法。…… [ 編者注： 內容過
   長，中間省略 ]……第三十條 （責任追究）行政機關及其工作人員在歷史建築保
   護管理中不按照本規定履行職責，怠忽職守、濫用職權、徇私舞弊的，依法給予行
   政處分。構成犯罪的，依法追究刑事責任。第三十一條 （施行日期）本辦法自
   2014 年 12 月 1 日起施行。\",
6  \" 填報時間 \": \"2014-11-12\",
7  \" 責任單位 \": \" 市政府辦公廳 \",
8  \" 文    號 \": \" 政府令第 186 號 \",
9  \" 簽發單位 \": \"\",
10 \" 簽發時間 \": \"2014-10-17\",
11 \" 生效時間 \": \"2014-10-17\"
12 }"
13
14
15 curl -XPUT "http://localhost:9200/index/fulltext/2" -d "
16 {
17 \" 題目 \": \" 成都市規範行政執法自由裁量權實施辦法 \",
18 \" 內容 \": \" 第一條 （目的依據）為規範行政執法自由裁量權，促進合法行政、合
   理行政，維護公民、法人和其他組織的合法權益，根據有關法律、法規及《四川省
   規範行政執法裁量權規定》，結合成都市實際，制定本辦法。……[ 編者注： 內容
   過長，中間省略 ]……第二十七條 （施行日期）本辦法自 2014 年 11 月 1 日起施
   行。2010 年 6 月 24 日成都市政府發佈的《成都市規範行政處罰自由裁量權實施辦
```

```
     法》（市政府令第 169 號）同時廢止。\",
19   \" 填報時間 \": \"2014-10-16\",
20   \" 責任單位 \": \" 市政府辦公廳 \",
21   \" 文    號 \": \" 政府令第 185 號 \",
22   \" 簽發單位 \": \"\",
23   \" 簽發時間 \": \"2014-09-29\",
24   \" 生效時間 \": \"2014-09-29\"
25   }"
```

更多類似的資料和對應的代碼，請從 www.broadview.com.cn 網站下載，這裡就不贅列。以上請求如果成功，則會返回類似下面的回應（_id 和請求 URL 的結尾一致）：

```
1   HTTP/1.1 201 Created
2   Location: /chengdugov/fulltext/1
3   content-type: application/json; charset=UTF-8
4   content-length: 147
5
6   {"_index":"chengdugov","_type":"fulltext","_id":"1","_version":1,"result":"
    created","_shards":{"total":2,"successful":1,"failed":0},"created":true}
```

如果想確認上述檔案是否已存入 ElasticSearch 中，可使用下列命令驗證返回的 JSON 物件：

```
curl -XGET http://localhost:9200/chengdugov/fulltext/$id
```

搜索功能

現在，ElasticSearch 已經儲存了一些資料，接著可利用 ElasticSearch 的搜索 API，以便返回符合查詢準則的結果。

如果想搜尋所有檔案，可以使用最簡單的命令 _search：http://localhost:9200/chengdugov/fulltext/_search。其中，chengdugov 是索引，fulltext 是類型，但是未指定文件 ID，而是改用 _search 功能。在前面的例子中，返回的 JSON 字串列表有 7 個完整的檔案。

接下來，準備搜索哪些檔案的題目包含「社會保險」。

```
1   curl -XPUET "http://localhost:9200/chengdugov/_search" -d "
2   {
```

```
3      \"query\": {
4        \"bool\": {
5          \"must\": [{
6            \"wildcard\": {
7              \" 題目 .keyword\": \"* 社會保險 *\"
8            }
9          }],
10         \"must_not\": [],
11         \"should\": []
12       }
13     },
14     \"from\": 0,
15     \"size\": 10,
16     \"sort\": [],
17     \"aggs\": {
18
19 }
20 }"
```

上述查詢包含複雜的 json 字串，如果每次的請求都這麼麻煩，使用者體驗就太差了，可利用協力廠商的外掛程式 elasticsearch-head 協助查詢。底下是安裝流程。

圖 編註 自 ElasticSearch 5.x 版之後，head 外掛程式必須在 node 環境下運行，所以要先安裝 Node.js，網址如下：https://nodejs.org/en/download/。請下載 Windows 平台下的 Installer（.msi），分成 32 位元和 64 位元兩種版本，下載後直接執行即可，假設安裝到 C:\node-js 目錄。此外，為了繼續下列的步驟，電腦也要先安裝 Git，網址如下：http://git-scm.com/download/win。

(1) 開啟命令列視窗，進入目標目錄（如 D:\），輸入 git clone git://github.com/mobz/elasticsearch-head.git 命令，將 elasticsearch-head 的原始碼下載到本地端硬碟。

(2) 執行 cd elasticsearch-head 命令，切換到 elasticsearch-head 目錄。

(3) 執行 C:\node-js\npm install 命令，安裝 packages.json 裡的所有套件。

(4) 執行 grunt server 命令，啟動伺服器。

(5) 在瀏覽器位址列輸入 http://localhost:9100/，開啟 elasticsearch-head 外掛程式
的主頁面（請注意，通訊埠是 9100，和之前 ElasticSearch 的通訊埠 9200 不一
樣，這兩個頁面獨立運作，但是 9100 已經封裝好許多功能，因此不需要手動
傳送請求）。

在 elasticsearch-head 主頁中，第一欄請填入 http://localhost:9200/，按一下 Connect
（連接）鈕，準備連結 ElasticSearch，同時顯示 ElasticSearch 集群（叢集）的健
康狀況，如圖 4.3 所示。

圖 4.3 叢集狀態圖

如果頁面顯示「cluster health: not connected」，請查看瀏覽器控制台的輸出，若出
現以下錯誤：

```
XMLHttpRequest cannot load http://localhost:9200/_cluster/health. No
'Access-Control-Allow-Origin' header is present on the requested resource.
Origin 'http://localhost:9100' is therefore not allowed access.
```

此時需要重新設定 ElasticSearch，請修改 elasticsearch-rtf\config 目錄下的 ElasticSearch.
yml 檔案，在文件末尾加上下列兩行：

```
1  http.cors.enabled: true
2  http.cors.allow-origin: "*"
```

然後重啟 ElasticSearch 服務，應該一切正常。

第二列顯示 5 個標籤。

(1) Overview（概覽），顯示健康和未使用的節點，如圖 4.3 所示。

(2) Indices（索引），顯示所有建立的索引，如圖 4.4 所示。

圖 4.4　索引清單

(3) Browser（數據瀏覽），顯示了每個索引的所有類型和檔案，如圖 4.5 所示。

圖 4.5　數據瀏覽狀態

(4) Basic Query（基本查詢），提供所有基本的搜索功能。例如若想搜尋用戶中包含「diltert」關鍵字的檔案，命令如圖 4.6 所示。

圖 4.6　基本查詢

查詢返回 3 筆結果。如果調出瀏覽器的除錯工具，可以看到如圖 4.7 所示的請求列表。

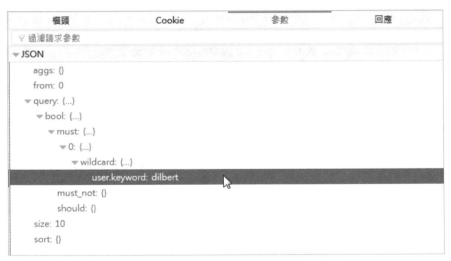

圖 4.7　瀏覽器送出的請求參數

(5) Compound Query（複合查詢），為開發者提供更多的選項，以便建構不同的請求（網址、http 方法、body 等）。還是以上一個搜索為例，把 body 貼到查詢方框，將得到相同的結果，如圖 4.8 所示。

圖 4.8　任意請求

段落（檔案）摘要功能的實現

現在準備在 ElasticSearch 的基礎上實現段落摘要的功能。段落內容往往很長，所以有必要產生簡短的摘要，以便一目瞭然。段落摘要功能和 ElasticSearch 沒有直接關係，只是藉助 ElasticSearch 結構化儲存而已。

在大數據的段落摘要模型中，最普及的是由 Google 提出、引入注意的序列到序列模型，具體內容詳 https://www.zhinengl.com/2017/01/sequence-to-sequence-learning/。這裡先介紹一種更簡單的機器學習建模概念，首先給每句詞賦予一個向量，進而取得句子向量和段落向量。如果可以找出段落中具有代表性的句子，那麼由那些句子組成的摘要，是不是也可作為本文摘要呢？

基於此原理，必須介紹兩個基本概念，TD-IDF（https://en.wikipedia.org/wiki/Tf–idf）和 Word2Vec（https://code.google.com/archive/p/ word2vec/）。前者是判斷哪些詞能夠代表句子的大意，後者則是整個演算法的基石，亦即每個詞彙的向量化表達。

TF-IDF（Term Frequency–Inverse Document Frequency）是一種檢索資訊與探勘資料常用的加權技術，用來評估一個詞對於一個段落集合，或一個語料庫中某個段落的重要程度。詞的重要性隨著它在段落中出現的次數成正比，但同時會隨著它在語料庫中出現的頻率成反比。搜尋引擎應經常應用 TF-IDF 加權的各種形式，以作為段落與使用者查詢之間相關程度的度量或評等。除 TF-IDF 以外，網路上的搜尋引擎還會使用基於連結分析的評級方法，以確定段落在搜尋結果中出現的順序。

有很多不同的數學公式能夠計算 TF-IDF，下例採用最常見的公式來計算。

首先，詞頻（TF）是一個詞出現的次數除以該段落的總詞數。假如某個段落的總詞數是 100 個，而「政策」一詞出現 6 次，那麼「政策」這個詞在該段落的詞頻就是 6/100=0.06。

其次，計算逆向檔案頻率（IDF）的方法是：一個段落集合的段落總數除以出現過「政策」一詞的段落數量，通常取對數以消除長尾效應。所以，如果「政策」一詞出現在 20,000 個段落，而段落總數是 20,000,000 個，其 IDF 就是 $\log(20{,}000{,}000/20{,}000) = 3$。最後 TF-IDF 的分數為 $0.06 \times 3 = 0.18$。

Word2Vec 是 Google 推出的開源工具包，用來進行詞的向量表達，這個名字也是它所代表的演算法稱號。在自然語言處理中，我們把一個句子當成詞的集合，那麼一篇文章所有詞的集合就稱為「字詞」（vocabulary）。Word2Vec 的主要概念是把詞表達為低維度向量的形式，涵義相近的詞在此空間的位置也相近，而不相關的詞則距離較遠。

為了執行下面的摘要程式，必須使用 scipy、gensim 程式庫，如果尚未安裝 Python 環境的話，可執行 pip install scipy, gensim 命令。如果使用的是 Anaconda Python，那麼已內建 scipy，只需加入 gensim 即可，請在命令列輸入 conda install gensim 進行安裝。

首先匯入所需的程式庫。

```
1  import os, json, gensim, requests, math
2  import numpy as np
```

然後載入已訓練好的中文 Word2Vec 詞向量表達，亦即詞嵌入。具體訓練過程可以參考 http://pangjiuzala.github.io/2016/09/01/word2vect 實戰 /。大致上來說，先把中文維基本文當做分詞，然後基於 Google 的 word2vec 演算法，將中文詞的嵌入表達，根據中心詞周圍的位置關係，訓練一套中文的詞向量。最後把訓練完的詞向量儲存於 wiki.cn.text.jian.model。

```
model = gensim.models.Word2Vec.load("wiki.en.text.jian.model")
```

接下來定義餘弦相似性函數，計算向量 v1 和 v2 的 Cosine 乘積。

```
1   def cosine_sim(v1,v2):
2       sumxx, sumxy, sumyy = 0, 0, 0
3       for i in range(len(v1)):
4           x = v1[i]; y = v2[i]
5           sumxx += x*x
6           sumyy += y*y
7           sumxy += x*y
8       return sumxy/math.sqrt(sumxx*sumyy)
```

下面把傳入的所有段落列表，以 ElasticSearch RTF 內建的分詞器進行分詞，以便建構詞典。分詞器有兩種：ik_smart 和 ik_max_word。ik_smart 是粗略地進行句子的分詞，而 ik_max_word 則分得很細。此處傾向於使用後者，因為在實踐中發現，ik_smart 有時候會漏掉需要的分詞，所以無法學到該分詞的向量運算式，以致於降低句子的向量表達精確度。

```
1   def get_vocabulary(aList):
2       url = 'http://localhost:9200/chengdugov/_analyze?analyzer=ik_max_word'
3       headers = {}
4       arrayofTokenArray = []
5       mergedTokenArray = []
6       for i in range(len(aList)):
7           res = requests.post(url, data = aList[i], headers = headers)
            # 返回 API 結果
8           tokens = [json.loads(res.text)['tokens'][i]['token'] for i in
            range(len(json.loads(res.text)['tokens']))]
9           arrayofTokenArray.append(tokens)  # 每個段落以分詞的形式表示
10          mergedTokenArray.extend(tokens)  # 所有段落裡的分詞集合
11      vocablist = list(set(mergedTokenArray))# 去掉重複分詞以後的集合
12      vocabulary_dict = {}
13      for i in range(len(vocablist)):
14          vocabulary_dict[vocablist[i]] = i # 建構詞典，key 是分詞，value 是
            該分詞在所有段落出現的次數
15      return vocabulary_dict, arrayofTokenArray
```

確定組成段落的詞，它的 tfidf 權重矩陣。

```
1   def get_tfidf(voc_d, t):
2       m = np.zeros((len(t), len(voc_d))) # 建構段落分詞矩陣，列為段落，行為分
        詞，每個格子代表分詞在該段落出現的次數。
```

```
3       # 每個段落對應一列，由一個維度為詞典長度的權重向量表達。向量第一個起始下標為 0
4       for i in range(len(t)):
5           listofIndexofwordsAppearedinEach = [voc_d[item] for item in t[i]]
6           for item in listofIndexofwordsAppearedinEach:
7               m[i][item] += 1
8       transformer = TfidfTransformer()
9       # 計算每個段落每個分詞的 tfidf
        result = transformer.fit_transform(m).toarray()
10      return result
```

把段落中的詞以 Word2Vec 詞向量表達，並結合 TF-IDF 權重，計算出段落的向量
表達。

```
1   def get_all_embedding(t, result, voc_d, model):
2       emb = []
3       for i in range(len(t)):
4           vec = np.zeros(400)  # 每個段落用維度為 400 的向量表達，此為最終想要的段落
                嵌入。向量第一個起始下標為 0
5           for item in t[i]:
6           try:
7               newvec = model[item]*result[i][voc_d[item]]
8               vec += newvec  # 每個段落的向量表達，亦即段落嵌入是其分詞對應的
                    Word2Vec 詞向量，依照該分詞 TF-IDF 權重的加權平均
9           except KeyError:
10              pass
11      emb.append(vec)
12      return emb  # 返回所有段落的向量表達
13
14  def getTitlesandContent():
15      titles = []
16      contents = []
17      for i in range(7):  # 為了說明，資料集中有 7 個標題和段落
18          url = 'http://localhost:9200/chengdugov/fulltext/' + str(i)
19          res = requests.get(url)
20          title = json.loads(res.text)['_source']['題目']
21          content = json.loads(res.text)['_source']['內容']
22          titles.append(title)  # 取得 7 個標題
23          contents.append(content)  # 取得 7 個段落的具體文字
24      return titles, contents
```

下面定義基於 Cosine 的相似度計算函數。

```
1  def get_similar_1(i, glb_emb, emb):
2      cor = [cosine_sim(glb_emb[i], emb[j]) for j in range(len(emb))]
3      # 計算段落中每句話的向量表達和段落向量表達的相似度，以實現摘要功能，亦即選取和段落
       意思最接近的句子
4      return cor
```

根據前文所述，段落摘要可利用近似該段落相關性最高的段落，其內若干句子的
集合來表達。至於該保留幾句話，可以根據相似性決定一個門檻值，或者直接定
出相似性程度最高的句子個數，以作為摘要。

```
1  def get_abstract(i, topN, contentsX, glb_emb): # 給定段落集合，選取第 i 個
       段落，它與段落意思最接近的 N 個句子的集合
2      print(contentsX[i])
3      paragraphsArray = contentsX[i].decode("utf-8").replace(';',
       '。').split('。')[:-1]
4      paragraphsArray = [t.encode("utf-8") for t in sentencesArray]
       # 段落集合
5      voc_d, t = get_vocabulary(paragraphsArray) # 該段落所有分詞的不重複集
       合，以及段落中每個句子的分詞集合
6      result = get_tfidf(voc_d,t) # 該段落每個句子的分詞權重矩陣
7      emb = get_all_embedding(t, result, voc_d, model) # 該段落每個句子的向
       量表達，亦即句子中分詞的向量依照 TF-IDF 權重的加權平均
8      cor = get_similar_1(i, glb_emb, emb) # 計算該段落每個句子的向量表達，其和
       該段落向量表達的相似性
9      s = sorted(range(len(cor)), key = lambda i: cor[i])[(-topN):]
       # 排序找出最接近該段落的 N 個句子。
10     return '。'.join([sentencesArray[item].decode("utf") for item in s])
       # 返回 N 個句子的集合
```

下面是主要的程式入口。

```
1  titles, contents = getTitlesandContent() # 取得資料集的所有段落和標題。為了
       便於闡述，資料集有 7 個段落及相關的標題
2  contentsX = [t.encode("utf-8") for t in contents]
3  glb_voc_d, glb_t = get_vocabulary(contentsX) # 取得所有分詞的不重複集合，以
       及每個段落的分詞集合
4  glb_result = get_tfidf(glb_voc_d,glb_t) # 取得段落分詞權重矩陣
5  glb_emb = get_all_embedding(glb_t, glb_result, glb_voc_d, model) # 取
       得每個段落的嵌入表達
6  abs = get_abstract(2, 7, contentsX) # 針對第 2 個段落，取出最接近該段落主旨的 7
       個句子作為摘要
7  print(abs)__
```

05

推薦系統

5.1 推薦系統簡介

推薦系統是機器學習最廣泛的應用領域之一,大家熟悉的亞馬遜、迪士尼、Google、Netflix 等公司,其網頁都有推薦系統的介面,好讓使用者更快、更方便地從大量資訊中找到有價值的部分。例如亞馬遜(www.amazon.com)會推薦書籍、音樂等;迪士尼(video.disney.com)則建議最喜歡的卡通人物和迪士尼電影;Google 搜尋更不用說了,Google Play、Youtube 等也有自己的推薦引擎、推薦影片和應用程式等。

亞馬遜和 Google 的推薦網頁畫面,分別如圖 5.1 和圖 5.2 所示。

圖 5.1　亞馬遜推薦網頁

圖 5.2　Google 應用商城推薦網頁

推薦系統的最終目標是從百萬甚至上億的內容或者商品中，把實用的東西有效地顯示出來。這樣便可為使用者節省很多查詢的時間，也能提示可能忽略的內容或商品，使得顧客更加忠誠，更願意花時間待在網站上，進而讓商家從內容或商品中賺取更多的利潤。即使是流量本身，也會為商家帶來廣告收益。那麼，推薦系統背後的魔術是什麼呢？其實可以這麼想，任何推薦系統本質上都是在處理排序問題。把系統裡所有的音樂、電影、應用等，從高到低進行喜好排序，排名高的推薦給客戶，倘若他們喜歡，推薦系統自然就有價值。

請留意，排序的前提是對喜好的預測。喜好的資料從哪裡來呢？通常有幾個管道，例如和產品有過互動，看過亞馬遜商城的一些書，或者買過一些書等，那麼系統就會學到個人的偏好，並基於一些假設建立輪廓和建構模型。和產品的互動越多，資料點就越多，輪廓就越全面。此外，如果曾有跨平台的行為，那麼匯總各個平台的資料，也能綜合學習到偏好。例如 Google 搜尋、地圖和應用商城等，都存有個人和其產品的互動資訊，這些平台的資料可以互相通用，應用場景便有極大的想像力。甚至還能藉助協力廠商，諸如訂閱一些手機營運商的資料，以應用於多維度描述客戶。總之，在現今網際網路的科技時代，資料是最根本的基礎。

這裡列出幾個採集和處理資料的關鍵點。

(1) 首先，必須理解使用者的資料。例如他點擊過某部影片，那到底算喜歡還是不喜歡呢？一種解決方法是合理定義訓練資料的喜好分值，像是不僅點擊，還停留了不少時間，或者影片播放期間沒有跳放，或者看了好幾遍，甚至點讚等，這些都是正面訊號。負面訊號與之類似，也可自行定義。這裡就需要用統計方法定義一些好的和差的標註。正面的標註會在後續模型中最大化，負面的指標則需要最小化。

(2) 其次，需要合理看待和處理缺失資料。如果平台做得不夠完善，資料遺失了，或者有些選項資料如年齡、地區等可有可無；倘若大部分客戶沒填，那麼平台就缺少很多這類的資料。更令人煩躁的是，這些缺失很多時候帶有偏見，而非隨機缺失，於是對後續分析造成一定程度的困難。當然，有些資料即使缺失也能預測，例如觀看動畫片，可以推測是小孩或年輕人的可能性比較大。這裡要求更深層次的建模，以便還原一些資料。

(3) 第三，需要打通各平台之間資料的聯繫。平台一般會給每個使用者唯一的ID，可能基於帳號、設備或者瀏覽器的 Cookie 等。不同平台之間其 ID 可能不一樣，如果還利用協力廠商資料的話，ID 幾乎不可能對得上。此時就面臨一個資料整合和打通的問題。

一般有兩種處理方法。一種是利用其他資訊，如 IP 位址、設備類型等特徵，近似地比對兩方面的資料。更複雜一點的是，利用模型預測兩個平台的使用者如何配對。另一種方法是除去 ID 的資訊，亦即匿名。這也很常見，因為他們的瀏覽行為不一定需要登錄，可以換個設備瀏覽等。可先聚焦在用戶行為上，從上層分析其一系列行為之間的規律，而不去追究具體某個人以前做了什麼。例如，第一個客戶看了 A 之後又看了 B，第二個客戶同樣看了 A 之後也看了 B，無論這兩個客戶是不是同一個人，我們都知道 A 和 B 之間存有關聯。從這個意義上而言，以上也提供了資料價值。再舉一例，如果第二個客戶只看了 A，那麼是不是可以認為，B 也有很大的機率被該名客戶喜歡呢？網際網路公司必須非常注重保護使用者的資料和隱私。匿名的另一項好處是：記錄的資料越少，對使用者來說資訊安全性的保障就越大。

(4) 最後，就模型而言，在大數據環境下可能非常複雜。除了使用者和內容商品之間的互動行為，還有如何把年齡、內容標籤等加入模型中；使用者的興趣點或許和時間有關，尤其在閱讀新聞方面，一般他更願意觀看新出爐，而不是老掉牙的文章等。這裡就牽涉到如何考慮時間因素等。

模型只是推薦系統的一部分。建構好推薦系統的模型後，還得考慮下列幾個工程上的實踐問題。

第一，如何即時調用模型。好的推薦系統需具備即時性，不論是在資料還是計算方面。

如果太慢更新資料，或者模型無法包含最新的使用者資訊，推薦的效果就大打折扣。這裡需要開發線上更新模型，同時資料也要以串流的形式進入資料庫和模型。在計算方面，也得考慮在記憶體存放何種資料等。

第二，呼叫模型如何保證低延遲。使用者不可能為了推薦系統的結果等待半天，系統需要快速反應。這表示推薦系統平台必須實施大規模調度、負載均衡和壓力測試等。

第三，模型評判標準的設定。現今通常是以資訊取得的精確率（Precision）和召回率（Recall）作為指標。但是也有一些更豐富的指標，例如平均百分位數（Mean Percentile Rank）等。

第四，新建的模型怎麼上線。一般會先做實驗，先給百分之一的人使用新建的推薦系統，以另外百分之一的人做對照組。在統計意義上，如果新建的模型效果良好，就可以慢慢把新建的模型推廣到百分之五、百分之十等，最終推廣到百分之百，即所謂的完全上線。平台取得的使用者日誌時間不一，使用的指標通常是短期的，而非最終需要提升的長期指標（如留存率等），因為實驗根本等不到長期指標出來的那一刻。設定指標是門學問。指標因樣本而變化，如何去除雜訊、處理稀疏資料、描述統計顯著性等，都是實驗設計的重要環節。此外，短期指標必須和長期指標的方向一致，怎麼找到好的短期指標，也需要花時間探索和透過資料驗證。

第五，必須設計監控系統。萬一指標出現異常，需要有一套機制進行異常檢測、找尋原因，並且迅速回到前一個版本等。監控系統的建置還得結合異常檢測等機器學習模型，此處便不再一一敘述。

本章將重點講解兩種推薦系統的重要演算法：矩陣分解模型和深度模型，然後討論一些常用的指標，以便評價模型的好壞。

5.2 矩陣分解模型

矩陣分解其實是數學的一個經典問題。從線性代數得知,矩陣可以進行 SVD 分解、Cholesky 分解等,好比是任何大於 1 的正整數都能分解成若干質數的乘積。這裡講的矩陣分解是指,對於任何一個矩陣 $R_{m \times n}$,是否可以找到低維度的兩個矩陣 $X_{m \times k}$ 和 $Y_{k \times n}$ 的乘積去逼近。希望 k 值越小越好,因為如果 k 很大就失去意義了,例如 X 直接等於 R,Y 等於單位矩陣,那麼 $X * Y = R$。這樣雖然不會丟失任何資訊,但是卻沒有絲毫幫助。

可將矩陣分解視為一種資訊壓縮。這裡有兩種解釋。第一種解釋,使用者和內容不是孤立的,其喜好與內容都有相似性。壓縮是把使用者和內容數量化,壓縮成 k 維的向量。那麼問題來了,採用 One Hot 編碼,亦即將使用者表示成 0,1 形式的向量,為什麼不好呢?因為 One Hot 編碼要求的空間太大,例如有 10 億用戶,就得用 10 億維的向量表示。此外,這些向量之間沒有任何關聯。反過來說,把用戶向量維度進行壓縮,使得向量維度變小,本身就是資訊壓縮的一種形式;向量之間還可以進行各種計算,諸如餘弦(Cosine)相似性,藉以數量化向量之間的距離與相似度等。

第二種解釋,從深度學習的角度來說,使用者呈現層(User Representation)通常以 One Hot 編碼,這沒問題,但是通過第一層全連接神經網路就能到達隱藏層,亦即所謂的嵌入層(Embedding Layer),也就是之前提到的向量壓縮過程。緊接著隱藏層,再通過一層全連接網路便是最終輸入層,通常用來和實際標註資料進行比較、尋找差距,以便更新網路權重。從這個意義上講,完全可以把整個資料放進神經系統的框架,再透過淺層學習求出權重,以得要所需的向量集合。

經過以上的分析,如何應用矩陣分解至推薦系統就顯而易見。假設存有使用者和內容(如電影)的互動資料,其中一種情況是 Netflix 的評分模式,亦即為電影進行 1~5 的評分;另一種情況是基於使用者行為,例如他是否看了某部電影、觀賞多長時間等。通常第二種模式更值得信賴,因為對於評分,一來每個人的評判標準不同;二來很多人即使看了電影也不評分,即給了分數,也可能只是針對自己滿意或者不滿意的電影,以至於很容易造成系統性偏差,後期處理起來比較複雜。反過來說,使用者觀看電影的行為被機器日誌所記錄,屬於真實的資料,不需要擔心不準確或有偏差的問題。

這兩種情形都可以利用矩陣分解解決。假設資料庫有 m 個使用者和 n 部電影，那麼使用者電影矩陣的大小就是 m×n。每個單元 (i, j) 用 R_{ij} 表示他是否觀看該電影，即 0 或 1。此處把使用者和電影以類似 Word2Vec 的方法分別進行向量表示，把每個使用者 i 表示成 d 維的向量 X_i，再把每部電影 j 表示成 d 維的向量 Y_j。目的是尋找 X_i 和 Y_j，使得 X_iY_j 和矩陣 R_{ij} 盡可能接近，如圖 5.3 所示。如此一來，對於沒出現過的使用者電影對，透過 X_iY_j 的運算式，即可預測任意使用者對電影的評分值。

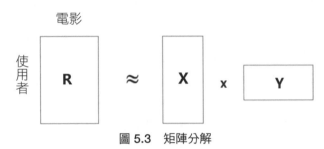

圖 5.3　矩陣分解

🔍 注意 　d 是一個遠小於 m, n 的數。從機器學習的角度來說，模型是為了抓住資料的主要特徵與去掉雜訊。越複雜、越靈活的模型帶來的雜訊越多，降低維度則能有效地避免過度擬合現象的出現。

以數學運算式表示為：$\sum_{i,j}(r_{ij} - X_iY_j)^2$

一般為了進一步避免過度擬合，還會加入正規項。若想有利於最佳化（求導）計算，通常會使用 L_2。但是在實際應用時，也可以使用 L_0 與 L_1 等更複雜的正規項。有關正規項的選擇，一來是適合計算 - 的需求，加入的運算式要利於最佳化計算；二來是基於模型的假設，假設某些係數相等，或者某些係數同為零或不同為零等。但是最終目的都是為了簡化模型，避免過度擬合，進而達到更好的普及性。

加入正規項之後的運算式可以寫成：

$$\sum_{i,j}(r_{ij} - X_iY_j)^2 + \lambda(\sum_{i}\|X_i\|^2 + \sum_{j}\|Y_j\|^2)$$

其中，λ 是可以調節的參數，用來控制懲罰的程度。如果 λ 很大，那麼所有的 X_i、Y_j 都得為 0；反之，如果 λ 很小，那麼 X_i、Y_j 的選擇餘地就比較大，例如沒有約束等。

瞭解原理後,現在可以開始以 Keras 撰寫矩陣分解程式碼。推薦系統最經典的公開資料就是 MovieLens,該資料集有 100 萬筆評分數據。本節就利用這些資料展示如何建構推薦系統模型。

首先匯入開源的 Keras(參考說明文件 https://keras.io 與原始程式碼 https://github.com/fchollet/keras.git)必要的套件和建置神經網路的模組。

```
1  import math
2  import pandas as pd
3  import numpy as np
4  import matplotlib.pyplot as plt
5  from keras.models import Sequential
6  from keras.layers import Embedding, Dropout, Dense, Merge, Reshape
```

建置深度學習神經網路模型時,基本的概念如下:從直觀上說,主要是對任意使用者和電影組合進行評分預測。輸入是使用者和電影,輸出是評分。首先將其分別用嵌入層的向量來表示,這樣實際的輸入層就是使用者向量和電影向量,實際的輸出層便是評分。由於評分的範圍是 1~5,預測時可以把它當成連續變數,直接預測值就行了。或者將其視為分類問題,最後一層以 Softmax 建置,損失函數採用交叉熵(Cross Entropy)的標準即可。

按照矩陣分解的概念,透過 Keras 該怎麼建置呢?方法如下:到了嵌入層,只需要把兩個向量相乘,再和已知的評分進行比較,如果有偏差,就用反向傳播演法法,調整嵌入層的向量,直到最後的預測評分趨近已知評分。

當然,實際操作時,也可以加入 Dropout 等技術防止過度擬合。

首先選擇嵌入層的維度,此處為 128。這是一個允許調節的參數,可以自行選擇,一般在數百範圍內比較適合。Google 著名的 Word2Vec 模型(https://code.google.com/archive/p/word2vec/)使用的是 300 維。

接著利用 Pandas 讀取資料(資料必須先從 movielens 官網下載 http://files.grouplens.org/datasets/movielens/ml-1m.zip),並且計算一些資料統計量,例如有多少個使用者、幾部電影等。這兩者已建過索引,從 1 開始。在實踐過程中,資料一般沒有索引,讀者必須自行建立。

```
1  k = 128
2  ratings = pd.read_csv("ratings.dat", sep = '::', names = ['user_id',
   'movie_id', 'rating', 'timestamp'])
3  n_users = np.max(ratings['user_id'])
4  n_movies = np.max(ratings['movie_id'])
5  print([n_users, n_movies, len(ratings)])
```

透過簡單的分析，我們知道資料集有 6,040 個使用者、3,952 部電影和 1,000,209
筆評分。首先看一下資料集有多稀疏：

```
1000209/(6040.0 * 3852.0) = 4.29%
```

說明只有 4.29% 的使用者電影組合有評分，矩陣大部分的資料都是缺失的。前文
曾提到，這種現象符合常理，畢竟平均每個人觀看的電影數量有限，看過也未必
會打分。

評分的分佈如何呢？下列程式碼展示評分的分佈。

```
1  plt.hist(ratings['rating'])
2  plt.show()
3  print(np.mean(ratings['rating']))
```

所有評分的平均分為 3.58。大部分分數都集中在 3~5 之間，如圖 5.4 所示。

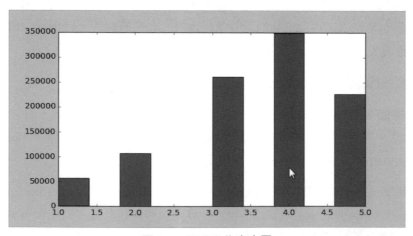

圖 5.4　評分分佈直方圖

還可以進行其他一些分析，例如哪些使用者系統性地評分偏高等。

接下來準備建立模型。由於這個模型的特殊結構，可以先建兩個小神經網路，然後以第三個小神經網路，對前兩個小神經網路的輸入進行運算，如圖 5.5 所示。

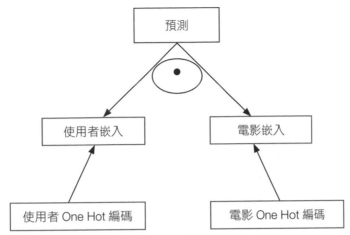

圖 5.5　基於矩陣分解的神經網路模型

第一個小神經網路處理使用者嵌入層。請注意，此嵌入層的第一個參數必須比最大的索引值大，所以採用 n_user+1。第二個參數是嵌入層的維度，亦即前面的 128。第三個參數是每次輸入資料時會使用嵌入層的幾個索引，一般是固定的數字。在本例中，因為每次只輸入一個使用者（和一部電影配對），所以 input_length=1。在文字情感分析中，我們也使用了類似的技術。

```
1  model1 = Sequential()
2  model1.add(Embedding(n_users + 1, k, input_length = 1))
3  model1.add(Reshape((k,)))
```

第二個小神經網路，處理電影嵌入層。

```
1  model2 = Sequential()
2  model2.add(Embedding(n_movies + 1, k, input_length = 1))
3  model2.add(Reshape((k,)))
```

第三個小神經網路，在第一、二個網路的基礎上疊加乘積運算。

```
1  model = Sequential()
2  model.add(Merge([model1, model2], mode = 'dot', dot_axes = 1))
```

輸出層和最後的評分進行比較，接著反向傳播更新網路參數。

```
model.compile(loss = 'mse', optimizer = 'adam')
```

也可以嘗試使用 RMSPROP 或 ADAGRAD 演算法。關於這兩種演算法，可以參考 http://cs231n.github.io/neural-networks-3/#update 網站的介紹。

```
1  model.compile(loss = 'mse', optimizer = 'rmsprop')
2  model.compile(loss = 'mse', optimizer = 'adagrad')
```

接下來取得使用者索引資料和電影索引資料，不過對應的特徵矩陣 X_train 需要利用兩個索引資料一起建構。

```
1  users = ratings['user_id'].values
2  movies = ratings['movie_id'].values
3  X_train = [users, movies]
```

評分資料以下列方式取得。

```
y_train = ratings['rating'].values
```

一切準備就緒以後，此處以大小為 100 的小批量，使用 50 次反覆運算更新權重。這兩個參數也允許調整。一般批量大小為幾百，反覆運算次數可以達到上百到幾百次的範圍。損失一開始會下降得比較快，隨後速度變緩。建議做法是等損失穩定下來後，再結束訓練會比較好。

```
model.fit(X_train, y_train, batch_size = 100, epochs = 50)
```

完成模型訓練以後，下一步是預測未給的評分。例如採用下列程式碼，便可預測第 10 個使用者對編號 99 的電影評分。

```
1  i=10
2  j=99
3  pred = model.predict([np.array([users[i]]), np.array([movies[j]])])
```

計算訓練樣本誤差。

```
1  sum = 0
2  for i in range(ratings.shape[0]):
3      sum += (ratings['rating'][i] - model.predict([np.array([ratings [
       'user_id'][i]]), np.array([ratings['movie_id'][i]])])) ** 2
```

```
4    mse = math.sqrt(sum/ratings.shape[0])
5    print(mse)
```

結果顯示，在訓練資料集上，擬合誤差比較小，只有 0.34。

這裡只是簡單地示範，實際建模時，應該把資料按照時間軸分成訓練資料、校對資料和測試資料，進而正確地評價模型的好壞。訓練資料擬合良好，只能代表演算法本身是在執行正確的最佳化，並不能說明模型在未知的資料集上是否完善，也不表示模型已抓住本質、排除了雜訊。

後文將學習如何評價模型的好壞。上述神經網路也可以加入 Dropout 等技術，稍後會展示一個進階版的深度學習網路模型。

上述是神經網路模型在矩陣分解演算法的實作，本質上只是借用神經網路的最佳化演算法和結構，以計算出矩陣分解。關於矩陣分解，還有更簡便的計算辦法，這裡介紹一種交替最小二乘法（ALS）。

類似 Dropout 的正規方式，矩陣分解一般也會對分解出來的矩陣進行限制，比如加上 L_1、L_2，可以寫成下列形式：$(M-A*B)^2 + \lambda(L_2(A) + L_2(B))$。

交替最小二乘法的概念很簡單，要解決的是分解矩陣 M 近似於兩個新矩陣 A 和 B 的乘積，限制條件是 A、B 的值不能太大，並且部分 M 的資料為已知。比照坐標下降法（Coordinate Descent）的想法，可以先固定 A，這樣求 B 就是一個最小二乘法的問題。同樣的，得到 B 以後固定 B，再求 A，然後反覆運算。如果最後 A、B 都收斂，亦即它們在兩次反覆運算期間的變換小於一個門檻值時，便可推論找到問題的解答。

有統計學背景的讀者，對唯一性的概念比較敏感。例如做線性迴歸，當引數之間的相關性很高時，解的唯一性就會有問題。在矩陣分解的問題上，很遺憾無法克服此問題，因為 A 或者 B 都可以乘上一個正交矩陣 T，如此一來，$A * T * T^T * B$ 也是解。

有讀者會問，這樣到底會不會影響解？答案是不會。因為最後預測用的是分解完矩陣的乘積，無論是 $A*B$ 或 $A * T * T^T * B$，都是一樣的結果。

5.3 深度神經網路模型

下文展示進階版的深度模型。本節將建立多層深度學習模型，並且加入 Dropout 技術。

這個模型非常靈活。如果有除了使用者與電影以外的資料，例如使用者年齡、地區、電影屬性、演員等外在變數，則統統都可以加入模型中。利用嵌入的概念串在一起，以作為輸入層，然後在上面建置各種神經網路模型，最後一層再以評分作為輸出層。這樣的模型便可適用於多種場景。

值得一提的是，Google 有篇非常出色的研究論文，內容講的是寬深模型（Wide and Deep Model），網址為 https://arxiv.org/abs/1606.07792。寬深模型適用的場合有多個特徵，有些特徵需要以交叉項特徵合成（寬度模型），有些特徵則得進行高維抽象（深度模型）。寬深模型完美地結合了寬度模型和深度模型，同時具備記憶性和普及性，進而提高準確率。

寬深模型的結構如圖 5.6 所示。

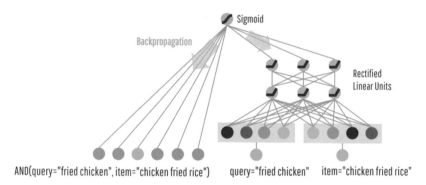

圖 5.6　寬深模型結構

（圖片來源：https://research.googleblog.com/2016/06/wide-deeplearning-better-together-with.html）

寬深模型比本章闡述的模型多了一個內容，就是交叉項。之所以採用深度模型，主要是因為資料基本上只涉及使用者、電影和評分，寬深模型無法完整地展示。換句話說，前述的資料集更適合深度模型，而非寬度模型。不過，可以利用寬深模型的架構和圖 5.7 展示的深度模型，更妥善地掌握如何應用深度學習進行推薦。

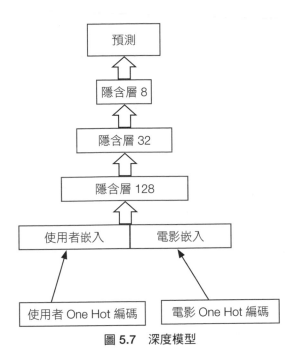

圖 5.7　深度模型

首先，建置使用者和電影的嵌入層。

```
1   k = 128
2   model1 = Sequential()
3   model1.add(Embedding(n_users + 1, k, input_length = 1))
4   model1.add(Reshape((k,)))
5   model2 = Sequential()
6   model2.add(Embedding(n_movies + 1, k, input_length = 1))
7   model2.add(Reshape((k,)))
```

第三個小神經網路，和上述矩陣分解模型的處理不同，它在第一、二個網路的基礎上結合使用者和電影向量，以作為底層輸入層。換句話說，因為是利用使用者和電影資料來預測評分，很自然可以把這兩者結合在一起作為輸入。

```
1   model = Sequential()
2   model.add(Merge([model1, model2], mode = 'concat'))
```

加入 Dropout 和 relu 的非線性變換項，建構多層深度模型。可以嘗試不同層數和 Dropout 機率，以便調整校對資料集。

```
1  model.add(Dropout(0.2))
2  model.add(Dense(k, activation = 'relu'))
3  model.add(Dropout(0.5))
4  model.add(Dense(int(k/4), activation = 'relu'))
5  model.add(Dropout(0.5))
6  model.add(Dense(int(k/16), activation = 'relu'))
7  model.add(Dropout(0.5))
```

因為是預測連續變數評分，最後一層可以直接加上線性變化。當然，也可以嘗試分類問題，利用 Softmax 模擬每種評分類別的機率。對應的 activation 就得採用 sigmoid 等。

```
model.add(Dense(1, activation = 'linear'))
```

將輸出層和最後的評分數進行比較，以反向傳播法更新網路參數。

```
model.compile(loss = 'mse', optimizer = "adam")
```

接下來為模型準備訓練資料。

首先，收集使用者索引資料和電影索引資料。

```
1  users = ratings['user_id'].values
2  movies = ratings['movie_id'].values
```

收集評分資料。

```
label = ratings['rating'].values
```

建置訓練資料。

```
1  X_train = [users, movies]
2  y_train = label
```

然後，以小批量（100）更新權重 50 次。

```
model.fit(X_train, y_train, batch_size = 100, epochs = 50)
```

完成模型訓練以後，預測未給的評分。

```
1  i,j = 10,99
2  pred = model.predict([np.array([users[i]]), np.array([movies[j]])])
```

最後，對訓練集進行誤差評估。

```
1  sum = 0
2  for i in range(ratings.shape[0]):
3    sum += (ratings['rating'][i] - model.predict([np.array([ratings
     ['user_id'][i]]), np.array([ratings['movie_id'][i]])])) ** 2
4  mse = math.sqrt(sum/ratings.shape[0])
5  print(mse)
```

訓練資料的誤差在 0.8226 左右，大概不到一個評分等級的誤差。

讀者可能會問，為什麼這個誤差，和之前矩陣分解的淺層模型誤差的差距比較大？筆者的理解是：Dropout 正規項發揮極大的作用。雖然建立了深層網路，但由於加了 Dropout 正規項，必然會造成訓練資料的資訊丟失（讓我們在測試資料時受益）。就好比加上 L_1、L_2 之類的正規項以後，估計的參數就有些偏頗。因此，Dropout 是訓練誤差增加的原因，此為設計模型的必然結果。不過，請記住，始終要對測試集的預測做評估，訓練集的誤差只是觀察最佳化方向和演算法是否大致有效。

5.4 其他常用演算法

由於篇幅限制，本節只簡單介紹推薦系統的其他常用演算法。

協同過濾

協同過濾的涵義是：利用眾人的資料協助推斷。一個經典的例子是，很多人買了牛奶的同時都買了麵包；已知某人買了牛奶，那麼對他推薦麵包就是很自然的事情。在實際資料上，這種方法的效果一般，原因是類似亞馬遜等網站的商品太多，使用者之間很少能找到很多重複的商品項，所以比照使用者的建構模型會不準確，其中帶有許多雜訊。

協同過濾的示意圖如圖 5.8 所示。

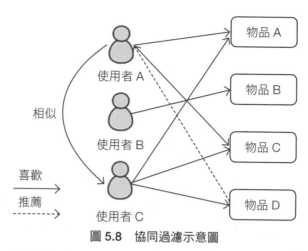

圖 5.8　協同過濾示意圖

（圖片來源：https://my.oschina.net/dillan/blog/164263）

質因數分解機

質因數分解機由 Google 研究科學家 S. Rendle 教授提出。它是矩陣分解的推廣，可以使用多維特徵變數。這個模型從迴歸的角度解釋因變數和引數之間的關聯，有顯式運算式。求解也有交替最小二乘、蒙特卡羅類比演算法等支援，屬於一個非常強大的普及性模型（見圖 5.9）。該模型還證明了它是很多其他模型的特例，例如 SVD++ 等。

此模型的幾種演算法實作，可以參考 Rendle 教授的另一篇著作 Factorization Machines with libFM, in ACM Intelligent System and Technology。原始程式碼實作可參考 http://www.libfm.org。正如論文所提，實現時必須先對資料進行索引化，然後以 SGD、ALS 等演算法計算出模型參數。對於評分資料，libFM 操作起來十分得心應手；針對隱式資料，則需要進一步改造資料，並結合抽樣等技術才能在工程上適用 libfm。具體內容請閱讀文章 Factorization Machines，發表在 ICDM' 10 Proceedings of the 2010 IEEE International Conference on Data Mining 上。

$$\hat{y} := w_0 + \sum_{i=1}^{n} w_i\, x_i + \sum_{i=1}^{n-1} \sum_{j=i+1}^{n} <\mathbf{v}_i, \mathbf{v}_j> x_i x_j$$

圖 5.9　質因數分解機模型

玻爾茲曼機

玻爾茲曼機由 Google 副總裁、深度學習的開山鼻祖 Geoffrey Hinton 及其研究團隊
提出。該模型建立了電影及其表徵之間的機率關聯。從使用者的行為，可以推斷
出他對於電影表徵偏好的概率；反過來，這些電影表徵的偏好又能用來為他推薦
電影。這種機率關聯是透過 RBM 模型學習而來。該項技術發表於 *Proceedings of
the 24th International Conference on Machine Learning* 上。玻爾茲曼機的示意圖如
圖 5.10 所示。

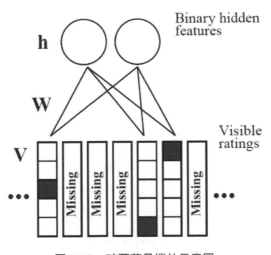

圖 5.10　玻爾茲曼機的示意圖

（圖片來源：Ruslan. S et al, Restricted Boltzmann Machines for Collaborative Filtering,
Proceedings of the 24th International Conference on Machine Learning）

總體而言，推薦系統的演算法層出不窮，同時也在商業上證明了本身的價值。上
面介紹的各種模型，均適用於任何評分類或者具備隱含回饋資料（瀏覽、點擊
等）的問題，只是需要根據具體的業務情況，適當地改造模型的演算法。

5.5　評判模型指標

最後簡單討論如何評判模型。評判模型一般有兩種指標：線上和離線。

線上要求設計實驗，基於一定的隨機規則對使用者、設備或瀏覽器 Cookie 進行分組，然後設定一些指標，再觀察這些指標在實驗時期運用新模型是否會比舊模型好。如果結論在統計意義上是肯定的，便可逐步把新模型運用到更大的群體中實驗，最終百分之百上線。需要快速收集線上實驗的指標設定，因此必須是短期指標，例如點擊率、移轉率、購買率、存取量等。除此之外，應該利用串流資料的形式匯入實驗平台，以便更快地看到指標，進而決定要不要進一步推廣新的模型。

線上指標的優點是快速和因果關係明確；缺點是無法測試對長期目標的影響，並且較不穩定，容易受到諸如新奇效果（Novelty Effect）或者實驗滲透率的影響。

對離線指標的要求寬鬆很多，不僅短期目標，連長期目標也可以計算，例如留存率等。離線指標的缺點是因果關係不明確，額外因素有可能會干擾結果。通常的做法是：線上建構模型的時候，先利用離線指標產生一個最好的模型。然後，把這個新模型和現有的線上模型放到線上，進行資料收集和統計分析，再利用短期指標給出是否要推廣新模型的結論。

在推薦系統中，評分類的資料一般採用均方誤差（Mean Squared Error）作為評判標準；對於隱含回饋資料，一般是基於資訊檢索概念的精確率（推薦 10 部電影，使用者看了幾部）和召回率（他感興趣的 5 部電影，是否都在推薦列表裡）作為最常用的指標。通常只能近似地利用既有的歷史資料去預測。例如線上模型中，我們不知道使用者沒看是因為不知道還是不喜歡，因為當時出現的推薦列表，並不等同於新模型產生的推薦列表，當然這些也可以透過機器日誌區隔開。同樣的，一般也不可能知道使用者感興趣的所有電影。在線上試驗中，點擊率等就是比較好的指標，因為是即時的推薦，使用者的點擊跟他看到的推薦列表有直接的關係。

最後，在隱含回饋資料中，還可以結合使用者觀看進度的指標，例如之前提到的平均百分位數（Mean Percentile Rank）等。系統認為，如果客戶點擊了推薦的內容，並且花時間觀賞一大部分，那麼就是有效的推薦。這也是非常符合常理的思考。

06

圖形識別

6.1 圖形識別入門

圖形識別是深度學習最典型的應用之一,可以追溯到長遠的歷史,其中最具有代表性的例子是手寫字體識別和圖片識別。前者主要是以機器正確區別手寫體數字 0~9,銀行支票上的手寫體識別就是基於這個技術。圖片識別的代表作就是 ImageNet。這個比賽要求團隊辨別圖片中的動物或物體,並且正確地分類到一千個類別的其中一個。

圖 6.1 和圖 6.2 是 ImageNet 的兩個訓練範例。它們都是貓,但是貓的動作姿勢各不相同。如何從圖片擷取貓的特徵,並且在變換圖片(平移、旋轉、縮放等)時,讓機器仍然認為是貓,這是一項非常有挑戰性的任務。

圖 6.1　貓

(圖片來源:https:github.comBVLCcaffe)

圖 6.2　貓

(圖片來源:http://www.image-net.
orgsearch?q=cat)

6.2 卷積神經網路的介紹

圖形識別有很多種實作技術，目前最主流的技術是深度神經網路，尤其以卷積神經網路最有名。卷積神經網路（見圖 6.3）是一種自動化特徵擷取的機器學習模型。從數學的角度來看，任何一張圖片都可以對應到 224×224×3 或者 32×32×3 等三維向量，取決於像素。目標是把這個三維向量（又稱為張量）映射到 N 個類別的其中一類。神經網路就用來建立映射關係，或者稱為函數。它透過網狀結構，輔以矩陣的加、乘等運算，最後輸出每張圖形屬於每個類別的機率，並且取最高的機率作為決策的依據。

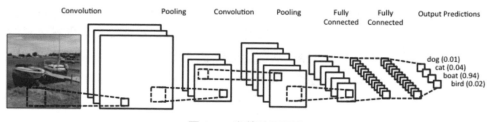

圖 6.3　卷積神經網路

（圖片來源：http:www.wildml.com）

利用深度學習解決圖形識別的問題，從直觀上來講，就是一個從細節到抽象的過程。假設給定一張圖，大腦最先反應的是點和邊，然後由點和邊抽象成各種形狀，例如圓形、矩形、十字形等，之後再抽象成臉、耳朵之類的特徵，最後由這些特徵決定到底屬於哪類圖形。諸如臉扁圓，耳朵在頭的兩側並成 45 度夾角，加上其他一些特徵決定是貓還是狗，或者是其他動物。這裡的關鍵是抽象，那麼抽象是什麼呢？抽象就是把圖形中各種零散的特徵，透過某種方式匯總起來，以形成新的特徵，而利用這些新的特徵更容易區分圖形的類別。這種有監督的分類學習（Classification）任務，能夠藉助這些抽取出來、更具備區分作用的特徵達到目的。深度神經網路越往上層越是抽象。

抽象的核心是建立特徵，或叫特徵工程。在傳統的特徵工程裡，我們定義了一個叫作濾鏡（Filter）的工具。濾鏡帶有特徵指示，例如十字型濾鏡等，用來探測圖形中是否具有十字型特徵，以及哪裡具有十字型特徵。此濾鏡的作用就是對圖形的局部像素進行卷積運算，使得過濾後的新圖形，在原圖形上具有十字型特徵的地方訊號更強，而不具備此特徵的地方訊號更弱。這是一個基於濾鏡「去噪存真」的過程。通常會先建構一系列事先定義好的濾鏡，然後從左到右逐個掃描圖片的各個部分。這樣每個濾鏡會產生一個篩選後的圖形，而該圖形又可以把是否具有濾鏡提示的形狀，以及哪裡有這個形狀表示出來，如此就達到了抽象的作用。透過以上流程，再加上一些分類方法，例如支援向量機（SVM）等完成分類任務。此處的挑戰是要大量嘗試和建構各種濾鏡。

下面先看一個卷積神經網路的濾鏡範例：濾鏡掃描 RGB 圖形，每次掃描一個局部，然後返回一個平面。當有多個濾鏡同時作用時，便可疊加這些平面，形成三維立體狀。一般掃描 RGB 圖形是使用三維的濾鏡，例如 (5, 5, 3)，總共有 75 個參數。濾鏡的示意圖如圖 6.4 所示。

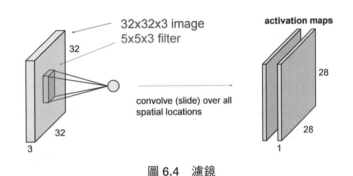

圖 6.4　濾鏡

（圖片來源：https://www.slideshare.net/nmhkahn/case-study-ofconvolutional-neural-network-61556303）

卷積神經網路的威力在於其可以自動學習濾鏡。為什麼它能夠自動學習呢？主要是因為卷積神經網路有回饋機制。這決定了以下幾點：第一，濾鏡必須對分類有幫助。不能隨便定義濾鏡，如果這麼做的話，就無法有效地分類，準確率便不理想。第二，網路有調整機制。如果將任務分派給一個隨機的濾鏡，但無法分類該怎麼辦？系統會知道應該在哪裡調整濾鏡的權重、從什麼方向調，以及如何調校各層網路之間的權重等。每調一次，系統對於分類任務就會更精確一些，於是經過上百次、上千次，甚至更多次的反覆運算，最終的模型將越來越精確。這就是著名的反向傳播演算法（Back Propagation），前幾章均曾提及。

反向傳播演算法的本質是高等代數裡的鏈式法則。其原理就是機器不斷透過現有參數在批量資料上得到的標註，和這些批量資料的真實標註之間的差距，再指示網路該怎麼調整網路模型和濾鏡，亦即各種參數，進而在下一次批量資料上表現更好一些。經過調整後的模型可能仍有很大的誤差，網路會提示如何進一步調整模型的權重和濾鏡。前述過程不斷重複，最終等濾鏡和網路權重穩定下來後，便完成網路的訓練。這是最基本的卷積神經網路的演算法，當然在實踐過程還會有各種其他處理方式，例如正規化等，詳述於後文。

卷積神經網路是深度學習的一種模型，它和一般深度學習模型的主要區別是：對模型有兩個強假設。一般的深度學習模型只是假設模型有幾層，每層有幾個節點，然後把上下層之間的節點全部連接起來；這類模型的優點是靈活，缺點是靈活帶來的副作用，亦即過度擬合。因為模型的參數太多，會把訓練資料的噪音也模擬進去，進而讓模型的普及性大打折扣。卷積神經網路、遞歸神經網路與長短記憶網路等其他模型之所以更流行，就是因為它們對模型有兩個強假設，這些強假設在某些特定任務是合理的，例如卷積神經網路應用於圖形識別，遞歸神經網路和長短記憶網路應用於自然語言處理任務等。

這裡提到的兩個強假設，第一個是參數共用。濾鏡一般需要的參數比較少，例如 5×5×3 的濾鏡只要 75 個參數就行。這和多層神經網路相比，相當於只是把隱含層和局部輸入關聯在一起，而這兩層之間的權重僅需要 75 個參數。其他超過這個局部範圍的區域的網路權重都是 0。當然只有一個濾鏡不夠，必須建構多個濾鏡，不過總體來說省了很多參數。第二個是局部資料點的相關性，在圖形中，代表局部區域的像素值一般差不多。基於此衍生了一種處理技術——Max Pooling，例如在 224×224 的格子裡，取局部區域像素值的最大值。以圖形來說，局部像素值之間有相關性，所以取局部最大像素值並沒有損失很多資訊。進行 Max Pooling 之後得到的圖形維度以平方比的速度縮小。這個簡單的假設大幅節省了後續參數。

前面曾提及，卷積神經網路利用濾鏡巡訪圖形進行局部掃描，而全連接神經網路則可視為全域掃描。如此一來，卷積神經網路和全連接神經網路的關係，自然就是辯證統一了：對一個 224×224×3 的圖形，利用 1000 個長相為 224×224×3 的濾鏡進行掃描，於是回到了熟悉的全連接神經網路模型。這裡的濾鏡掃描的「局部區域」即「全部區域」。遞歸的解釋如下：每個類別都對應到一個濾鏡，給定 1000 個濾鏡以後，代表也決定了 1000 個類別所對應的值，最後分類時取 1000 個數值中的最大值即可。這裡的濾鏡等價於全連接神經網路中，每個輸出節點和所有輸入層節點的權重。

從另一個角度來看，任何一個卷積神經網路，其實都是透過對整個神經網路權重附加共用參數這一限制而實現。所以，卷積神經網路和全連接神經網路可以相互轉換。

一個卷積層通常包括 3 個部分：卷積步驟、非線性變化（一般是 relu、tanh、sigmoid 等）和 Max Pooling，有的網路還加上 Dropout 這一步。總體來說，一些流行的卷積神經網路，例如 LeNet、VGG16 等，都是透過建構多層的卷積層，使得原來「矮胖」型的圖形輸入層（224×224×3）立體化，變成諸如 1×1×4096 之類的「瘦長」型立體狀，最後產生一個單層的網路，把「瘦長」型立體和輸出層（類別）關聯在一起。

下面介紹幾種流行的卷積神經網路。

(1) AlexNet，如圖 6.5 所示，來源自 ImageNet Classification with Deep Convolutional Neural Networks, NIPS 2012 這篇文章。

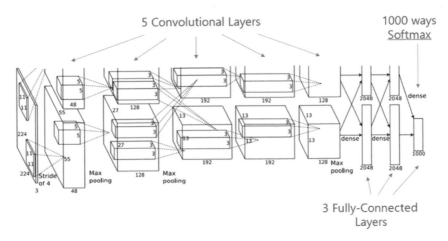

圖 6.5　AlexNet

（圖片來源：https:world4jason.gitbooks.ioresearch-log）

(2) LeNet，如圖 6.6 所示。關於此類網路結構，可參考 Gradient-based Learning Applied to Document Recognition. Proceedings of the IEEE, November 1998 這篇文章。

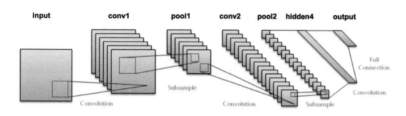

圖 6.6　LeNet

（圖片來源：http:www.pyimagesearch.com）

(3) VGG16，如圖 6.7 所示。關於此類網路結構，可參考 Very Deep Convolutional Networks for Large-Scale Image Recognition 這篇文章。

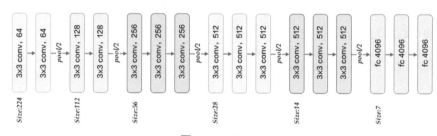

圖 6.7　VGG16

（圖片來源：http:blog.christianperone.com）

(4) VGG19，如圖 6.8 所示。參考資料同上。

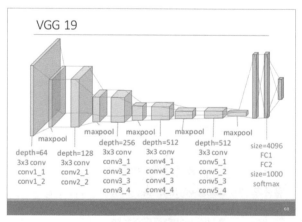

圖 6.8　VGG19

（圖片來源：　https:www.slideshare.net/ckmarkohchang）

關於卷積神經網路還要補充兩點內容。第一，在局部掃描的過程中，有一個參數叫步長，就是指濾鏡以多大的跨度上下或左右平移地掃描。第二，對於經由濾鏡局部掃描後的卷積層圖形，由於處理邊界不同，一般有兩種方式。一種是在局部掃描過程中，對圖形邊界以外的一層或多層填上 0，平移時可將其移出邊界到達 0 的區域。此舉的好處是在以 1 為步長的局部掃描完以後，所得的新圖形和原圖形長寬一致，稱作 zero padding(same padding)。另一種是不對邊界外做任何 0 的假設，所有平移都在邊界內，稱作 valid padding，通常以這種方式掃描完的圖形尺寸會比原來的小。

圖 6.9 比較具體地比較兩者的區別。左圖是 same padding(zero padding)，右圖是 valid padding。

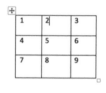

圖 6.9　補齊選擇

理論的部分就先介紹到這裡，接下來引進兩個實例。第一個範例利用 MNIST 字體資料庫建構卷積神經網路，以便識別手寫體數字。這裡會展示如何設計一套端到端的深度學習系統。第二個範例是用 VGG16 模型作為模型框架，用來處理同樣的字體識別問題。這類建模方法稱作遷移學習，亦即利用別人的模型作為自己模型的輸入，或者當成問題中的已知部分。這種學習是站在別人的肩膀上，進而大幅縮短自行調整和建立模型的時間。同時，也可以選擇已經建好的模型及其參數值，再適當地根據實際需求，加上簡單的模型及少量參數，最後只需要計算自己加入的那部分參數值就行了。

6.3 端到端的 MNIST 訓練數字識別

本節介紹端到端的 MNIST 訓練數字識別過程。

此資料集是由 LeCun Yang 教授和其團隊整理，包括 6 萬個訓練集和 1 萬個測試集。每個樣本都是 32×32 的像素值，並且是黑白的，沒有 R、G、B 三層。目的是把每張圖片分到 0~9 種類別中。

圖 6.10 是一些手寫數字的樣本。

圖 6.10　MNIST 字體樣本（圖片來源：http:myselph.deneuralNet.html　）

接下來以 Keras 建構卷積網路訓練模型。幸運的是，Keras 內建訓練和測試資料集。資料格式都已經整理完畢，要做的只是建立 Keras 模組，並且確保訓練集和測試集的資料與模組的參數相吻合。

```
1  import numpy as np
2  from keras.datasets import mnist
```

匯入 Keras 的卷積模組，包括 Dropout、Conv2D 和 MaxPooling2D。

```
1  from keras.models import Sequential
2  from keras.layers import Dense, Dropout, Flatten
3  from keras.layers.convolutional import Conv2D, MaxPooling2D
```

首先讀取資料：

```
(X_train, y_train), (X_test, y_test) = mnist.load_data()
```

查看資料集的模樣：

```
1  print(X_train[0].shape)
2  print(y_train[0])
```

結果分別顯示 (28, 28) 和 5。由此得知，訓練資料集的圖形是 28×28 的格式，而標籤類別是 0~9 的數字。下面把訓練集的手寫黑白字體變成標準的四維張量形式，即（樣本數量，長，寬，1），並將像素值變成浮點格式。

```
1  X_train = X_train.reshape(X_train.shape[0],28,28,1).astype('float32')
2  X_test = X_test.reshape(X_test.shape[0],28,28,1).astype('float32')
```

由於每個像素值都是介於 0~255，所以這裡統一除以 255，把像素值控制在 0~1 範圍。

```
1  X_train /= 255
2  X_test /= 255
```

由於輸入層需要 10 個節點，因此最好把目標數字 0~9 換成 One Hot 編碼的形式。

```
1  def tran_y(y):
2      y_ohe = np.zeros(10)
3      y_ohe[y] = 1
4      return y_ohe
```

使用 One Hot 編碼重新表示標籤。

```
1  y_train_ohe = np.array([tran_y(y_train[i]) for i in range(len(y_train))])
2  y_test_ohe = np.array([tran_y(y_test[i]) for i in range(len(y_test))])
```

接著建立卷積神經網路。

```
model = Sequential()
```

增加一層卷積層，建構 64 個濾鏡，每個濾鏡覆蓋的範圍是 3×3×1。濾鏡的迭代步長為 1，圖形四周補一圈 0，並以 relu 進行非線性變換。

```
model.add(Conv2D(filters = 64, kernel_size = (3, 3), strides = (1, 1),
padding = 'same', input_shape = (28,28,1), activation = 'relu'))
```

增加一層 Max Pooling，在 2×2 的格子中取最大值。

```
model.add(MaxPooling2D(pool_size = (2, 2)))
```

設定 Dropout 層。將 Dropout 的機率設為 0.5。也可以嘗試改為 0.2 或 0.3 等常用的值。

```
model.add(Dropout(0.5))
```

重複建構，建立深度網路。

```
1  model.add(Conv2D(128, kernel_size = (3, 3), strides = (1, 1),
   padding = 'same', activation = 'relu'))
2  model.add(MaxPooling2D(pool_size = (2, 2)))
3  model.add(Dropout(0.5))
4  model.add(Conv2D(256, kernel_size = (3, 3), strides = (1, 1),
   padding = 'same', activation = 'relu'))
5  model.add(MaxPooling2D(pool_size = (2, 2)))
6  model.add(Dropout(0.5))
```

攤平目前層的節點。

```
model.add(Flatten())
```

建構全連接神經網路層。

```
1  model.add(Dense(128, activation = 'relu'))
2  model.add(Dense(64, activation = 'relu'))
3  model.add(Dense(32, activation = 'relu'))
4  model.add(Dense(10, activation = 'softmax'))
```

最後定義損失函數，一般來說分類問題的損失函數都採用交叉熵（Cross Entropy）。

```
model.compile(loss = 'categorical_crossentropy', optimizer = 'adagrad',
metrics = ['accuracy'])
```

放入批量樣本，進行訓練。

```
model.fit(X_train, y_train_ohe, validation_data = (X_test, y_test_ohe),
epochs = 20, batch_size = 128)
```

在測試集上評價模型的準確度：

```
scores = model.evaluate(X_test, y_test_ohe, verbose = 0)
```

最後得到的精確度為 99.4%。

6.4 利用 VGG16 網路進行字體識別

接下來套用學習遷移的概念，以 VGG16 作為範本建置模型，訓練識別手寫字體。

VGG16 模型是基於 K. Simonyan 和 A. Zisserman 撰寫的文章 *Very Deep Convolutional Networks for Large-Scale Image Recognition, arXiv:1409.1556*。

首先匯入 Keras 的 VGG16 模組。

```
from keras.applications.vgg16 import VGG16
```

其次匯入 Keras 模型：

```
1   from keras.layers import Input, Flatten, Dense, Dropout
2   from keras.models import Model
3   from keras.optimizers import SGD
```

匯入字體庫作為訓練樣本。如果是第一次匯入，Keras 會從 AWS 的儲存帳號下載資料。

```
from keras.datasets import mnist
```

載入 OpenCV（在命令列視窗輸入 pip install opencv-python，或者執行 conda install -c https://conda.anaconda.org/menpo opencv3），目的是為了後期對圖形的處理，例如尺寸變換和 Channel 變換。這些轉換能使圖形滿足 VGG16 所需的輸入格式。

```
1   import cv2
2   import h5py as h5py
3   import numpy as np
```

新建一個模型，屬於 Keras 的 Model 類別物件。此模型會去除 VGG16 的頂層，只保留其餘的網路結構。這裡以 include_top = False，指明將遷移除了頂層以外的其餘網路結構到模型中。

```
1  model_vgg = VGG16(include_top = False, weights = 'imagenet', input_shape
   = (224,224,3))
2  model = Flatten(name = 'flatten')(model_vgg.output)
3  model = Dense(10, activation = 'softmax')(model)
4  model_vgg_mnist = Model(model_vgg.input, model, name = 'vgg16')
```

輸出模型結構，包括所需的參數。

```
model_vgg_mnist.summary()
1  _____
2  Layer (type) Output Shape Param #
3  =========================================================
4  input_10 (InputLayer) (None, 224, 224, 3) 0
5  vgg16 (Model) (None, 7, 7, 512) 14714688
6  flatten (Flatten) (None, 25088) 0
7  dense_15 (Dense) (None, 10) 250890
8  =========================================================
9  Total params: 14,965,578
10 Trainable params: 14,965,578
11 Non-trainable params: 0
```

由此得知，所有 1496 萬個網路權重（VGG16 網路權重加上搭建的權重）都需要訓練，這是因為只遷移了網路結構，但是未包含 VGG16 網路權重。遷移網路權重的好處是不用重新訓練，只需要訓練最上層建置的部分就行了。壞處是，新資料不一定適合已訓練好的權重，因為這些權重乃是基於其他資料訓練而來，資料分佈和關心的問題或許完全不一樣。此處雖然引進 VGG 在 ImageNet 中的結構，但是具體模型仍需要在 VGG16 的框架上加工。

另外，本地端機器有可能無法把整個模型和資料放入記憶體訓練，出現 Kill:9 記憶體不夠的錯誤。如果想要訓練，建議採用較少樣本，或者把樣本批量減小，例如 32。帶有條件的話，可以使用 AWS 裡的 EC2 GPU Instance g2.2xlarge/g2.8xlarge 進行訓練。

作為比較，我們建立另外一個模型，此模型的特點是同時遷移 VGG16 網路的結構和權重。關鍵點是把不需要重新訓練的權重「凍結」起來，並且使用 trainable = false 這個選項。請注意，此處定義輸入的維度為 (224, 224, 3)，因此需要較大的記憶體，除非改用資料產生器反覆運算物件。如果記憶體較小，可將維度降為 (112, 112, 3)，這樣在 32GB 記憶體的機器上也能順利執行。

```
1  ishape=224
2  model_vgg = VGG16(include_top = False, weights = 'imagenet', input_shape
   = (ishape, ishape, 3))
3  for layer in model_vgg.layers:
4      layer.trainable = False
5  model = Flatten()(model_vgg.output)
6  model = Dense(10, activation = 'softmax')(model)
7  model_vgg_mnist_pretrain = Model(model_vgg.input, model, name =
   'vgg16_pretrain')
```

輸出模型結構，包括所需的參數。

```
model_vgg_mnist_pretrain.summary()
```

```
1  _____
2  Layer (type)                 Output Shape              Param #
3  =================================================================
4  input_11 (InputLayer)        (None, 224, 224, 3)       0
5  block1_conv1 (Conv2D)        (None, 224, 224, 64)      1792
6  block1_conv2 (Conv2D)        (None, 224, 224, 64)      36928
7  block1_pool (MaxPooling2D)   (None, 112, 112, 64)      0
8  block2_conv1 (Conv2D)        (None, 112, 112, 128)     73856
9  block2_conv2 (Conv2D)        (None, 112, 112, 128)     147584
10 block2_pool (MaxPooling2D)   (None, 56, 56, 128)       0
11 block3_conv1 (Conv2D)        (None, 56, 56, 256)       295168
12 block3_conv2 (Conv2D)        (None, 56, 56, 256)       590080
13 block3_conv3 (Conv2D)        (None, 56, 56, 256)       590080
14 block3_pool (MaxPooling2D)   (None, 28, 28, 256)       0
15 block4_conv1 (Conv2D)        (None, 28, 28, 512)       1180160
16 block4_conv2 (Conv2D)        (None, 28, 28, 512)       2359808
17 block4_conv3 (Conv2D)        (None, 28, 28, 512)       2359808
18 block4_pool (MaxPooling2D)   (None, 14, 14, 512)       0
19 block5_conv1 (Conv2D)        (None, 14, 14, 512)       2359808
20 block5_conv2 (Conv2D)        (None, 14, 14, 512)       2359808
21 block5_conv3 (Conv2D)        (None, 14, 14, 512)       2359808
22 block5_pool (MaxPooling2D)   (None, 7, 7, 512)         0
23 flatten_2 (Flatten)          (None, 25088)             0
24 dense_16 (Dense)             (None, 10)                250890
25 =================================================================
26 Total params: 14,965,578
27 Trainable params: 250,890
28 Non-trainable params: 14,714,688
```

只需要訓練 25 萬個參數，比之前整整少了 60 倍！

```
1  sgd = SGD(lr = 0.05, decay = 1e-5)
2  model_vgg_mnist_pretrain.compile(loss = 'categorical_crossentropy',
   optimizer = sgd, metrics = ['accuracy'])
```

因為 VGG16 網路對輸入層的要求，我們用 OpenCV 把圖形從 32×32 變成 224×224（cv2.resize 的命令），將黑白圖形轉換為 RGB 圖形（cv2.COLOR_GRAY2BGR），並且把訓練資料轉換成張量形式，供 Keras 輸入。

```
1  (X_train, y_train), (X_test, y_test) = mnist.load_data()
2  X_train = [cv2.cvtColor(cv2.resize(i, (ishape, ishape)), cv2.COLOR_
   GRAY2BGR) for i in X_train]
3  X_train = np.concatenate([arr[np.newaxis] for arr in X_train]).
   astype('float32')
4  X_test = [cv2.cvtColor(cv2.resize(i, (ishape, ishape)), cv2.COLOR_
   GRAY2BGR) for i in X_test]
5  X_test = np.concatenate([arr[np.newaxis] for arr in X_test]).astype
   ('float32')
```

訓練資料的維度如下，內有 6 萬個樣本，每個樣本是 224×224×3 的張量。

```
1  X_train.shape
2  (60000, 224, 224, 3)
3  X_test.shape
4  (10000, 224, 224, 3)

1  X_train = X_train/255
2  X_test = X_test/255
```

查看訓練資料是否有資料丟失，查驗非零項後，應該沒問題。

```
1  np.where(X_train[0] != 0)
2  (array([ 36, 36, 36, ..., 203, 203, 203]), array([103, 103, 103, ...,
   95, 5, 95]), array([0, 1, 2, ..., 0, 1, 2]))
```

至此，訓練資料集和測試資料集的圖形部分已經完成。

最後，把訓練資料集和測試資料集的類別屬性 (0~9) 轉換成 One Hot 編碼形式，以作為輸出層的維度。

```
1  def tran_y(y):
2      y_ohe = np.zeros(10)
3      y_ohe[y] = 1
4      return y_ohe
```

```
1  y_train_ohe = np.array([tran_y(y_train[i]) for i in range(len(y_train))])
2  y_test_ohe = np.array([tran_y(y_test[i]) for i in range(len(y_test))])
```

接著對 MINST 資料集進行訓練。

```
model_vgg_mnist_pretrain.fit(X_train, y_train_ohe, validation_data =
(X_test, y_test_ohe), epochs = 200, batch_size = 128)
```

6.5 總結

本章回顧卷積神經網路,並且介紹如何以 Keras 建立端到端的卷積神經網路,以利手寫字體的分類。本章同時也重拾幾種經典的卷積神經網路,並利用學習遷移法在 VGG16 模型的基礎上加工,建構深度學習網路,以及執行字體識別訓練等。這兩種建模方式各有千秋,讀者可以舉一反三,進而更深入地理解和應用卷積神經網路、深度學習和學習遷移法等。

07

自然語言情感分析

7.1 自然語言情感分析簡介

情感分析無處不在，它是一種基於自然語言處理的分類技術。主要情境是給定一段話，再判斷這段話是正面還是負面。以亞馬遜網站或推特網站為例，人們會發表評論，談論某個商品、事件或人物。商家可以利用情感分析工具瞭解客戶對自有產品的使用者體驗和評價。當需要大規模的情感分析時，肉眼的處理速度變得十分有限。情感分析的本質就是根據已知的文字和情感符號，推測是正面或負面的文字。若能妥善處理好情感分析，便可大幅提升人們對於事物的理解效率，也可利用其結論為其他的人或事物服務。例如，不少基金公司利用人們對於某家公司、某個行業、某件事情的看法與態度，進一步預測未來股票的漲跌。

進行情感分析有下列難點：第一，文字非結構化，有長有短，很難適用於經典的機器學習分類模型。第二，特徵不容易擷取。文字可能是談論某個主題，也可能是討論人物、商品或事件；人工擷取特徵耗費的精力太大，效果也不好。第三，詞與詞之間有聯繫，通常也不容易把這部分資訊納入模型中。

本章探討深度學習在情感分析的應用。深度學習適合進行文字處理和語義理解，主要是因為其結構靈活，底層利用詞嵌入技術，可以避免文字長短不均帶來的處理困難。使用深度學習抽象特徵，還能避免大量人工擷取特徵的工作。此外，深度學習可以模擬詞與詞之間的聯繫，具備局部特徵抽象化和記憶等功能。正是這幾個優勢，使得深度學習在情感分析，乃至文字分析理解領域發揮著舉足輕重的作用。

順道一提，推特已經公開他們的情感分析 API（http://help.sentiment140.com/api）。可將其整合到自己的應用程式，或者試著開發一套自己的 API。下文透過一個電影評論的範例，詳細講解深度學習在情感分析的關鍵技術。

本章將以電影影評文字作為例子，可從 http://ai.stanford.edu/~amaas/data/sentiment/ 下載資料。

輸入下列命令，安裝必要的軟體：

```
1  pip install numpy scipy
2  pip install scikit-learn
3  pip install pillow
4  pip install h5py
5  pip install matplotlib
```

接著處理資料。Keras 內建 imdb 的資料和存取資料的函數，請直接呼叫 load.data() 即可。

```
1  import keras
2  import numpy as np
3  from keras.datasets import imdb
4  (X_train, y_train), (X_test, y_test) = imdb.load_data()
```

查看資料的模樣，請輸入命令：

```
X_train[0]
```

輸出結果如下：

```
1   array([[    1,    14,    22,    16,    43,    530,    973, 1622,  1385,
2            65,   458,  4468,    66,  3941,      4,    173,   36,   256,
3             5,    25,   100,    43,   838,    112,     50,  670, 22665,
4             9,    35,   480,   284,     5,    150,      4,  172,   112,
5           167, 21631,   336,   385,    39,      4,    172, 4536,  1111,
6            17,   546,    38,    13,   447,      4,    192,   50,    16,
7             6,   147,  2025,    19,    14,     22,      4, 1920,  4613,
8           469,     4,    22,    71,    87,     12,     16,   43,   530,
9            38,    76,    15,    13,  1247,      4,     22,   17,   515,
10           17,    12,    16,   626,    18,  19193,      5,   62,   386,
11           12,     8,   316,     8,   106,      5,      4, 2223,  5244,
12           16,   480,    66,  3785,    33,      4,    130,   12,    16,
13           38,   619,     5,    25,   124,     51,     36,  135,    48,
14           25,  1415,    33,     6,    22,     12,    215,   28,    77,
15           52,     5,    14,   407,    16,     82,  10311,    8,     4,
16          107,   117,  5952,    15,   256,      4,  31050,    7,  3766,
```

```
17           5,    723,    36,    71,     43,    530,    476,    26,    400,
18         317,     46,     7,     4,  12118,   1029,     13,   104,     88,
19           4,    381,    15,   297,     98,     32,   2071,    56,     26,
20         141,      6,   194,  7486,     18,      4,    226,    22,     21,
21         134,    476,    26,   480,      5,    144,     30,  5535,     18,
22          51,     36,    28,   224,     92,     25,    104,     4,    226,
23          65,     16,    38,  1334,     88,     12,     16,   283,      5,
24          16,   4472,   113,   103,     32,     15,     16,  5345,     19,
25         178,     32]])
```

原來，Keras 內建的 load_data 函數協助從亞馬遜 S3 中下載資料，並且為每個詞標註一個索引 (index)，建立了字典。每段文字的每個詞都對應到一個數字。

```
print(y_train[:10])
```

得到 array([1, 0, 0, 1, 0, 0, 1, 0, 1, 0])，可見 y_train 就是標註，1 表示正面，0 表示負面。

```
1  print(X_train.shape)
2  print(y_train.shape)
```

由結果得知，兩個張量的維度都為 (25000,)。

接下來查看平均每個評論有多少個字：

```
avg_len = list(map(len, X_train))

print(np.mean(avg_len))
```

平均字長為 238.71364。

為了更直觀地顯示，這裡畫一張分佈圖（見圖 7.1）：

```
1  import matplotlib.pyplot as plt
2  plt.hist(avg_len, bins = range(min(avg_len), max(avg_len) + 50, 50))
3  plt.show()
```

請注意，如果遇到其他類型的資料，或者自己已有資料，就得撰寫一套處理資料的腳本。大致步驟如下：

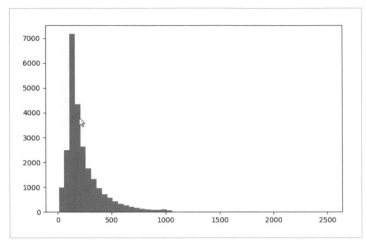

圖 7.1　詞頻分佈長條圖

⟳ 第一，文字分詞。英語分詞可以根據空格，中文分詞可藉助 jieba。

⟳ 第二，建立字典，為每個詞標號。

⟳ 第三，把段落按照字典翻譯成數字，變成一個 array。

接下來開始建模。

7.2　文字情感分析建模

7.2.1　詞嵌入技術

為了克服文字長短不均，以及將詞與詞之間的關聯納入模型的困難，通常會使用一種技術——詞嵌入。簡單地說，就是賦予每個詞一個向量；向量代表空間裡的點，涵義接近的詞，其向量也相近，如此對於詞的操作，就可以轉化為向量的操作。在深度學習中，這叫作張量（Tensor）。

利用張量表示詞的好處是：第一，可以克服文字長短不均的問題，如果每個詞已經有對應的詞向量，那麼對於長度為 N 的文字，只要選取對應 N 個詞所代表的向量，並按照文字中詞的先後順序排在一起，就得到輸入張量了，其中每個詞向量都是一樣的維度。第二，詞本身無法形成特徵，但是張量代表抽象的量化，它是透過多層神經網路層層抽象計算出來的。第三，文字是由片語組成，文字的特徵可以交由詞的張量組合。文字的張量包含多個詞之間的組合涵義，可視其為文字的特徵工程，以便為機器學習文字分類提供基礎。

詞嵌入最經典的作品是 Word2Vec，請參考：https://code.google.com/archive/p/word2vec/。透過對具有數十億詞的新聞文章進行訓練，Google 提供一組詞向量的結果，可從 http://word2vec.googlecode.com/svn/trunk/ 取得。主要的概念依然是把詞表示為向量的形式，而不是 One Hot 編碼。圖 7.2 展示該模型裡面詞與詞的關係。

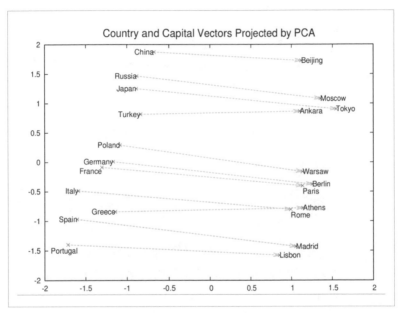

圖 7.2　詞向量示意圖

（圖片來源：https://deeplearning4j.org/word2vec）

7.2.2　多層全連接神經網路訓練情感分析

不同於已經訓練好的詞向量，Keras 提供設計嵌入層（Embedding Layer）的樣板。只要在建模時加上一行 Embedding Layer 函數的程式碼即可。請注意，嵌入層一般需要透過資料學習，也可以借用已經訓練好的嵌入層，例如將 Word2Vec 中預訓練好的詞向量直接放入模型，或者將其作為嵌入層初始值，進行再訓練。Embedding 函數定義嵌入層的框架，一般有 3 個變數：字典的長度（文字中有多少詞向量）、詞向量的維度和每段文字輸入的長度。請注意，前文提到每段文字可長可短，因此可以採用 Padding 技術，取出最長的文字長度作為輸入長度，不足處都以空格填滿，亦即把空格當成一個特殊字元處理。空格本身也會賦予詞向量，一般可透過機器學習訓練出來。Keras 內建的 sequence.pad_sequences 函數，將協助進行文字的處理和填充工作。

首先整理程式碼：

```
1  from keras.models import Sequential
2  from keras.layers import Dense
3  from keras.layers import Flatten
4  from keras.layers.embeddings import Embedding
5  from keras.preprocessing import sequence
6  import keras
7  import numpy as np
8  from keras.datasets import imdb
9  (X_train, y_train), (X_test, y_test) = imdb.load_data()
```

使用下面的命令計算最長的文字長度：

```
1  m = max(list(map(len, X_train)), list(map(len, X_test)))
2  print(m)
```

從中發現有一段文字特別長，居然有 2494 個字元。這種異常值必須排除，考慮到文字的平均長度為 230 個字元，可將最多輸入的文字長度設為 400 個字元，不足處用空格填充，超過的部分則截取 400 個字元，Keras 預設截取後 400 個字元。

```
1  maxword = 400
2  X_train = sequence.pad_sequences(X_train, maxlen = maxword)
3  X_test = sequence.pad_sequences(X_test, maxlen = maxword)
4  vocab_size = np.max([np.max(X_train[i]) for i in range(X_train.shape[0])]) + 1
```

這裡的 1 代表空格，其索引為 0。

下面先從最簡單的多層神經網路開始嘗試：

首先建立序列模型，逐步往上建置網路。

```
1 model = Sequential()
2 model.add(Embedding(vocab_size, 64, input_length = maxword))
```

第一層是嵌入層，定義嵌入層的矩陣為 vocab_size x 64。每個訓練段落為其中的 maxword x 64 矩陣，作為資料的輸入，以填入輸入層。

```
model.add(Flatten())
```

攤平輸入層，原來是 maxword x 64 的矩陣，現在變成一維、長度是 maxword x 64 的向量。

接下來使用 relu 函數不斷建置全連接神經網路。relu 是簡單的非線性函數：f(x) = max(0, x)。請注意，神經網路的本質是將輸入進行非線性轉換。

```
1 model.add(Dense(2000, activation = 'relu'))
2 model.add(Dense(500, activation = 'relu'))
3 model.add(Dense(200, activation = 'relu'))
4 model.add(Dense(50, activation = 'relu'))
5 model.add(Dense(1, activation = 'sigmoid'))
```

最後一層採用 Sigmoid，預測 0、1 變數的機率，類似 logistic regression 的連結函數，目的是把線性變成非線性，並將目標值控制在 0~1 之間。因此，這裡是計算最後輸出的是 0 或 1 的機率。

```
1  model.compile(loss = 'binary_crossentropy', optimizer = 'adam', metrics
   = ['accuracy'])
2  print(model.summary())
```

有幾個概念要澄清一下：交叉熵（Cross Entropy）和 Adam Optimizer。

交叉熵主要是衡量預測的 0、1 機率分佈和實際的 0、1 值是不是符合，交叉熵越小，說明配對得越準確，模型精密度越高。

其具體形式為：

$$y \log(\hat{y}) + (1 - y) \log(1 - \hat{y})$$

這裡把交叉熵作為目標函數。目的是選擇合適的模型，使目標函數在未知資料集的平均值越低越好。所以，主要是觀察模型在測試資料（訓練時需被遮罩）上的表現。

Adam Optimizer 是一種最佳化方法，目的是在模型訓練採用的梯度下降法中，合理與動態地選擇學習速度（Learning Rate），也就是每步梯度下降的幅度。直觀而言，如果訓練時損失函數接近最小值，則每步梯度的下降幅度自然要減小；倘若損失函數的曲線還很陡峭，則下降幅度便可稍大一些。從最佳化的角度來講，深度學習網路還有其他一些梯度下降最佳化方法，例如 Adagrad 等。它們的本質都是在調整神經網路模型的過程中，解決如何控制學習速度的問題。

Keras 提供的建模 API 允許既訓練資料，又能在驗證資料時查看模型的測試效果。

```
1  model.fit(X_train, y_train, validation_data = (X_test, y_test), epochs
   = 20, batch_size = 100, verbose = 1)
2  score = model.evaluate(X_test, y_test)
```

精確度大約是 85%。如果多做幾次反覆運算，則精確度會更高。建議可以嘗試多跑幾次迴圈。

以上介紹最常用的多層全連接神經網路模型。它假設模型中所有上一層和下一層是互相連接的，可說是最廣泛的模型。

7.2.3　卷積神經網路訓練情感分析

全連接神經網路幾乎對網路模型沒有任何限制，但缺點是過度擬合，亦即摻進了過多雜訊。全連接神經網路模型的特點是靈活、參數多，但在實際應用時，通常會對模型加上一些限制，使其適用於資料的特點。此外，由於模型的限制，其參數會大幅減少。此舉降低模型的複雜度，進而提高模型的普及性。

接下來介紹卷積神經網路（CNN）在自然語言的典型應用。

在自然語言領域，卷積的物色是利用文字的局部特徵。一個詞的前後必然是和這個詞本身相關的幾個詞，藉以組成該詞代表的詞群。詞群會影響段落文字的意思，決定該段落到底是正向還是負向。和傳統方法相較下，詞袋（Bag of Words）與 TF-IDF 等，其概念皆有相通之處。但是，最大的不同點在於：傳統方法是人為用來分類的特徵，而深度學習的卷積則是讓神經網路建構特徵。

以上便是卷積在自然語言處理中廣泛應用的原因。

接下來介紹如何以 Keras 建置卷積神經網路，以便處理情感分析的分類問題。下列程式碼組成卷積神經網路的結構。

```
1  from keras.layers import Dense, Dropout, Activation, Flatten
2  from keras.layers import Conv1D, MaxPooling1D, Embedding
3  from keras.models import Sequential
4  vocab_size = 4
5  maxword = 400
6  model = Sequential()
7  model.add(Embedding(vocab_size, 64, input_length = maxword))
8  model.add(Conv1D(filters = 64, kernel_size = 3, padding = 'same',
   activation = 'relu'))
9  model.add(MaxPooling1D(pool_size = 2))
10 model.add(Dropout(0.25))
11 model.add(Conv1D(filters = 128, kernel_size = 3, padding = 'same'
   ,activation = 'relu'))
12 model.add(MaxPooling1D(pool_size = 2))
13 model.add(Dropout(0.25))
14 model.add(Flatten())
15 model.add(Dense(64, activation = 'relu'))
16 model.add(Dense(32, activation = 'relu'))
17 model.add(Dense(1, activation = 'sigmoid'))
18 model.compile(loss = 'binary_crossentropy', optimizer = 'rmsprop',
   metrics = ['accuracy'])
19 print(model.summary())
```

下面對模型進行擬合。

```
1  model.fit(X_train, y_train, validation_data = (X_test, y_test), epochs
   = 20, batch_size = 100)
2  scores = model.evaluate(X_test, y_test, verbose = 1)
3  print(scores)
```

精確度稍微提高了一些，在 85.5% 左右。可試著調整模型的參數，增加訓練次數等，或者採用其他的最佳化方法。請注意，程式加上一個 Dropout 的技巧，好在每個批量訓練過程中，針對每個節點，不論是輸入層還是隱藏層，都有獨立的機率將節點變成 0。這個隨機操作的過程和隨機森林的隨機選取特徵建立單個決策樹，有著異曲同工之妙。好處在於，每次批量訓練相當於在不同的小神經網路進行計算，當訓練資料變大時，每個節點的權重都會被調整過多次。另外，每次訓練時，系統會努力在有限的節點和小神經網路中找到最佳的權重，藉以最可能地找到重要特徵，避免過度擬合。這就是為什麼會廣泛應用 Dropout 的原因。

7.2.4　遞歸神經網路訓練情感分析

本小節介紹如何以長短期記憶模型（LSTM）處理情感分類。

LSTM 是遞歸神經網路的一種。本質上，它按照時間順序有效地整合和篩選資訊，再決定該保留或丟棄。在時間點 t 得到的資訊（如對段落文字的理解），理當包含之前的資訊（先前提到的事件、人物等）。LSTM 提到，根據手裡的訓練資料，必須找出一種方法進行有效的資訊取捨，進而把最有價值的資訊保留到最後。因此，最自然的想法是總結出一種用來處理前刻的規律，並和目前 t 時刻的資訊結合。根據遞歸的特性，在處理前一刻的資訊時，會考慮到再之前的資訊；於是到時間 t 時，所有從時間點 1 到現在的資訊，都或多或少地被保留與丟棄一部分。LSTM 對資訊的處理，主要是透過矩陣的乘積運算來完成（見圖 7.3）。

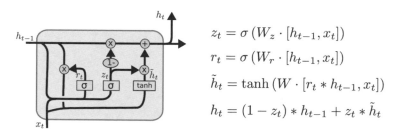

$$z_t = \sigma\left(W_z \cdot [h_{t-1}, x_t]\right)$$
$$r_t = \sigma\left(W_r \cdot [h_{t-1}, x_t]\right)$$
$$\tilde{h}_t = \tanh\left(W \cdot [r_t * h_{t-1}, x_t]\right)$$
$$h_t = (1 - z_t) * h_{t-1} + z_t * \tilde{h}_t$$

圖 7.3　長短期記憶神經網路示意圖

（圖片來源：http://colah.github.io/posts/2015-08-Understanding-LSTMs/）

建置 LSTM 神經網路的結構時，可以採用下列的程式碼。

```
1   from keras.layers import LSTM
2   model = Sequential()
3   model.add(Embedding(vocab_size, 64, input_length = maxword))
4   model.add(LSTM(128, return_sequences=True))
5   model.add(Dropout(0.2))
6   model.add(LSTM(64, return_sequences=True))
7   model.add(Dropout(0.2))
8   model.add(LSTM(32))
9   model.add(Dropout(0.2))
```

```
10 model.add(Dense(1, activation = 'sigmoid'))
```

然後打包模型。

```
1 model.compile(loss = 'binary_crossentropy', optimizer = 'rmsprop',
  metrics = ['accuracy'])
2 print(model.summary())
```

最後輸入資料集，以便訓練模型。

```
1 model.fit(X_train, y_train, validation_data = (X_test, y_test), epochs
  = 5, batch_size = 100)
2 scores = model.evaluate(X_test, y_test)
3 print(scores)
```

預測的精確度大約為 86.7%，可試著調整不同參數和增加遞歸次數，進而得到更
好的效果。

7.3 總結

本章介紹幾種不同種類的神經網路，包括多層神經網路（MLP）、卷積神經網路
（CNN）和長短期記憶模型（LSTM）等。它們的共同點是有很多參數，需要透
過反向傳播更新參數。CNN 和 LSTM 是不同類型神經網路的模型，要求的參數
相對較少，因此反映了它們之間的一個共通性：參數共用。這和傳統的機器學習
原理很類似：對參數或者模型的限制越多，模型的自由度越小，越不容易過度擬
合。反過來說，模型的參數越多，模型越靈活，但越容易混入雜訊，進而對預測
造成負面影響。通常是透過交叉驗證技術選取最佳化參數（例如：幾層模型、每
層節點數、Dropout 機率等）。最後請注意，情感分析的本質是分類問題，屬於監
督學習的一種。除了上述模型之外，也可以嘗試其他經典的機器學習模型，例如
SVM、隨機森林、邏輯迴歸等，並和神經網路模型進行比較。

08

文字產生

8.1 文字產生和聊天機器人

文字是最廣泛的資訊形式之一，深度學習的序列模型（Sequential Model）在對文字產生建模（Generative Model）方面具備獨特的優勢。文字自動產生可應用於自然語言對話的建模和自動文稿，大幅地提高零售客服、網路導購以及新聞業的生產效率。目前比較成熟的是單輪對話系統，以及基於此的簡單多輪對話系統。這類系統的應用範圍廣泛，技術相對成熟，在零售客服與網路導購等領域都有極高的邊際收益。例如蘋果手機的 Siri，以及微軟早期的小冰機器人等，都屬於這種系統的嘗試。

從應用範圍來看，自然對話系統分為所謂的閒聊（Chit-Chat）對話系統，以及專業（Domain Specific）對話系統兩種。

閒聊對話系統的典型代表有蘋果的 Siri、微軟的小冰等，構築於數量龐大，超多樣化的對話資料上，例如 Line 群組的聊天資料、微博的對話資料等，其特點是應對話題廣泛但不深入。這類對話系統可以應付各種問題或話題，例如「今天天氣好嗎？」、「你覺得通用汽車如何？」、「回鍋肉好好吃啊」等。系統根據建模資料的分佈，將分別回應「天氣不錯」、「其實 BMW 也不錯」、「是啊」等。具體的回應是根據系統的建模資料分佈，加上回饋系統的熵值設定（即多樣化設定）而來。

專業對話系統主要應用於各種具體的商業領域，例如某類產品的導購或者客服等，建模資料一般都是此領域整理過的資料。這類系統能夠應對的話題比較狹窄，但是非常深入，較常見的是一個多輪對話系統。對於未涵蓋的話題，應對方式會比較簡單，因為客戶對於比較少見的問題回答期望較低，而且可以進一步轉接人工服務。

同樣以上面「今天天氣好嗎」的問題為例，專業對話系統可以進行更深入的回應，例如：「今天天氣不錯，多雲時晴，最高氣溫為攝氏 27 度，最低氣溫為攝氏 21 度，濕度為 75%」等。在閒聊系統中也能夠進行適應性改造，加上話題識別，並在一定範圍內將其增強為專業系統，但是需要準備大量的工作和對應的資料。

從技術上而言，對話聊天系統分為兩種：基於檢索的系統（Retrieval Based System）和基於文字產生的系統（Generative System）。

基於檢索的系統強健性高，技術複雜度稍低，但是應對能力有限，比較適合非常窄的專業服務領域。這類對話系統一般根據已有的語義分析理論，會預先標註常見的句式、分解文字輸入為不同的部分，然後將相關的部分，例如主詞、受詞等，設定為建模物件，以完成對具有相似語法結構但不同話題的應對。比較有名、基於檢索的對話系統有愛麗絲聊天機器人（Alicebot）及其各種變形。這種聊天機器人基於人工智慧標記語言（AIML），透過將現有資料庫中不存在的句式載入資料庫，進而具備初級的學習能力。但是，它基於一個強假設，即與其聊天的人必須提供正確的回應，實際應用時很難滿足這種假設條件。

基於文字產生的系統由資料驅動，應對能力強、回饋多樣化、有自我學習能力，顯得更為智慧，但是技術的要求更高，而且系統的強健性較差，必須提前考慮很多邊界條件。例如，微軟研究院於 2016 年推出的 Tay 聊天機器人就對邊界條件考慮不周，在上線以後，接收到的都是負面或不適宜的即時訓練資料，但因為系統在設計之初沒有考慮到這個問題，便仍舊以這些資料進行訓練，造成對話系統的回應也變得十分負面，大量客戶回饋其罵髒話或者回應不適宜的話題。從技術上解決前述問題並不難，但是要從一開始就考慮到各式各樣的邊界情況，便不是很容易了。

8.2 基於檢索的對話系統

本節介紹如何利用人工智慧標記語言（AIML，Artificial Intelligence Markup Language）建置基於檢索的對話系統。對於比較狹隘的應用領域，該系統的建構快速、強健性高、具備一定的靈活性，可以和基於文字產生的對話系統組成混合系統，各自截長補短。

AIML 系統具備下列幾個優點：

(1) AIML 是基於檢索的對話系統中，應用比較廣泛的系統之一，其不同的變形已經商業化並應用於一些行業中。

(2) 在基於深度學習、資料驅動的對話引擎大量出現之前，AIML 是基於檢索的對話系統中最好的系統之一。

(3) AIML 系統是開源軟體，有不同的程式語言介面，例如 C++、Java、.NET、Python 等。雖然原系統是英文版，但是很容易改造成中文系統。

(4) 開源的 AIML 系統已經提供大量的語法規則供開發者使用和參考，因此他們可以根據實際的業務場景進行改造，以符合本身的需求。

(5) AIML 系統是一個引擎，開發者很容易將其嵌入自己的系統中。

AIML 是一種相容於 XML 語法的通用標記語言，非常容易學習。它由一系列包含在小於、大於符號中的元素（Tag）組成，其中一些重要的元素有：

(1) **<aiml>**：標識 AIML 文件的開始。

(2) **<category>**：標識一個知識類別，屬於 AIML 的基本對話構造元件。後文會詳細介紹知識類別。

(3) **<pattern>**：標識一種語法模式，針對句式的概括和抽象化。

(4) **<template>**：範本元素包含對於上面語法模式的回應。

(5) **<that>**：代物件標識元素。

(6) **<topic>**：上下文歸類元素。

(7) **<random>**：隨機選擇元素，從範本包含的多個回應中隨機選擇一個，讓聊天機器人看起來更智慧。

(8) **<srai>**：遞迴標識元素。

(9) **<think>**：類似條件控制語句，針對性地控制回應。

(10) <get>：取得 AIML 變數中的值。

(11) <set>：將一個值指定到 AIML 變數中。

(12) <star>：取代萬用字元指定的元素。<pattern> 元素可以使用萬用字元 * 替換任何語言要素，<star> 代表在後面取代萬用字元對應的語言要素。

AIML 的基本知識檢索單元稱為一個知識類別，以 <category> 元素標註。這個單元包含 3 個子元素：輸入模式、應對範本和其他可選項。

輸入模式以 <pattern> 元素指定，在 AIML 本來的設計中通常是指一個問題，但是並不侷限於此，可以是任意句式。

應對範本以 <template> 元素指定，一般是對應的回答，或跟輸入的句式有關的回應句式。例如輸入一句問候而不是一個問題：「你好呀！」，回應便可設定為：「我很好，你好。」或者「最近很忙，你呢？」等。

其他可選項分別是 <that> 物件標記元素和 <topic> 話題標記元素。

使用 AIML 建構基於檢索的對話系統非常簡單，下面是最簡單的一個 AIML 語法程式庫，其中定義了一個標準知識類別 <category> 範本：

```
1   <aiml version="1.0.1" encoding = "UTF-8">
2     <category>
3        <pattern> 你好呀 </pattern>
4        <template>
5            你好，最近很忙呢
6        </template>
7     </category>
8   </aiml>
```

這個範本定義了一個最簡單的知識類別，輸入樣式是：「你好呀」，AIML 會執行精準比對。回應範本設計一個固定的回應模式：「你好，最近很忙呢」。這個知識類別就是一種固定的問答模式，只能用來展示 AIML 的語法組成。

下面進行一些擴充。假設想讓系統的回應具備一定的多樣性，則可透過設定隨機選擇元素 <random> 改進回應範本。下面的例子建立一個隨機選擇元素，包含 3 種回應方式，AIML 每次遇到符合的輸入樣式時，將隨機選擇一個回應。

```
1   <aiml version="1.0.1" encoding = "UTF-8">
2     <category>
```

```
3        <pattern> 你好呀 </pattern>
4        <template>
5          <random>
6            <li> 你好，最近很忙呢 </li>
7            <li> 過得不錯，你怎麼樣？ </li>
8            <li> 剛吃了飯，你吃了嗎？ </li>
9          </random>
10       </template>
11     </category>
12  </aiml>
```

雖然隨機性讓系統的回應更加人性化，但是仍然非常死板。首先，比對模式不夠靈活，因為有各式各樣的問候方式，可能需要一種能夠彈性指定句式的方法。其次，回應的內容不能引申到上下文。

下文使用萬用字元改進特定句型的靈活性。對於問候，某些基本句型便可泛化。例如：「你的身體怎麼樣？」、「你的汽車性能怎麼樣？」等。此時可以萬用字元「*」代替「身體」和「汽車」等物件，回應中再使用 <star> 取代萬用字元指定的物件，而且可以透過「index=」標明對應到第幾個萬用字元：

```
1   <aiml version="1.0.1" encoding = "UTF-8">
2     <category>
3       <pattern> 你的 * 怎麼樣？ </pattern>
4       <template>
5          我 <star/> 還好。
6       </template>
7     </category>
8
9     <category>
10      <pattern>* 的 * 好不好？ </pattern>
11      <template>
12         <star index="1"/> 的 <star index="2"/> 挺不錯的。
13      </template>
14    </category>
15  </aiml>
```

多輪對話相較於單輪對話增加的難度，在於對上下文的認知。AIML 提供兩個協助關聯上下文的元素——<that> 和 <topic>。<that> 元素會進一步應對前文提到的回應。例如有一段對話是：

人：「你喜歡什麼？」
程式：「你想聊聊跑車嗎？」

此時人的回答可能是：喜歡或不喜歡。根據不同的回答，程式應該有不一樣的回應，這時候就輪到 <that> 元素派上用場了。下列程式展示如何應用 <that> 元素建構第二輪回應：

```
1   <aiml version="1.0.1" encoding = "UTF-8">
2     <category>
3       <pattern> 你喜歡什麼？ </pattern>
4       <template>
5         想聊聊跑車嗎？
6       </template>
7     </category>
8
9   <category>
10      <pattern> 可以 </pattern>
11      <that> 想聊聊跑車嗎？ </that>
12      <template>
13        <random>
14          <li> 太好了，我喜歡美式大排氣量跑車。</li>
15          <li> 太好了，我喜歡小排氣量高轉速引擎跑車。</li>
16          <li> 真棒，我就喜歡貴的跑車。</li>
17        </random>
18      </template>
19    </category>
20
21    <category>
22      <pattern> 行啊 </pattern>
23      <that> 想聊聊跑車嗎？ </that>
24      <template>
25        <random>
26          <li> 太好了，我喜歡美式大排氣量跑車。</li>
27          <li> 太好了，我喜歡小排氣量高轉速引擎跑車。</li>
28          <li> 真棒，我就喜歡貴的跑車。</li>
29        </random>
30      </template>
31    </category>
32
33    <category>
```

```
34        <pattern> 想啊 </pattern>
35        <that> 想聊聊跑車嗎？ </that>
36        <template>
37          <random>
38            <li> 太好了，我喜歡美式大排氣量跑車。</li>
39            <li> 太好了，我喜歡小氣排量高轉速引擎跑車。</li>
40            <li> 真棒，我就喜歡貴的跑車。</li>
41          </random>
42        </template>
43      </category>
44
45      <category>
46        <pattern> 不想 </pattern>
47        <that> 想聊聊跑車嗎？ </that>
48        <template>
49          <random>
50            <li> 哎，那聊電影怎麼樣？ </li>
51            <li> 不喜歡車啊，太無趣了。</li>
52          </random>
53        </template>
54      </category>
55    </aiml>
```

這個例子針對「想聊聊跑車嗎？」的第一輪回應，做出 4 種不同的第二輪回應，其中 3 種對應至肯定的回應，1 種對應到否定的回應。在每一個回應中，<pattern>元素後面使用 <that> 元素引用第一輪的回應。

<topic> 元素用來定義一段對話的知識類別，好供以後的檢索對應回答。類似 <that> 元素，該元素通常也應用於肯定與否定的回答中；不同的是，該元素保存整個知識類別，而非某一個具體回應。例如下面的對話就可以用 <topic> 元素說明如何回應：

人：「讓我們聊聊跑車吧。」
程式：「好的，聊聊跑車。」（這時候定義跑車這個 topic。）
人：「美式跑車就不錯。」
程式：「一說到跑車就興奮。」
人：「我特別喜歡美式大排氣量引擎的跑車。」
程式：「我也喜歡美式大排氣量引擎跑車。」

這段對話可以使用下面的 AIML 標記來設定：

```
1  <aiml version="1.0.1" encoding = "UTF-8">
2     <category>
3        <pattern> 讓我們聊聊跑車吧 </pattern>
4        <template>
5           好的，聊聊 <set name="topic"> 跑車 </set>。
6        </template>
7     </category>
8
9  <topic name=" 跑車 ">
10    <category>
11       <pattern> * </pattern>
12       <template>
13          一說到跑車就興奮
14       </template>
15    </category>
16
17    <category>
18       <pattern> 我特別喜歡 * 跑車 </pattern>
19       <template>
20          我也喜歡 <star/> 跑車
21       </template>
22    </category>
23 </topic>
24
25 </aiml>
```

由此得知，<topic> 元素能夠建構比較靈活、上下文敏感的簡單多輪對話系統。

但是，在應用 <that> 元素的例子裡，針對 3 個正面回應，雖然第二輪的回應完全相同，可是卻需要撰寫 3 個知識類別，非常繁瑣，有沒有什麼辦法簡化呢？此時就需要藉助遞迴元素 <srai>。該元素允許 AIML 對同一個範本定義不同的目標，除了簡化同類型的回應，還發揮其他非常強大的作用，使得機器人的回應更加擬人化。

遞迴元素用來解決下列幾類問題：

⊃ 句型歸一（Symbolic Reduction）

⊃ 分治（Divide and Conquer）

⊃ 同義詞解析（Synonyms Resolution）

⊃ 關鍵字檢測（Keyword Detection）

句型歸一是簡化句型的一種方法，它能將複雜的句子分解為較簡單的句型；反過來說，就是利用以前定義、較簡單的句型，重新定義複雜的句子。舉例來講，一個問題可以有多種問法，例如，詢問：「誰是黃曉明？」，或者：「你認識黃曉明嗎？」，而「黃曉明」這個名字也可以替換成任何人。這是一個類型語義的多種不同表達方式，具有一定的句型：不是以「誰是」開頭，便是以「你認識」開頭，因此可以利用 <srai> 進行句型歸一。首先對第一個問題的句型建立一個知識類別：

```
1  <category>
2      <pattern> 誰是黃曉明？ </pattern>
3      <template> 黃曉明是一名中國演員 </template>
4  </category>
5
6  <category>
7      <pattern> 誰是馬化騰？ </pattern>
8      <template> 馬化騰是一名中國企業家，QQ 軟體的發明者，董事會主席兼首席執行官
9      </template>
10 </category>
```

然後透過 <srai> 引申為一個更通用的句型範疇，並和其他相同語義的句型歸一：

```
1  <category>
2      <pattern> 你認識 * 嗎 ?</pattern>
3      <template>
4          <srai> 誰是 <star/></srai>
5      </template>
6  </category>
```

將詢問的物件以萬用字元「*」泛化，再透過 <srai> 把類似的問句歸納到第一個知識類別的句型，這樣系統就能自動比對與應對多樣化的問句。

分治主要是藉由重用某個知識類句型的一部分，進而減少重複定義的句型。例如再見，可以說「再見了」、「再見，哥們兒」，或者「再見，某某某」等。只要以

「再見」開頭的句子一般都是道別，因此對於類似的道別句型，都能夠歸納到同一個回應範本。下面的例子就展示此功能：

```
1   <category>
2       <pattern> 再見 </pattern>
3       <template> 再見啦！</template>
4   </category>
5
6   <category>
7       <pattern> 再見 *</pattern>
8       <template>
9           <srai> 再見 </srai>
10      </template>
11  </category>
```

同義詞解析的功能很直觀，對於具有相同涵義的物件，應該有同樣的理解。這一點與上面的句型歸一功能很類似，用法也幾乎一樣，只是不定義在句型，而是在句子的一個物件上。

關鍵字檢測是指當在輸入的句子包含某一個特定物件時，AIML 會有一個標準的回應。舉例來說，如果句子中提到「帕拉梅拉」，則 AIML 便會回應：「帕拉梅拉是保時捷產四人座豪華轎跑，操控極佳，我喜歡」。下面的標記就實作這個功能：

```
1   <category>
2       <pattern> 帕拉梅拉 </pattern>
3       <template> 帕拉梅拉是保時捷產四人座豪華轎跑，操控極佳，我喜歡。</template>
4   </category>
5
6   <category>
7       <pattern>_ 帕拉梅拉 </pattern>
8       <template>
9           <srai> 帕拉梅拉 </srai>
10      </template>
11  </category>
12
13  <category>
14      <pattern> 帕拉梅拉 *</pattern>
15      <template>
16          <srai> 帕拉梅拉 </srai>
```

```
17       </template>
18   </category>
19
20   <category>
21       <pattern>_ 帕拉梅拉 *</pattern>
22       <template>
23           <srai>帕拉梅拉 </srai>
24       </template>
25   </category>
```

這裡使用前綴萬用字元「＿」和一般萬用字元「＊」來比對任意句型。

前面曾提及，AIML 是一個檢索式對話引擎，允許嵌入至任何系統，進而提供服務。下面嘗試在 Jupyter Notebook 裡面建構一個超簡易問答（編註：請先於命令列執行 pip install python-aiml 指令）。先對 Notebook 定義一個巨集變數——%%ask，指示 Notebook 將後面的輸入資訊回傳給 AIML 引擎處理，並返回相關的訊息。這樣就能在 Jupyter Notebook 裡面進行問答了，如圖 8.1 所示。

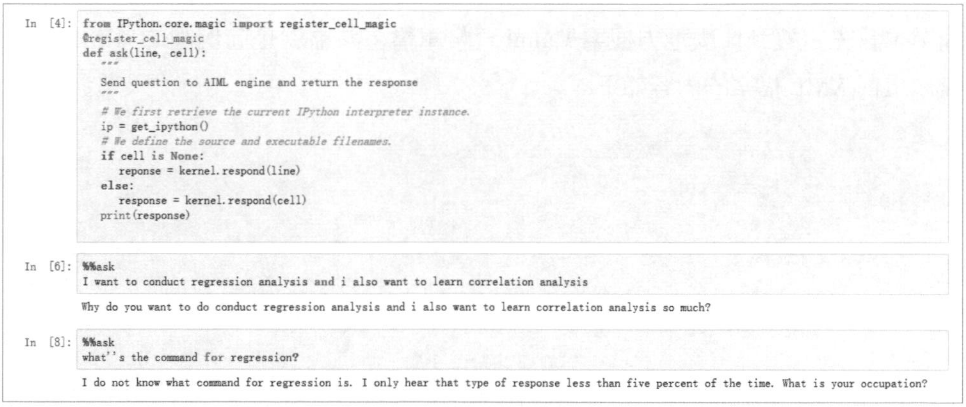

```
In [4]: from IPython.core.magic import register_cell_magic
        @register_cell_magic
        def ask(line, cell):
            """
            Send question to AIML engine and return the response
            """
            # We first retrieve the current IPython interpreter instance.
            ip = get_ipython()
            # We define the source and executable filenames.
            if cell is None:
                reponse = kernel.respond(line)
            else:
                response = kernel.respond(cell)
            print(response)

In [6]: %%ask
        I want to conduct regression analysis and i also want to learn correlation analysis

        Why do you want to do conduct regression analysis and i also want to learn correlation analysis so much?

In [8]: %%ask
        what''s the command for regression?

        I do not know what command for regression is. I only hear that type of response less than five percent of the time. What is your occupation?
```

圖 8.1　Jupyter Notebook 裡透過巨集命令向 AIML 提問

首先定義巨集變數：

```
1   from IPython.core.magic import register_cell_magic
2   @register_cell_magic
3   def ask(line, cell):
4       '''
5       Send question to AIML engine and return the response
6       '''
```

```
7    ip = get_ipython()
8    if cell is None:
9        reponse = kernel.respond(line)
10   else:
11       response = kernel.respond(cell)
12   print(response)
```

其中，ip=get_ipython() 命令會取得目前 IPython 環境物件，其後的判斷語句將定義資訊來源（cell / line），以及執行核心（kernel）。最後列印輸出。

接著匯入 AIML 引擎，定義核心和相關的資料庫：

```
1    import aiml
2    kernel = aiml.Kernel()
3    kernel.learn("d:\\data\\project\\aiml\\std-startup.xml")
4    kernel.respond("LOAD BRAIN")
```

第一行命令是匯入引擎，第二行命令是定義核心，第三行命令是定義資料庫的呼叫腳本，最後的 LOAD BRAIN 載入資料庫。這個標準呼叫 XML 檔案的腳本很簡單，首先定義到什麼地方搜索 *.aiml 資料庫檔，該檔就是前例裡的 AIML 文字檔。這個 XML 檔案的內容如下：

```
1    <aiml version="1.0.1" encoding="UTF-8">
2        <!-- std-startup.xml -->
3        <!-- Category is an atomic AIML unit -->
4        <category>
5
6          <!-- Pattern to match in user input -->
7          <!-- If user enters "LOAD AIML B" -->
8          <pattern>LOAD BRAIN</pattern>
9
10         <!-- Template is the response to the pattern -->
11         <!-- This learn an aiml file -->
12         <template>
13           <learn>d:\\data\\project\\aiml\\standard\\*.aiml</learn>
14           <!-- You can add more aiml files here -->
15           <!--<learn>more_aiml.aiml</learn>-->
16         </template>
17       </category>
18   </aiml>
```

內容非常類似普通的 AIML 資料庫文字檔，都是以 <category> 定義一個知識類別，這裡的句型是固定的 LOAD BRIAN，回應則是具體的呼叫操作 <learn>：

```
<learn>d:\\data\\project\\aiml\\standard\\*.aiml</learn>
```

因此，最後一個命令才能要求對 LOAD BRAIN 輸入進行動作，亦即產生載入資料庫的行為。

匯入相關的資料庫以後，就可以利用剛剛定義好的 %ask 巨集命令，在 Jupyter Notebook 中提問。

因為稍早前定義的問題庫沒有提問的相關句型和物件，所以 AIML 無法很好地回應。

當然，利用平時收集的商業資料，讀者可以根據自己的需求，快速建置一些有特定主題的簡易應答機器人，對於常見的問題，它們也能夠妥善地回答。如果想要建構更為智慧的對話機器人，請繼續學習下面兩節的內容。

8.3 基於深度學習的檢索式對話系統

前一節基於 AIML 的聊天對話系統，雖然成功應用於早期的商業客服領域，但是有幾個大問題阻礙了更大範圍的應用。

首先，對話庫的建立需要累積大量的人力和時間。儘管 AIML 系統開源專案已經公開數十萬句英語對話，但是將其轉換為中文，仍然需要大量的工作。此外，這些對話仍然基於一般的聊天場景，並非針對某一種具體業務，而這類系統最實用的場景反而是後者。如果打算建立這套應用系統，工作量仍然十分巨大。

其次，雖然 AIML 系統提供一些功能，能夠賦予聊天對話系統一定的靈活性，例如針對物件的記憶、適配、遞迴等，但是其功能仍然受到極大限制。

第三，AIML 系統在本質上仍然是一套檢索性質的系統，而且屬於硬性比對，面對沒有見過的詢問模式，便無法檢索到答案，影響使用者體驗。

基於深度學習的檢索式對話系統，在後兩點有較大的改進。透過機器學習，可以實現軟性比對，不要求詢問語句模式一定要存放在問題庫裡。當透過對詞彙和其組織順序的建模，發現有較高機率符合的資料點，就能達到比較好的回應。其次，深度學習方法提供更高的靈活性，能夠實現記憶和識別等功能。下文藉由一個簡單的範例，學習如何在 Keras 裡訓練基於深度學習的檢索式對話系統。

8.3.1　對話資料的建構

討論建模之前，一項很重要的工作是處理資料。公開的對話資料，特別是帶標記、可用於索引式對話模型建模的中文對話不是很好找。這裡採用的訓練資料是英文版 Ubuntu 論壇的對話，此為目前較大量帶標記的對話資料，由 McGill 大學的 Ryan Lowe、Nissan Pow、Iulian V. Serban 和 Joelle Pineau 建立。他們依此建構了一個索引式深度學習多輪對話系統，發表於 SIGDial 2015 會議上。

可連結以下網站下載原始資料：http://dataset.cs.mcgill.ca/ubuntu-corpus-1.0/。

此處也為讀者下載了包括原始資料，以及處理後的二進位 pickle 資料，放在本書的下載資源中，方便讀者使用。

接下來討論資料的建構，如此在將其應用到自己的專案時，就知道如何從原始對話資料進行組織和標記，進而納入下面的建模框架開始建模。Ubuntu 對話資料的特點，非常適合特定領域自動客服和導購系統的建置，因為這類對話具有以下特定的性質。

(1) 對話內容涵蓋非常具體的領域，但涉及的內容比較窄。

(2) 雙人應答式多輪對話。

(3) 資料量大，一般要求數百萬筆對話以便訓練深度學習模型。

圖 8.2 展示從一個原始對話，擴展為可建模用雙人多輪對話的過程。

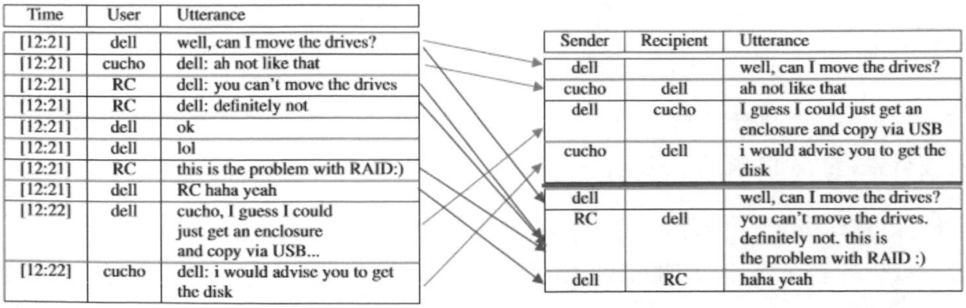

Time	User	Utterance
[12:21]	dell	well, can I move the drives?
[12:21]	cucho	dell: ah not like that
[12:21]	RC	dell: you can't move the drives
[12:21]	RC	dell: definitely not
[12:21]	dell	ok
[12:21]	dell	lol
[12:21]	RC	this is the problem with RAID:)
[12:21]	dell	RC haha yeah
[12:22]	dell	cucho, I guess I could just get an enclosure and copy via USB...
[12:22]	cucho	dell: i would advise you to get the disk

Sender	Recipient	Utterance
dell		well, can I move the drives?
cucho	dell	ah not like that
dell	cucho	I guess I could just get an enclosure and copy via USB
cucho	dell	i would advise you to get the disk
dell		well, can I move the drives?
RC	dell	you can't move the drives. definitely not. this is the problem with RAID :)
dell	RC	haha yeah

圖 8.2　Ubuntu 多人多輪對話的處理

從圖 8.2 得知，一篇長對話根據標記劃分為兩人之間的對話，如果回答沒有引用是針對誰，例如圖 8.2 中使用者 RC 的回答，那麼這兩次沒有應用客戶的回答，都被歸入上一次最新引用的回應中。

要強調的是，很多讀者可能認為在內部系統中，客服資料已經是一種很乾淨的單一話題雙人多輪對話，為何這裡還要介紹如何處理這類型資料的過程？因為在實際業務中，可能某一個單次對話是典型的雙人多輪對話，但是很多時候一次客服的過程並不能解決客戶的疑問，他有時候會間隔一兩天或者更長時間再跟客服聯繫，要求解決同樣的問題，這在一些比較複雜的業務場景經常出現。例如作者以前所在的財險公司，當保險客戶要求增加保險標的，或者修改保險條款時，有超過 25% 的情況需要聯繫客服一次以上。由於這些業務問題往往涉及多個面向，諸如修改保險標的包括多標的折扣、條款修改，新文件寄送，以及增值服務銷售等，有時候客服或者客戶無法一次想到所有的相關問題。倘若仍然只用一次聯繫的資料作為訓練，那麼訓練結果便無法反映這種深刻的關聯。但是，如果能夠解決這種相關話題的涵蓋問題，不僅能提高客服對話系統的智慧性，還能應用於訓練新的人工客服。

因為打算建立一個索引式的深度學習對話系統，所以本質上需要產生一種基於深度學習演算法加上記憶功能的分類模型，並且還得進一步處理這組已經分成雙人多輪對話的資料，具體包括以下三個部分。

(1) 首先，將整個對話分成兩個部分，即背景＋回應。背景是一段對話在截止回應之前的所有相關文字，如果有多輪對話，則各段文字之間以一個特定的符號隔開。回應就是截止該輪對話之後的立即回答。例如針對前面叫作 dell 和 cucho 客戶的對話，在第二輪對話之後，其背景是兩人對話的前兩句：

```
dell : well, can I move the drives?
cucho: ah not like that.
```

而回應則是 dell 對 cucho 說的第 2 句話：

```
I guess I could just get an enclosure and copy via USB.
```

在第三輪對話之後，其背景是對話的前三句：

```
dell : well, can I move the drives?
cucho: ah not like that.
dell: I guess I could just get an enclosure and copy via USB.
```

而回應則是 cucho 對 dell 說的第二句話：

```
I would advise you to get the disk.
```

請注意，背景的文字是將本輪對話之前的所有對話集合起來，並以特殊字串分開。例如原作者會將上面的背景寫成：

```
well, can I move the drives _EOS_ ah not like that _EOS_ I guess I
could just get an enclosure and copy via USB.
```

這裡不使用「；」、「，」或者「。」等標點符號，主要是因為原有語句的內容可能包含這些常用或不常用的標點符號，因此採用非常特殊、專門組成的分割字串是比較理想的選擇。

此處不需要出現使用者 ID。

(2) 其次，因為這是一個分類問題，因此需要產生正確的回應，以及一個或者多個不正確的回應，這樣深度學習演算法才能訓練模型。讀者可能會問，在標準的對話系統裡，回應肯定都是針對問題，都是正確的，怎麼找出不正確的回應呢？這裡是透過在與此次對話不相關的其他對話的回應中，隨機抽樣取得。根據具體情況，可以隨機取樣一個或者多個不相關的回應。

(3) 最後，對於正確的回應及其背景，產生一個標識為 1，屬於正樣本；對於同樣的背景和隨機抽取的不正確回應配對，產生一個標識為 0 或 -1，屬於負樣本。

如此一來，處理後的資料就是一個三維對話，如表 8.1 所示。

表 8.1　最終資料集的構造

背景	回應	標識
well, can I move the drives _EOS_ ah not like that	I guess I could just get an enclosure and copy via USB	1
well, can I move the drives _EOS_ ah not like that	That's interesting	0

背景	回應	標識
well, can I move the drives _EOS_ ah not like that	Prior to applying the method you need to fix something	0
well, can I move the drives _EOS_ ah not like that _EOS_ I guess I could just get an enclosure and copy via USB	I would advise you to get the disk	1
well, can I move the drives _EOS_ ah not like that _EOS_ I guess I could just get an enclosure and copy via USB	lol	0
…		

8.3.2　建構深度學習索引模型

處理完資料以後，若想運用上面的三維對話資料建構索引式對話系統，可以使用一個基於深度學習的分類模型來進行。一般來說，一個分類模型的建模包含以下幾個部分：

(1) 選擇模型。

(2) 資料預處理，使其適合所用的模型。

(3) 對模型進行擬合。

(4) 檢驗模型效能，結合上一步調整參數。

這裡選用原作的雙編碼長短期記憶（Dual Encoder LSTM）模型。該模型在原文中展現最好的效能，因為 LSTM 能夠記憶較長的內容，比較適合多輪對話的場景。這個模型的結構如圖 8.3 所示。

圖 8.3 針對一段對話的背景和回應分別編碼，以建立長短期記憶模型，再合併計算餘弦相似度的結構。其中上半部循環時間模型對應的是背景資料，c_t 表示 t 時刻的背景資訊，h_t 則是狀態變數；下半部分對應的是應答模型，r_t 代表 t 時刻的回應。函數 σ 則是合併函數。

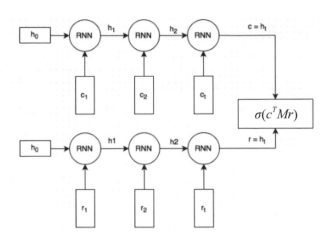

圖 8.3　雙編碼長短期記憶模型

對於含有文字的資料，正如第 1 章所提，一般要先進行必要的預處理使其變為索引數字。以英文為例，預處理包括分詞（tokenization）、詞幹（stemming）、詞形還原（lemmatization）等。對於中文來說，預處理則包含分詞等操作。一旦操作結束，經過處理後的每個單詞或單字都用來建立一個索引，並且分配一個索引下標；如此一來對文字的建模，就變成對索引標號（整數）的建模。

取得索引標號後，每一段對話的背景和回應都是一組整數。最長一段對話的背景有 2002 個索引號，最短的只有 3 個索引號，平均是 162.5 個索引號，中位數則是 120 個索引號，因此還是屬於高維度的資料。下面用 120 個索引號作為建模的對話長度。

實踐時使用已經讀取與索引好的檔案 dataset.pkl。此為一個 Python 的 pickle 二進位檔案，可從本書提供的下載資源下載。pickle 檔案透過下列命令讀取：

```
1   with open("D:\\temp\\dataset_1MM\\dataset.pkl", "rb") as f:
2       data = pickle.load(f)
```

對於一組索引下標向量，利用 Keras 嵌入向量時，最簡單的方法就是將每個長短不一的向量補齊以後，再用 Embedding 方法進行映射，以上操作可以藉由下面的程式碼實現。

讀取檔案後是一個詞典資料，data[0] 是訓練資料，data[1] 和 data[2] 分別是測試資料和建模資料。每一項資料包含 3 個元素：c、r、y。其中 c 代表對話上下文，透過 data[0]['c'] 獲得，r 代表對應的回應句，y 是一個二分變數，說明該回應是否為想要的答案，二者可分別藉由 data[0]['r'] 和 data[0]['y'] 取得。

在 Dual Encoder LSTM 模型中，首先針對原資料的上下文和回應部分，分別進行嵌入操作，將較大維度的資料降到較低的維度。例如雖然可以使用 120 作為建模的對話長度，但是也可改用上下文的最大全長 2002 作為建模長度，然後將資料透過嵌入操作，投射到 256 維甚至是 64 維的空間。其次，將嵌入後的資料納入 LSTM 模型，以便針對相關對話進行建模，得到新的上下文 c 和回應 r。此時需要透過相乘的合併操作組合 c 和 r，形成最佳的待預測回應，並利用一個全連接層和 softmax 啟動函數，將其作為回應是否符合要求的預測值。

下文介紹實作的程式碼。這裡使用通用模型建構 Dual Encoder LSTM 模型。在撰寫神經網路模型的程式碼之前，還需要進行一些預操作，以取得建模所需的一定數量，例如最大的對話長度、索引最大值等。

首先匯入必要的程式庫：

```
1   import keras
2   from keras.models import Model
3   from keras.layers import Input, Dense, Embedding, Reshape, Dot,
    Concatenate, Multiply, Merge
```

其次，計算基本的資料，例如最大對話長度：

```
1   context_length=np.max(list(map(len, data[0]['c'])))
2   #print(context_length)
3   response_length=np.max(list( map(len, data[0]['r'])))
4   #print(response_length)
```

當然，可以人為修改最大對話長度為 120 或其他的正整數值：context_length = 120。

下面計算索引空間的大小：

```
1   context_size = np.max(list(map(lambda x: max(x) if len(x)>0 else 0,
    data [0]['c'])))
2   response_size = max(list(map(lambda x: max(x) if len(x)>0 else 0,
    data[0]['r'])))
3   volcabulary_size=max(context_size, response_size)
```

然後指定一些建模的參數。這裡設定嵌入的空間維度為 64，LSTM 的維度也是 64。原模型裡都設為 256，但是需要極好的硬體才能運行模型，否則會出現視訊記憶體不足的錯誤。下列的參數設定同樣適用於 GTX 1060 這類的低階 GPU。

```
1  embedding_dim=64
2  lstm_dim=64
```

接著開始建構 Dual Encoder LSTM 模型。首先將上下文進行嵌入編碼並納入 LSTM 模型：

```
1  context=Input(shape=((context_length,)), dtype='Int32', name='context_input')
2  context_embedded=Embedding(input_length=context_length, output_dim =
   embedding_dim, input_dim=volcabulary_size)(context)
3  context_lstm=LSTM(lstm_dim)(context_embedded)
```

利用同樣的方法，將回應部分的資料也納入模型。

```
1  response_length=120
2  response=Input(shape=((response_length,)), dtype='Int32', name = '
   'response_input')
3  response_embedded=Embedding(input_length=response_length, output_dim =
   embedding_dim, input_dim=volcabulary_size)(response)
4  response_lstm=LSTM(lstm_dim)(response_embedded)
```

現在進行 m 合併。在 Keras 2.0 裡，原有的 Merge 層會被逐漸褪去，取而代之的是對應每個合併模式（mode）的方法，例如 Add、Multiply、Dot 等。這裡使用 Multiply 合併 LSTM 產生的上下文和回應部分，並透過一個全連接層將資料輸出至兩個維度，再應用 softmax 啟動函數預測是否為滿意的回應：

```
1  x = Multiply()([context_lstm, response_lstm])
2  yhat = Dense(2, activation='softmax')(x)
```

通用模型的最後一步，必須以 Model 方法關聯輸入和輸出。輸入有兩個部分：上下文和回應，因此輸入只要指定一個包含兩個變數的列表，而輸出部分便對應至預測的回應是否為滿意的結果：

```
model = Model(inputs=[context, response], outputs=yhat)
```

這是一個二分分類器，因此損失函數使用常見的 binary_crossentropy，優化器相對也採用常見的 RMSprop 演算法。編譯完模型之後，還可以透過 summary 方法查看模型的大小和結構：

```
1  model.compile(optimizer='rmsprop',
2    loss='binary_crossentropy',
3    metrics=['accuracy'])
4  model.summary()
```

模型的結構如下所示：

```
1  ----------------------------------------------------------------
2  Layer (type) Output Shape Param # Connected to
3  ================================================================
4  context_input (InputLayer) (None, 120) 0
5  response_input (InputLayer) (None, 120) 0
6  embedding_1 (Embedding) (None, 120, 64) 9276928 context_input[0][0]
7  embedding_2 (Embedding) (None, 120, 64) 9276928 response_input[0][0]
8  lstm_1 (LSTM) (None, 64) 33024 embedding_1[0][0]
9  lstm_2 (LSTM) (None, 64) 33024 embedding_2[0][0]
10 multiply_1 (Multiply) (None, 64) 0 lstm_1[0][0]
11 lstm_2[0][0]
12 dense_1 {Dense) (None, 2) 130 multiply_1[0][0]
13 ================================================================
14 Total params: 18,620,034
15 Trainable params: 18,620,034
16 Non-trainable params: 0
```

該模型有超過 1800 萬個參數，主要取自於嵌入層部分。求得模型之後還不能擬合到資料上，因為資料量太大，會直接導致記憶體不足。此時需要改用 Python 的 data generator 依序產生局部資料，以供模型建模使用：

```
1  def data_gen(data, batch_size=100):
2    from keras.preprocessing.sequence import pad_sequences
3    contextRaw = data['c']
4    responseRaw = data['r']
5    yRaw = data['y']
6
7    number_of_batches = len(contextRaw) // batch_size
```

```
8    counter=0
9
10   context_length=np.max(list(map(len, contextRaw)))//3
11   response_length=np.max(list( map(len, responseRaw)))//3
12
13   context_length=120
14   response_length=120
15
16   while 1:
17      lowerBound = batch_size*counter
18      upperBound = batch_size*(counter+1)
19      Ctemp = contextRaw[lowerBound : upperBound]
20      C_batch = pad_sequences(Ctemp, maxlen=context_length, padding='post')
21      C_res = np.zeros((batch_size, context_length), dtype=np.int)
22
23      Rtemp = responseRaw[lowerBound : upperBound]
24      R_batch = pad_sequences(Rtemp, maxlen=response_length, padding='post')
25      R_res = np.zeros((batch_size, response_length), dtype=np.int)
26      for k in np.arange(batch_size):
27         C_res[k, :] = C_batch[k, :]
28         R_res[k, :] = R_batch[k, :]
29      y_res= keras.utils.to_categorical(yRaw[lowerBound : upperBound])
30      counter += 1
31      yield([C_res.astype('float32'), R_res.astype('float32')], y_res.
         astype('float32'))
32      if (counter < number_of_batches):
33         counter=0
```

這個 data generator 很簡單。首先將資料按照詞典的 key 分為上下文、回應和回應正確的判斷三部分。接著依序以 batch_size 大小，後端補齊之後截取前 120 個字元索引轉換為矩陣形式；針對回應判斷的因變數部分，透過 keras.utils.to_categorical() 方法直接變為二維矩陣。請注意最後的輸出，這裡輸出兩個元素的 tuple，第一個元素是包含上下文和回應的二元素清單，這樣才能被 Keras 正確理解。

在一台使用 GTX 1060 GPU 的機器上，使用下列命令便可順利執行該模型：

```
1   batch_size=100
2   model.fit_generator(data_gen(data[0], batch_size=batch_size), steps_per_
    epoch=len(data[0]['c'])//batch_size, epochs=1)
```

但是模型訓練的時間較長：

```
1  #Y = keras.utils.to_categorical(data[0]['y'], num_classes=2)
2  batch_size=100
3  model.fit_generator(data_gen(data[0], batch_size=batch_size),
   steps_per_epoch=len(data[0]['c'])//batch_size, epochs=1)
4  Epoch 1/1
5    244/10001 [............................] - ETA: 3776s - loss:
     0.0586 - acc: 0.9700
```

有興趣的讀者可以訓練一下該模型，觀察看看效果如何。

8.4 基於文字產生的對話系統

前一節基於索引資訊取回式的對話系統中，如果在一個問句或者對話背景找不到比較好的配對，那麼機器選擇的回應可能會顯得風馬牛不相及。這時有以下兩種選擇。

一是當符合應答的分數低於一個門檻值時，給定一個預設應答，用來表示該系統無法應對，例如「我不理解您的問題，能不能換一種說法？」之類提示使用者。二是使用基於文字產生的對話機器，在更多情況下盡可能提供更為智慧的應答。

本節將介紹如何使用遞歸神經網路自動產生智慧應答。

這裡使用作家老舍的小說《四世同堂》作為訓練資料，或者根據自己的應用和業務環境，選擇合適的資料。

在很多英文環境的產生式對話系統中，建模的單位有單字和單字元兩種。前者為每個進行過預處理的單字詞根建立索引，然後以單詞在該索引的映射作為原始資料來建模。而後者針對每個英文字元，包括大小寫字母、阿拉伯數字以及其他字元等建立索引，然後根據每個字元在該索引的映射作為原始資料來建模。中文也有對應的兩種情況。一種是對中文分詞以後的片語建立索引並建模，另外一種就是對每個中文單字及符號等建立索引並建模。

根據以往的經驗，在英文環境下，很多基於字元進行的建模都取得不錯的效果。但在中文環境下，中文分詞有時候是個問題，許多具體業務要求建立自己的分詞庫，才能準確得到對應的片語。如果採用已有的通用分詞庫，很可能無法得到較好的分詞效果，不能有效分割一些新出現的片語，而這些新的片語往往是業務發展的體現；因此，即使是較少的錯誤分詞，仍然可能造成較大的問題。例如在沒有即時更新詞庫的情況下，「……和美國總統川普通話」，這段話會被切分為 [和，美國，總統，川，普通話]。為了簡化建模流程，在未專門制定分詞庫的情況下，我們選擇對單個中文字及相關符號進行建模，這樣就跳過建立自己的分詞庫或使用通用分詞庫，但是分詞效果不一定比較好的情況。

可以一次性地讀取訓練文字：

```
alltext = open("e:\\data\\Text\\ 四世同堂 .txt", encoding='utf-8').read()
```

結果是一個巨大的字串列表。因為將以每個單字作為建模物件，所以這種方式最方便日後的操作。如果要以片語和單句建模，則分段讀入最佳。《四世同堂》這本書一共有 3545 個不重複的單字和符號。

按照針對文字序列建模的順序，依序進行下面的操作。

(1) 對所有待建模的單字和字元進行索引。

(2) 建構句子序列。

(3) 建立神經網路模型，對索引標號序列進行向量嵌入後的向量，建置長短期記憶神經網路。

(4) 最後檢驗建模效果。

針對單字和字元建立索引非常簡單，使用下面三句命令即可：

```
1  sortedcharset = sorted(set(alltext))
2  char_indices = dict((c, i) for i, c in enumerate(sortedcharset))
3  indices_char = dict((i, c) for i, c in enumerate(sortedcharset))
```

第一句利用 set 函數擷取每個單字的集合，再按照編碼從小到大排序。第二句對每個單字進行編號索引；第三句執行反向操作，對每個索引建立單字的詞典，主要是為了方便預測出來的索引標號向量，轉換為人類能夠閱讀的文字。

建構句子序列也非常簡單：

```
1  maxlen = 40
2  step = 3
3  sentences = []
4  next_chars = []
5  for i in range(0, len(alltext) - maxlen, step):
6      sentences.append(alltext[i: i + maxlen])
7      next_chars.append(alltext[i + maxlen])
8  print('nb sequences:', len(sentences))
```

建構句子序列肇因於原始資料是單字列表，因此需要人為建置句子的序列來模擬。在上述的程式碼中，maxlen=40 標識人工造句的長度為 40 個單字，step=3 表示在造句時每次跳過 3 個單字。例如以這串單字列表「這首小令是李清照的奠定才女地位之作，轟動朝野。傳聞就是這首詞，使得趙明誠日夜作相思之夢，充分說明了這首小令在當時引起的轟動。又說此詞是化用韓偓《懶起》詩意。」來造句時，假設句子長度為 10，那麼第一句是「這首小令是李清照的奠」，第二句則是移動 3 個單字以後的「令是李清照的奠定才女」。跳字的目的是增加句子與句子之間的變化，否則每兩個相鄰句子之間只有一個單字的差異。這兩個相鄰句子用來建構前後對話序列，缺乏變化使得建模效果不好。當然，如果跳字太多，便會大幅降低資料量。例如《四世同堂》一共有 711501 個單字和符號，每隔三個字或符號進行跳字操作時，建構的句子只有 237154 個，乃是原資料量的 1/3。如何選擇跳字的個數，是在建模時必須根據情況調整的一個參數。

請注意，因為人工造句有固定的長度，因此不需要補齊句子。同時，這些句子的向量其實都是一個疏鬆陣列，因為它們只計入包含資料的索引編號。

完成人工造句後就可以進行矩陣化，亦即對於每一句話，將其中的索引標號映射到所有出現的單字和符號，每句話對應 40 個字元的向量，被投射到一個 3545 個元素的向量。在這個向量中，如果某元素出現在這句話，則其值為 1，否則為 0。

下面的程式碼執行前述操作：

```
1  print('Vectorization...')
2  X = np.zeros((len(sentences), maxlen, len(sortedcharset)), dtype=np.bool)
3  y = np.zeros((len(sentences), len(sortedcharset)), dtype=np.bool)
```

```
4   for i, sentence in enumerate(sentences):
5       if (i % 30000 == 0):
6           print(i)
7           for t in range(maxlen):
8               char=sentence[t]
9               X[i, t, char_indices[char]] = 1
10      y[i, char_indices[next_chars[i]]] = 1
```

新產生的資料量非常大，例如 X 是一個 237154×40×3545 的實數矩陣，實際計算時佔用的記憶體超過 20GB。因此，這裡需要採用前文提及的資料產生器（data generator）方法，針對一個具有較小批量數的樣本進行投射操作。可透過下面這個很簡單的函數實現：

```
1   def data_generator(X, y, batch_size):
2       if batch_size<1:
3           batch_size=256
4       number_of_batches = X.shape[0]//batch_size
5       counter=0
6       shuffle_index = np.arange(np.shape(y)[0])
7       np.random.shuffle(shuffle_index)
8       #reset generator
9       while 1:
10          index_batch = shuffle_index[batch_size*counter:batch_
            size*(counter+1)]
11          X_batch = (X[index_batch,:,:]).astype('float32')
12          y_batch = (y[index_batch,:]).astype('float32')
13          counter += 1
14          yield(np.array(X_batch),y_batch)
15          if (counter < number_of_batches):
16              np.random.shuffle(shuffle_index)
17              counter=0
```

這個函數與前面的 batch_generator 函數非常相似，主要區別是前者同時產生小批量的 X 和 Y 矩陣，另外要求輸入和輸出資料都是 NumPy 多維矩陣而非列表的列表。由於 Python 裡的數值資料是 float64 類型，因此專門以 astype('float32') 將矩陣的資料類型強制定為 32 位浮點數，以符合 CNTK 對資料類型的要求，如此便不需要在後台再進行資料類型的轉換，進而提高效率。現在可以開始建構長短期記憶神經網路模型。此刻再次體現 Keras 的有效建模能力，底下短短幾個命令就能建置一個深度學習模型：

```
1  # build the model: a single LSTM
2  batch_size=256
3  print('Build model...')
4  model = Sequential()
5  model.add(LSTM(256, batch_size=batch_size, input_shape=(maxlen, len
   (sortedcharset)), recurrent_dropout=0.1, dropout=0.1))
6  model.add(Dense(len(sortedcharset)))
7  model.add(Activation('softmax'))
8
9  optimizer = RMSprop(lr=0.01)
10 model.compile(loss='categorical_crossentropy', optimizer=optimizer)
```

其中第四句命令指定要產生一個序列模型，第五到第七句命令要求依序增加三層
網路，分別是長短期記憶網路和全連接網路，最後使用 softmax 的啟動層輸出預
測。在長短期記憶網路裡，規定輸入資料的維度為（時間步數，所有不重複出現
的字元個數），即輸入的資料對應至每句話處理以後的形式，並且對輸入神經元
權重和隱藏狀態權重，分別設定了 10% 的放棄率。全連接層的輸出維度為所有字
元的個數，便於最後的啟動函數計算。最後兩句命令指定網路最佳化演算法的參
數，例如設定損失函數為典型的 categorical_crossentropy，最佳化演算法則是指定
學習速率為 0.01 的 RMSprop 演算法。就遞歸神經網路來說，此演算法的表現通
常較好。

最後開始訓練模型：

```
model.fit_generator(data_generator(X, y, batch_size), steps_per_epoch =
X.shape[0]//batch_size, epochs=50)
```

這裡採用 fit_generator 方法，而不是平時所用的 fit 方法，資料登錄也是透過 data_
generator() 函數。fit_generator 會批量讀取資料，從疏鬆陣列變為密集矩陣，然後
計算，如此便大幅降低記憶體的壓力。下面展示擬合過程前 5 個反覆運算的時間
和損失函數的值：

```
1  Epoch 1/50
2  926/926 [==============================] - 352s - loss: 9.4287
3  Epoch 2/50
```

```
 4  926/926 [==============================] - 352s - loss: 6.3527
 5  Epoch 3/50
 6  926/926 [==============================] - 349s - loss: 6.1262
 7  Epoch 4/50
 8  926/926 [==============================] - 351s - loss: 6.1481
 9  Epoch 5/50
10  926/926 [==============================] - 350s - loss: 6.1949
```

如果不強制轉換資料類型，執行時間會增加大約 110 秒。最後看一下效果，先隨機抽取一組 40 個連續的字元，然後產生對應投射到所有字元空間的引數 x：

```
1  start_index=2799
2  sentence = alltext[start_index: start_index + maxlen]
3  sentence0=sentence
4  x = np.zeros((1, maxlen, len(sortedcharset)))
5  for t, char in enumerate(sentence):
6      x[0, t, char_indices[char]] = 1.
```

接下來依序預測每一句的下 20 個字元，並根據預測得到的索引標號，找出對應的文字供人閱讀：

```
1  generated=''
2  ntimes = 20
3  for i in range(ntimes):
4      preds = model.predict(x, verbose=0)[0]
5      next_index = sample(preds, 0.1)
6      next_char = indices_char[next_index]
7      generated+=next_char
8      sentence = sentence[1:]+next_char
```

有人可能會留意到這裡有一個 sample 函數，它從預測結果得到新產生的文字。因為這個模型返回的是對應於每個字元在下一句裡出現的機率，而這個函數就負責根據此機率對所有索引標號進行隨機取樣。sample 函數還有第二個參數，用來控制機率差異的擴大或縮小。這個參數通常稱為「溫度（temperature）」，作用於語句 preds = np.log(preds) / temperature，當溫度參數為 1 時，代表不影響預測機率；當溫度參數小於 1 時，預測機率的差異被擴大，有利於增加產生語句的多樣性；當溫度參數大於 1 時，預測機率的差異被縮小，便縮小產生語句的多樣性，亦即多數時候產出的語句都非常相似，有很多單字會不斷地重複出現。一般來說，溫度參數應該設得比較小，實驗通常設在小於 0.1 的水準。sample 函數的程式碼如下：

```
1  def sample(preds, temperature=1.0):
2      preds = np.asarray(preds).astype('float64')
3      scaled_preds = preds ** (1/temperature)
4      preds = scaled_preds / np.sum(scaled_preds)
5      probas = np.random.multinomial(1, preds, 1)
6      return np.argmax(probas)
```

那麼，結果如何呢？隨機選擇的字串如下：

一句，小順兒的媽點一次頭，或說一聲「是」。老人的話，她已經聽過起碼有五十次，但是

而產生的字串如下：

不知道，他的心中就是一個人，而只覺得自己

乍看之下，其實還讀的通，但是仔細閱讀後，就發現整個句子跟上下文並無任何關係。原因可能是模型不夠複雜，無法抓取很多潛在資訊，也很可能是資料量太小。一般來說，訓練這類產生式模型需要數百萬筆語句，才能得到較好的結果，而《四世同堂》這本小說還達不到這個水準。不過實際應用時，一般公司都會累積大量的客服對話資料，因此資料量不會成為模型的瓶頸。

8.5 總結

本章由淺入深地介紹三種建構對話機器人的方法，其中有兩種屬於索引式模型，一種屬於最新的產生式模型。第一種是在深度學習流行之前的技術，使用 AIML 標記語言建構大量的應答庫，並透過現有對文字結構的理解建置簡單的對話系統。這種方式費時費力，靈活性差，擴展性差，智慧度低，很難架構多輪對話系統，但是因為應答都是真人產生的，不會有語法錯誤，語言誤差，所以適用於簡單集中的業務環境。

第二種使用深度學習方法，尋找對應於目前對話背景的最佳應答。相對於第一種方法降低很多人工建構應答庫的工作，靈活性高，擴展性強，具有一定智慧度，可用來建置多輪對話系統。

第三種是目前最新研究的領域，採用深度學習技術即時產生應答，靈活度和智慧度都極高，屬於自動擴展，但是要求極大量的資料累積和比較複雜的模型，才能得到較好的結果。通常第三種系統需要與第二種系統相結合，在後者已有的應答庫無法找到令人滿意的選項時，再啟用第三種系統即時產生應答。

09

時間序列

9.1 時間序列簡介

時間序列是經常出現在商業或工程資料的一種資料形式，並以時間作為次序排列，以便描述和計量一系列過程或行為的資料的統稱。例如每天商店的收入流水帳，或者某個工廠每小時的產品產出，都是時間序列資料。一般有兩種類型的時間序列資料。最常見的是追蹤單一計量資料隨時間變化的情況，亦即每個時間點收集的資料是一維的變數，這是最為常見與預設的時間序列，也是本章研究的主題。另外一種時間序列資料是：多個物件或多個維度的計量資料隨時間變化的情況，即每個時間點收集的資料是一個多維變數，通常稱為縱向資料（Longitudinal Data），但是不屬於本章研究的主題。

本章首先說明幾個與時間序列相關的基本概念，例如平穩性（Stationarity）與隨機漫步（Random Walk）等；其次介紹相關資料範例；最後引進深度學習的遞歸神經網路（RNN）模型，以及其變形長短期記憶人工神經網路（LSTM），此為實踐時將深度學習技術應用於時間序列資料最常見的模型。最後應用 LSTM 至範例資料進行分析和預測，然後展示實際的效果。本章以實踐為主，強調具體概念和模型的應用，希望在讀完本章以後能夠快速應用到工作上。

為了便於執行下面的程式，首先將必要的程式庫提前載入系統。這些常用的程式庫包括 Pandas、Numpy、Matplotlib 以及 StatsModels。

```
1   %matplotlib inline
2   import pandas as pd
3   import numpy as np
4   import statsmodels.api as sm
```

```
5  import matplotlib.pyplot as plt
6  from sklearn.preprocessing import MinMaxScaler
7  plt.rcParams['figure.figsize']=(20, 10)
```

接著透過下列命令檢查 StatsModels 的版本：

```
sm.version.full_version
```

螢幕上顯示目前所用的版本為 0.8.0。如果小於此版本的話將無法執行底下的範例，記得要安裝較新版本的 StatsModels。

9.2 基本概念

有效的時間序列分析依賴幾個核心概念。若能熟悉掌握這些核心概念，分析師在實際面對資料時就能有效地切入。

最核心的概念是平穩性（Stationarity）。分析時間序列資料時，需要考慮時間序列反映的隨機過程是否穩定。如果不穩定，說明其來自的總體發生變化，那麼在忽略這種情況下進行的分析便無效，特別是無法有效地應用於針對未來事件的預測。時間序列資料 y_t, t = 1, ..., T 的穩定性定義有很多種角度，其中使用最廣泛的就是數學上所講的弱平穩性，定義如下：

y_t 的期望值 E(y_t) 不是時間 t 的函數：

$\quad$ E(y_t) = μ

y_s 和 y_t 之間的共變異數，只是時間單位差絕對值 |s-t| 的函數：

$\quad$ Cov(y_s, y_t) = Cov(y_{s+z}, y_{t+z})

具體而言，在弱平穩性的假設條件下，期望值不依賴於時間而變化，例如 E(y_4) = E(y_8)；而共變異數只是兩個序列時間間隔的區間函數，例如 Cov(y_4, y_6) = Cov(y_7, y_9)，因為 y_4, y_6 和 y_7, y_9 一樣只間隔兩個時間點。第二個假設隱含的意思就是：弱平穩性的時間序列方差恒定（Homoscedasticity），亦即 Cov(y_t, y_t) = Cov(y_s, y_s) = σ^2。

比弱平穩性更強的數學假設條件為強平穩性，也稱為嚴格平穩性，表示要求隨機變數 y_t 的整個機率分佈不隨時間的改變而變化。但是在一般的應用場景下，滿足弱平穩性條件已經能夠適用於大多數模型。

第二個概念為白色雜訊（White Noise）。這是研究隨機過程中經常出現的概念，代表聯繫橫截面資料（Cross Sectional Data）和縱向資料的連接。嚴格來講，白色雜訊是具有獨立同分佈 (i.i.d) 的資料序列，亦即沒有特定隨時間變化特徵滿足平穩性條件的資料。當然，這類型的資料很多，白色雜訊只是其中一種；另外一種滿足平穩性條件的時間序列資料類型，就是本章即將提到的自回歸過程。在時間序列研究中，白色雜訊資料之所以重要的原因是：所有時間序列的技術都是將一組資料透過一系列過程，儘量變成一個白色雜訊資料，此系列的過程就稱為濾鏡（filter）。

白色雜訊資料的特點是：對其點預測和其變異量數不依賴於預測的深遠，只與樣本資料的均值和變異量數有關。舉例來說，如果有個白色雜訊過程 y_t, t = 1, ..., T，若想預測 T+s 期未來資料的大小，則其最佳的期望值為樣本平均值 $\bar{y}$，而預測的置信賴區間為：

$$\bar{y} \pm t_{T-1,1-\alpha/2}\sqrt{(1 + 1/T)}s_y$$

其中 s_y 為樣本方差根，而 $t_{T-1,1-\alpha/2}$ 則是自由度為 T-1 的 T- 分佈統計量百分位 α 的對應值，通常在 95% 百分位下大約為 2。

第三個概念是隨機漫步（Random Walk）。白色雜訊時間序列的累加就構成一個隨機漫步時間序列。舉例來說，如果 z_t, t = 1, ..., T 便是一組白色雜訊序列，則 $y_t = \sum_1^t z_t$, t≥1 便構成一組隨機漫步序列。圖 9.1 展示一個均值為 0.1，標準差為 2 的 100 個時間點的白色雜訊，以及其對應的隨機漫步時間序列。圖 9.1 由下列程式產生。

```
1   np.random.seed(1291)
2   z = np.random.normal(0.1, 2, 100)
3   y = np.cumsum(z)
4
5   fig, ax1 = plt.subplots()
6   plt.plot(z, label="White Noise")
7   plt.plot(y, label="Random Walk")
8   plt.legend()
9   plt.show()
10
```

```
11 mean1 = np.round(np.mean(y[:20]), 4); mean2=np.round(np.mean(y[-20:]), 4);
12 std1 = np.round(np.std(y[:20]), 4); std2=np.round(np.std(y[-20:]), 4)
13
14 print(" 前 20 個資料點的均值為 %.4f, 標準差為 %.4f" %(mean1, std1))
15 print("\\")
16 print(" 後 20 個資料點的均值為 %.4f, 標準差為 %.4f" %(mean2, std2))
```

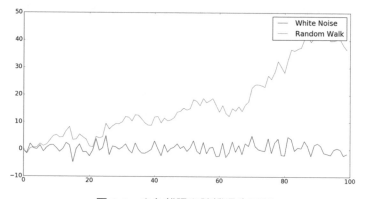

圖 9.1　白色雜訊和隨機漫步圖例

從圖 9.1 可以看到隨機漫步時間序列的幾個特點。首先這是一種非平穩的時間序列資料，其均值和變異量數都隨著時間而變化。例如時間序列前 20 個時間點的均值為 3.13，而最後 20 個時間點的均值則為 38.97；其對應的標準差分別是 2.45 和 3.76。對這個隨機漫步時間序列取一階差分作為濾鏡，過濾後的時間序列便為上例的白色雜訊序列。

隨機漫步模型是一類非常重要的時間序列模型。因為其為對應的白色雜訊時間序列的累加，所以在每個時間點上，該變數的期望值和變異量數分別為：

$$E(y_t) = y_0 + t\mu$$

$$Var(y_t) = t\sigma^2$$

其中 μ, σ^2 是對應的白色雜訊序列的期望均值和變異量數，而 y_0 則為這個白色雜訊隨機變數在初始時間的某個具體實現。只要均值大於 0，則隨機漫步時間序列便為總體上一條不斷增長的曲線，如圖 9.1 所示；如果均值小於 0，則隨機漫步時間序列就為一個總體上不斷下降的曲線。另外，隨機漫步時間序列的變異量數也是時間的線性函數。可見其模型是一個隨時間而變動的線性模型。同樣的，如果想預測一個隨機漫步時間序列，其公式為：

$$y_{T+s} = y_T + s\hat{\mu} \pm 2\hat{\sigma}\sqrt{s}$$

其中，y_T 是已知隨機漫步時間序列的末尾值，s 是要預測的未來時間間隔，$\hat{\mu}, \hat{\sigma}$ 則分別代表對應的白色雜訊過程的期望均值和標準差的估計值，通常是樣本的均值和標準差。

由此得知，對於白色雜訊和隨機漫步兩種不同的時間序列，預測時有不同的模型。那麼，如何識別一個已知的時間序列是平穩的或是隨機漫步的時間序列呢？

首先，如果要識別是否為平穩的時間序列，可透過檢驗單位根的方法。常見的方法條列如下，在 Python 的 StatsModels 裡面都有現成可用的函數。

Augmented Dickey-Fuller Test (ADF)

(1) ADF 是最常見的單位根檢定方法。它預設待驗證的時間序列是不平穩的，如果得到的統計量 p 值較大，便說明這個時間序列不平穩；倘若 p 值較小，代表是平穩的時間序列。假如以 5% 作為 p 值的界限，如果 ADF 統計量的 p 值大於 0.05，表示時間序列不平穩，必須進行差分運算，一直到檢驗結果證明是平穩的為止。

(2) 在 Python 可以使用 StatsModels 程式庫的 tsa.stattools.adfuller(x) 函數，藉以檢驗時間序列 X 的平穩性。

Kwiatkowski-Phillips-Schmidt-Shin Test (KPSS)

(1) KPSS 檢定是一種較新的檢驗方式，與 ADF 檢定相反，它假設待驗證的時間序列是平穩的，如果得到的統計量 p 值較大，說明這是平穩的時間序列；反之則是不平穩的。

(2) 在 Python 可以使用 StatsModels 程式庫的 tsa.stattools.kpss(x) 函數，藉以檢驗時間序列的平穩性。請注意，kpss.test 函數只存在於 StatsModels 0.8 以上版本。

可透過以下命令查閱 StatsModels 的版本：

```
1  import statsmodels
2  print(statsmodels.version.full_version)
```

如果現有系統不是這個版本的 statsmodels，請透過 pip 升級：

```
pip install statsmodels=0.8.0
```

9.3 衡量時間序列模型預測的準確度

時間序列模型通常用來預測未來的值，那麼衡量預測值的準確性就十分重要。下文先簡要介紹檢驗預測模型的常用統計量，然後說明如何使用樣本外資料的驗證步驟。

衡量預測準確度的常用統計量

(1) 平均誤差（**Mean Error，ME**）：

$$ME = \frac{1}{T_2} \sum_{t=T_1+1}^{T_1+T_2} e_t$$

平均誤差能夠衡量現有模型是否有良好描述的線性趨勢。

(2) 平均百分比誤差（**Mean Percentage Error，MPE**）：

$$MPE = \frac{1}{T_2} \sum_{t=T_1+1}^{T_1+T_2} \frac{e_t}{y_t}$$

平均百分比誤差也用來衡量模型有沒有很好地描述短期趨勢，不過它是以相對誤差的形式來呈現。

(3) 均方誤差（**Mean Square Error，MSE**）：

$$MSE = \frac{1}{T_2} \sum_{t=T_1+1}^{T_1+T_2} e_t^2$$

相對於平均誤差來說，均方誤差能夠偵測除了線性趨勢之外，更多沒有被模型描述的資料模式，例如週期性等，因此更為常用。

(4) 平均絕對誤差（**Mean Absolute Error**，**MAE**）：

$$MAE = \frac{1}{T_2} \sum_{t=T_1+1}^{T_1+T_2} ||e_t||$$

平均絕對誤差在衡量模型的準確度方面和均方誤差有類似的效果，只是對於異常值來說，相對穩健性更高。

(5) 平均絕對百分比誤差（**Mean Absolute Percentage Error**，**MAPE**）：

$$MAPE = \frac{1}{T_2} \sum_{t=T_1+1}^{T_1+T_2} ||\frac{e_t}{y_t}||$$

MAPE 結合 MAE 和 MPE 的優點，能夠較好地偵測除了線性趨勢之外更多的資料模式，並以相對誤差的形式呈現。

使用樣本外資料的驗證步驟

(1) 將長度為 $T = T_1 + T_2$ 的樣本時間序列分為兩個子序列，其中前面一個 $(t = 1, ..., T_1)$ 子序列應用於模型訓練，後面一個子序列 $(t = T_1 + 1, ..., T)$ 則應用於模型驗證。

(2) 以第一個子序列訓練一個待驗證模型。

(3) 以上一步訓練的模型，使用時間範圍為 $t = 1, ..., T_1$ 的因變數，進而預測未來 $T_1 + 1, ..., T$ 時間區段的因變數值：ŷt，亦即對用於模型驗證的子序列因變數，使用待驗證模型進行擬合。

(4) 以上一步擬合的因變數值和對應的實際因變數值，計算單步預測誤差：$e_t = y_t - ŷ_t$，然後採用一種或多種 9.2 節介紹，用來衡量模型準確度的統計量計算綜合預測能力。

建議對每個待驗證的模型都執行第 (2) 到第 (4) 步，選取綜合預測能力最好，亦即統計量值最小的待選模型。

9.4 時間序列資料範例

時間序列資料來自 DataMarket 的時間序列資料庫：https://datamarket.com/data/list/?q=provider:tsdl。此資料庫由澳洲蒙納許大學的統計學教授 Rob Hyndman 建立，收集了數十個公開的時間序列資料集。本章採用其中兩類資料作為實例。Rob Hyndman 教授也是 R 統計語言裡面 forecast 套裝軟體的開發者。

第一類資料是在漢口測量的長江每月流量資料，檔案名稱為 monthly-flows-changjiang-at-han-kou.csv，可從 www.broadview.com.cn/31872 下載。資料包含從 1865 年 1 月到 1978 年 12 月在漢口記錄長江每月的流量，總計 1368 個資料點，計量單位未知，不過不妨礙分析的過程和結果。下載後存在本地磁碟的路徑為：D:\data\TimeSeries\monthly-flows-chang-jiang-at-hankou.csv。

```
1  parser = lambda date: pd.datetime.strptime(date, '%Y-%m')
2  df1 = pd.read_csv("d:/data/timeseries/monthly-flows-chang-jiang-at-
   hankou.csv", engine="python", skipfooter=3, names=["YearMonth",
   "WaterFlow"], parse_dates=[0], infer_datetime_format=True, date_
   parser=parser, header=0)
3  print(df1.head())
4  df1.YearMonth = pd.to_datetime(df1.YearMonth)
5  df1.set_index("YearMonth", inplace=True)
6  df1.plot()
7  plt.show()
```

從圖 9.2 得知，該類資料具備很強、不同長度的週期性。

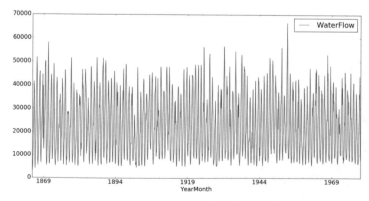

圖 9.2　漢口長江水流量歷史資料

第二類資料是從 1949 年 1 月到 1960 年 12 月的月度國際航空旅客數量，檔名為 international-airline-passengers.csv，同樣可從 www.broadview.com.cn/31872 下載。該檔共有 144 個資料點，資料單位為千人，與第一類資料不同的是，後者包含極強的趨勢要素和週期要素，因此在具體的分析上能夠呈現不同的要求。下載後存放在本地磁碟的路徑為：D:\data\TimeSeries\international-airline-passengers.csv。接下來讀取該類資料並展示，如圖 9.3 所示。

```
1  parser = lambda date: pd.datetime.strptime(date, '%b-%y')
2
3  df2 = pd.read_csv("d:/data/timeseries/international-airline-passengers.
   csv",engine="python", skipfooter=3, names=["YearMonth", "Passenger"]
   ,header=0)
4  df2.YearMonth = df2.YearMonth.str[:4]+'19'+df2.YearMonth.str[-2:]
5  df2.YearMonth = pd.to_datetime(df2.YearMonth, infer_datetime_format=True)
6  df2.set_index("YearMonth", inplace=True)
7  print(df2.head())
8  df2.plot()
9  plt.show()
```

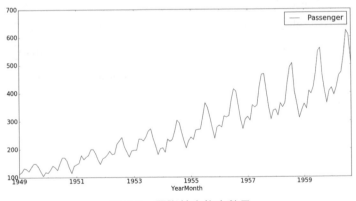

圖 9.3　國際航空旅客數量

9.5　簡要回顧 ARIMA 時間序列模型

講解遞歸神經網路演算法之前，先簡要回顧傳統的 ARIMA 時間序列模型，並對上述資料進行常規建模和預測。9.7 節會將 ARIMA 的預測結果與神經網路模型的預測結果進行比較。

ARIMA 模型即自回歸整合移動平均（Auto Regressive Integrated Moving Average）模型，通常寫成 ARIMA(p, d, q)，其中：

(1) p 為自回歸項的個數，它使用取差分平穩化以後新時間序列的過去值，作為解釋變數部分的個數。

(2) d 指將序列平穩化所需的差分次數，反之，從平穩化的序列轉化為原始資料的演算法，就稱為預測方程。假設原始資料為 Y_t，差分後的平穩資料為 y_t，如果 d = 0，則 $Y_t = y_t$；如果 d = 1，則 $Y_t = y_t + Y_{t-1}$；如果 d = 2，則 $Y_t = (y_t + Y_{t-1}) + (Y_{t-1} - Y_{t-2})$。

(3) q 對應至移動平均部分，是指方程式裡預測誤差的滯後項個數。

這是一種非常靈活的時間序列預測模型，通常適用於可透過差分變換為平穩序列的時間序列資料。此處強調一下，在對時間序列資料進行平穩化的過程中，通常也會一起使用對數或者 Box-Cox 變換等手段。（弱）平穩序列的涵義是指這類資料沒有特定的趨勢，並且圍繞其平均值按照比較一致的波幅進行波動。這意味著自相關係數不隨著時間而變化，或者說其功率頻譜不變。這類時間序列資料可以視為一個訊號和一個雜訊項的組合，前者可能是一個或多個往返的三角函數曲線，加上其他週期性訊號的組合。從這個角度來講，可將 ARIMA 模型看做一個試圖分離訊號與雜訊的濾鏡，並使用外推法預測未來值。

ARIMA 模型的一般形式為：

$$\hat{y}_t = \mu + \alpha_1 y_{t-1} + \cdots + \alpha_p y_{t-p} + \beta_1 e_{t-1} - \cdots - \beta_q e_{t-q}$$

使用 ARIMA 模型建模的步驟如下：

(1) 視覺化待建模的序列資料。

(2) 使用 ADF 或 KPSS 測試與確定將資料平穩化所需的差分次數。

(3) 使用 ACF/PACF 確定移動平均對應的預測誤差項和自回歸項個數，通常從一項開始。

(4) 對於擬合好的 ARIMA 模型，將預測誤差項和自回歸項分別減少一個再擬合。

(5) 根據 AIC 或 BIC，判斷是否有改善相對簡單的 AR 或者 MA 模型。

(6) 對自回歸和移動平均項個數遞增一個，逐次檢驗。

針對自相關性，一般可以透過增加自回歸項或移動平均裡面的預測誤差項個數來消除。原則是如果未消除的自相關是正向關係，即 ACF 圖裡面的第一項是正值，則使用增加自回歸項的方法較好；倘若未消除的自相關是負向關係，則增加預測誤差項的方法更合適。因為一般而言，差分方法對於消除正相關的關係非常有效，但同時也會額外引入反向的相關關係，此時會出現過度差分的情況，需要再引入一個預測誤差項消除負相關關係。這也是為什麼在上面的建模步驟裡面先引入預測誤差項，而非自回歸項開始建模，也就是先擬合一個 ARIMA(0, 1, 1) 模型再看看 ARIMA(1, 1, 0) 模型，通常前者會比後者的模型擬合效果更好一些。

底下是杜克大學 Fuqua 商學院的 Robert F. Nau 教授，總結共 13 項 ARIMA 模型建模需要遵守的一般原則。

識別差分項的原則

(1) 如果建模序列的正自相關係數一直衍生到很長的滯後項（例如 10 或者更多滯後項），則取得平穩序列所需的差分次數較多。

(2) 如果滯後一項的自相關係數為 0、為負數，或者所有的自相關係數都很小，則該序列不需要更多的差分來取得平穩性。一般而言，如果滯後一項的自相關性為 -0.5 或者更小，代表該序列很可能被過度差分了，需要特別注意。

(3) 最佳的差分項個數，通常對應至差分後擁有最小標準差的時間序列。

(4) 如果原序列不需要差分，則假定它是平穩的。一階差分意味著原序列有一個為常數的平均趨勢，二階差分則代表原序列有一個依時間變化的趨勢。

(5) 對不需要差分的時間序列建模時，通常包含一個常數項。如果對一個需要一階差分的時間序列進行建模，則只有在該時間序列包含非 0 的平均趨勢時，才需要包含常數項。針對一個需要進行二階差分的時間序列建模時，通常不用包含常數項。

識別自回歸或者預測誤差項的原則

(1) 如果差分後序列的 PACF 顯示為 Sharp Cutoff，或者滯後一項的自相關為正向，說明該序列差分不足，此時可以對模型增加一或多個自相關項，增加個數之處通常為 PACF 截斷（Cutoff）的地方。

(2) 如果差分後序列的 ACF 顯示為急劇截斷，或者滯後一項的自相關負向，說明該序列差分過度，此時可以對模型增加一或多個預測誤差項，增加個數之處通常為 ACF 截斷（Cutoff）的地方。

(3) 自回歸項和預測誤差項有可能會互相抵消，如果兩種要素都包含的 ARIMA 模型對資料擬合得很好，通常可以嘗試一個減少一個自回歸項或者預測誤差項的模型。一般來說，同時包含多個自回歸項和多個預測誤差項的 ARIMA 模型，都會過度擬合。

(4) 如果自回歸項的係數和接近 1，即自回歸部分有單位根現象，此時就應該減少一個自回歸項，同時增加一次差分操作。

(5) 如果預測誤差項的係數和接近 1，即移動平均部分有單位根現象，此時就應該減少一個預測誤差項，同時減少一次差分操作。

(6) 自回歸或者移動平均部分有單位根，通常也表現為長期預測不穩定。

識別模型的季節性

(1) 如果時間序列有很強的季節性，則得使用一次季節週期作為差分，否則模型將認為季節性會隨著時間逐漸消除。但是，以季節週期做差分不能超過一次，一旦使用後，則非季節週期的差分最多也只能再進行一次。

(2) 如果一個適當差分之後的序列，它的自相關係數在第 s 個滯後上仍然表現為正，而 s 為季節性週期包含的時間段數，則在模型裡增加一個季節性自回歸項。如果自相關係數為負，則增加一個季節性預測誤差項。一般情況下，倘若已經以季節週期做差分，則第二種情況更常見（詳前文對自相關性處理的解釋），而第一種情況通常是還沒使用季節性週期做差分。如果季節性週期很規律，則差分是比引入一個季節性自回歸項更好的方法。應該儘量避免在模型裡同時引入季節性自回歸和季節性預測誤差項，否則模型會過度擬合，甚至在擬合過程出現收斂不了的情況。

下面以國際航空旅客數量為例，展示 ARIMA 模型的建模過程。使用這類資料是因為從圖形來看，它具有很強的趨勢性和週期性，因此能夠充分展示建模的不同步驟。

首先確定所需的差分階數，這可透過對不同階數依次差分的序列，進行 ADF、KPSS 核對總和檢查 ACF 與 PACF 圖來完成。從圖形上看該序列具有很強的趨勢性，而且數值波動範圍不停增大，亦即具有異方差性，所以先對該序列取對數，將異方差變為同方差，再從變換後序列的一階差分開始檢驗。

請注意，KPSS 測試在 p 值過小或者過大的情況下，將列印「警告」（warnings）訊息，這是一項非常差的設計。基於排版美觀的要求，下面的檢驗使用 warnings 程式庫控制 KPSS 函數的 warnings 訊息，直接忽略不輸出。

```
1  order=1
2  diff1 = df2.Passenger.diff(order)[order:]
3  logdiff1 = np.log(df2.Passenger).diff(order)[order:]
4  adftest = sm.tsa.stattools.adfuller(diff1)
5  adftestlog = sm.tsa.stattools.adfuller(logdiff1)
6  print("ADF test result on Difference shows test statistic is %f \
7  and p-value is %f" %(adftest[:2]))
8  print("ADF test result on Log Difference shows test statistic is %f \
9  and p-value is %f" %(adftestlog[:2]))
10
11 import warnings
12 with warnings.catch_warnings():
13     warnings.filterwarnings("ignore")
14     kpsstest = sm.tsa.stattools.kpss(diff1)
15     kpsstestlog=sm.tsa.stattools.kpss(logdiff1)
16
17 print(\"KPSS test result on Difference shows test statistic is %f \
18  and p-value is %f\" %(kpsstest[:2]))
19 print("KPSS test result on Log difference shows test statistic is %f \
20  and p-value is %f" %(kpsstestlog[:2]))
```

結果如下所示。

```
1  ADF test result on Difference shows test statistic is -3.045022
   and p-value is 0.030898
2  ADF test result on Log Difference shows test statistic is -2.706950
   and p-value is 0.072843
3  KPSS test result on Difference shows test statistic is 0.078160
   and p-value is 0.100000
4  KPSS test result on Log difference shows test statistic is 0.059560
   and p-value is 0.100000
```

從檢驗結果得知，除了 ADF 檢定對原資料直接取一階差分剛好通過平穩性檢驗外，KPSS 檢定的兩個差分資料都沒通過，而對數差分資料則沒有通過 ADF 檢定。

下面看一下圖 9.4 展示的 ACF 和 PACF 情況。

```
1  fig, ax = plt.subplots()
2  ax1=fig.add_subplot(221)
3  sm.graphics.tsa.plot_acf(diff1, ax=ax1)
4
5  ax2=fig.add_subplot(222)
6  sm.graphics.tsa.plot_pacf(diff1, ax=ax2)
7
8  ax3 = fig.add_subplot(223)
9  sm.graphics.tsa.plot_acf(logdiff1, ax=ax3)
10
11 ax4=fig.add_subplot(224)
12 sm.graphics.tsa.plot_pacf(logdiff1, ax=ax4)
13
14 plt.show()
```

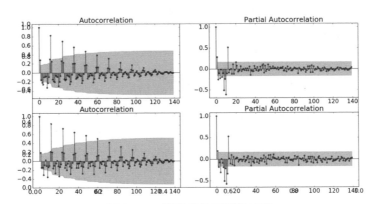

圖 9.4　一階差分的平穩性檢定

ACF 和 PACF 的結果，有以下幾個值得注意的地方。

(1) 時間序列資料有很強的週期性，週期大約 12 個月，這非常符合自然的經濟解釋，必須引入一次季節性差分操作。

(2) 根據 PACF 的結果，無論是原資料還是對數資料的一階差分，都需要再次進行一次差分操作，並對二階差分的模型引入一個自回歸項。

(3) 根據 ACF 的結果，在沒有過度差分的情況下，可分別測試帶一個預測誤差項的 ARIMA 模型，以及不帶預測誤差項的 ARIMA 模型。

9.6 遞歸神經網路與時間序列模型

傳統時間序列模型和遞歸神經網路模型有著很密切的關聯。無論是自回歸模型或是移動平均自回歸模型,均可視為 RNN 模型的一種特例。下文便詳細解釋。

自回歸模型可以用圖 9.5 所示的 RNN 模型圖例來表示。

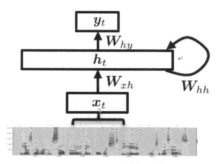

圖 9.5 AR(p) 模型在 RNN 結構的示意圖

(圖片來源:Hybrid Deep Neural Network--Hidden Markov Model (DNN-HMM) Based Speech Emotion Recognition)

圖 9.5 使用的是 RNN 的語言,翻譯之後就會發現它是標準 AR 模型的延伸。例如,h 對應自回歸模型裡面的待預測變數,即狀態變數,而 X_t 是當期的輸入層資訊,在自回歸模型裡就是當期的預測誤差 ε_t。為了不讓讀者產生困惑,這個模型在不考慮誤差的情況下,狀態變數的動態可以表示為下列的數學公式:

$$h_t = \emptyset(\mathbf{W}_{xh}x_t + \mathbf{W}_{hh}h_{t-1} + b)$$

其中,$\mathbf{W}_{xh}$ 表示輸入層的權重矩陣,$\mathbf{W}_{hh}$ 代表隱藏層的回饋權重,b 是偏移項,在標準回歸模型中通常稱為截距項;$\emptyset(\ )$ 是施加在隱藏層單元的非線性函數,例如常用的 Sigmod 函數等。如果將上述的權重矩陣、狀態變數和函數約束按照統計語言改寫,亦即規定 $\mathbf{W}_{hh} = \beta$, $\mathbf{W}_{xh} = \alpha$, $h_t = y_t$,同時將 $\emptyset(\ )$ 規定為 Identity 函數,則上述公式變為:

$$\hat{y}_t = b + \alpha y_{t-1} + \beta x_t$$

這與標準的帶外在變數的一階自回歸模型，就沒什麼區別了。以 RNN 做最後預測的時候，則使用輸出權重矩陣 $\mathbf{W}_{hy}$ 按照下列公式進行：

$$y_t = \zeta\,(\mathbf{W}_{hy}h_t)$$

$\zeta\,()$ 是輸出層的非線性函數，常用的有 Softmax、tanh 等。但是在自回歸模型裡，隱藏狀態變數即是待預測的變數期望，亦即 $y_t = E\,\hat{y}_t$，因此對應的 $\zeta\,()$ 變為 Identity 函數，而 $\mathbf{W}_{hy}$ 也潰縮為單位 1。

上面的結構很自然地延伸到自回歸移動平均 (ARMA) 模型。在對照自回歸移動平均模型的 RNN 模型裡，隱藏層狀態變數的動態可以表示成：

$$h_t = \varnothing(\sum_{j=\delta_1}^{\delta_2} \mathbf{W}_{xh,j}\,x_{t-j} + \mathbf{W}_{hh}h_{t-1} + b)$$

和標準的 ARMA 模型不同，上述 RNN 的模型可以往前看 δ_1 期的樣本，而在標準的模型裡只能往後看，即 $\delta_1 = 0,\ \delta_2 > 0$。同樣的，按照前面對 AR 模型的處理，以對應的標準統計語言取代神經網路模型的符號，則上述公式變為：

$$y_t = b + \alpha y_{t-1} + \sum_{j=1}^{q} \theta_j\,e_{t-j} + \beta x_t$$

這是一個標準的 ARMA(1, q) 模型，該結構可以透過圖 9.6 來呈現。

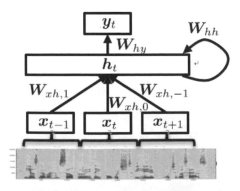

圖 9.6　ARMA(p,q) 模型在 RNN 結構的示意圖

（圖片來源：Hybrid Deep Neural Network--Hidden Markov Model (DNN-HMM)
Based Speech Emotion Recognition）

ARMA 的預測誤差在 RNN 模型中被作為輸入層資訊，雖然在模型估計階段並不能獲知預測誤差。通常 ARMA 模型是透過最大似然法（MLE）來擬合，不過，ARMA(p, q) 模型也可改由兩階段線性回歸來擬合，擬合過程能夠幫助讀者理解，為何在 RNN 模型中預測誤差被視為輸入層資訊。在兩階段線性回歸中，首先是擬合一個 AR(p) 模型，並根據此模型的預測值得到預測誤差的序列，然後對每一期資料引入 q 期滯後的預測誤差作為回歸變數。由此可見，將預測誤差作為輸入層資訊是完全合理、自然的選擇。

綜合前言，RNN 模型和傳統的時間序列模型有非常深的關聯。RNN 模型可以看作傳統模型在模型向量維度、時間維度以及函數形式上的延伸，而隱藏層的狀態變數在傳統時間序列模型中，便是指真實的資料產生過程（DGP）對應的待預測變數。外生變數和預測誤差，都是作為輸入層資訊進入 RNN 模型。

9.7 應用案例

本節應用前幾節學到的理論，對真實的時間序列資料進行建模與預測。這裡會使用前文提到的長江漢口地區月度流量資料，以及全球航空公司月度乘客數量兩類時間序列資料，詳細介紹如何應用 ARIMA 模型和 LSTM 模型，對時間序列資料進行建模和預測，並且比較兩種模型的實際預測能力。以 ARIMA 模型建模時，請按照下面的標準步驟操作。

(1) 首先對範例資料進行標準分析，包括識別其平穩性，以及是否為隨機漫步或者具備單位根問題。

(2) 使用週期圖法（Periodogram）識別季節性。

(3) 對於去除季節性的資料，透過 ACF 和 PACF 函數提供的資訊，取得自回歸和移動平均部分所需的滯後項個數。這些資料用來標定 ARIMA(p, d, q) 模型的參數。

(4) 針對時間序列資料進行擬合，並得到相關的檢驗量。

(5) 對殘差檢驗 Q 統計量和 JB 統計量，並且計算 ACF 和 PACF 函數，確定沒有其他的資訊游離於模型之外。

(6) 最後對樣本外的測試資料進行預測，並且檢驗模型的準確度。

使用 LSTM 模型對時間序列建模時，依然需要進行前面的第 (1)、第 (2) 和第 (4) 步，但是中間的步驟略有不同。

(1) 首先對範例資料進行標準分析，包括識別其平穩性，以及是否為隨機漫步或者具備單位根問題。

(2) 使用週期圖法（Periodogram）識別季節性。

(3) 對於去除季節性的資料，透過 ACF 和 PACF 函數提供的資訊，取得建模所需包含的滯後項個數，包括在 LSTM 模型需要帶入多久以前的資訊。

(4) 針對資料進行處理，使其符合 Keras 套裝軟體 LSTM 模型 API 的要求。

(5) 擬合多種不同結構的 LSTM 模型，並比較其在樣本內資料的表現。

(6) 對殘差計算 ACF 和 PACF 函數，確定沒有其他的資訊游離於模型之外。

(7) 最後對樣本外的資料進行預測，並且檢驗其表現。

首先載入資料分析和建模所需的程式庫。

```
1  import Keras.models as kModels
2  import Keras.layers as kLayers
3  from scipy.signal import periodogram
4  import warnings
5
6  from sklearn.preprocessing import MinMaxScaler
7  from sklearn.metrics import mean_squared_error
```

前述案例顯示是以 GPU 作為計算核心，同時啟動 cuDNN 程式庫。這裡便不再展示結果。

9.7.1 長江漢口月度流量時間序列模型

第一個例子對長江流量的月度資料進行建模，先建立一個 ARIMA 模型，接著是一個基於 LSTM 的深度學習模型，最後比較兩個模型的預測效能。建模之前，首先將資料分為訓練集合和樣本外測試集。此處將最後 24 個月的資料留為測試集，其餘的作為訓練集。

```
1  cutoff=24
2  train = df1.WaterFlow[:-cutoff]
3  test = df1.WaterFlow[-cutoff:]
```

作為資料分析的目的，第一步是檢驗這組資料是否平穩，以及分析是否需要進行相關的操作以獲得平穩性。根據前文提到的平穩性檢驗方法，可以透過觀察移動平均和移動均方誤差隨著時間的變化圖，以及正式的 Dickey-Fuller 和 KPSS 檢定來實現。下面準備建構一個函數，將前述功能都整合在裡面。

```
1  def test_stationarity(timeseries, window=12):
2    import statsmodels.api as sm
3    import pandas as pd
4    df = pd.DataFrame(timeseries)
5    df['Rolling.Mean'] = timeseries.rolling(window=window).mean()
6    df['Rolling.Std']=timeseries.rolling(window=window).std()
7    adftest = sm.tsa.stattools.adfuller(timeseries)
8    adfoutput = pd.Series(adftest[0:4], index=[' 統計量 ','p- 值 ',' 滯後量 ',' 觀測值數量 '])
9    for key,value in adftest[4].items():
10       adfoutput[' 臨界值 (%s)'% key] = value
11   return(adfoutput, df)
```

下面對整個訓練集和訓練集的局部，執行上述函數以檢驗其平穩性，如圖 9.7 所示。

```
1  fig = plt.figure()
2  ax0 = fig.add_subplot(221)
3  adftest, dftest0=test_stationarity(train)
4  dftest0.plot(ax=ax0)
5  print(' 原始資料平穩性檢驗 ')
6  print(adftest)
7
8  ax1 = fig.add_subplot(222)
9  adftest, dftest1=test_stationarity(train['1960':'1975'])
10 dftest1.plot(ax=ax1)
11 print(' 局部資料平穩性檢驗 ')
12 print(adftest)
```

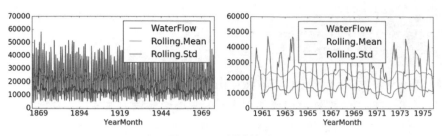

圖 9.7　平穩性檢驗

由此得知，雖然 Dickey-Fully 檢定的統計量明顯表明，無論是整個或是局部的訓練集，統計測試都顯得相當平穩；但是，仔細觀察移動平均值和移動均方誤差，發現其波動幅度還是很大，並且具有非常強的季節性。下面需要確定季節性的週期，以便建構 ARIMA 模型。對於季節性時間序列，一般是建置 SARIMA 模型，以便針對季節性週期做對應的處理。按照前文提到的方法，偵測季節性週期可以使用 ACF 函數，對原始資料的 ACF 序列計算週期圖法（Periodogram），通常在週期的時間點上有高度的能量集中，進而識別出週期長度。下列函數便展示這種方法。

```
1   def CalculateCycle(ts, lags=36):
2       import statsmodels.api as sm
3       from statsmodels.tsa.stattools import acf
4       from scipy import signal
5       import peakutils as peak
6       acf_x, acf_ci = acf(ts, alpha=0.05, nlags=lags)
7       fs=1
8       f, Pxx_den = signal.periodogram(acf_x, fs)
9
10      index = peak.indexes(Pxx_den)
11      cycle=(1/f[index[0]]).astype(int)
12
13      fig = plt.figure()
14      ax0 = fig.add_subplot(111)
15      plt.vlines(f, 0, Pxx_den)
16      plt.plot(f, Pxx_den, marker='o', linestyle='none', color='red')
17      plt.title("Identified Cycle of %i" % (cycle))
18      plt.xlabel('frequency [Hz]')
19      plt.ylabel('PSD [V**2/Hz]')
20      plt.show()
21      return( index, f, Pxx_den)
```

對原始資料套用這個函數，將出現圖 9.8 的圖形，很明顯有一個週期為 12 個月的季節性。雖然這份資料的本質是長江水文資料，12 個月的週期是非常自然的預期，但是本方法展示針對 ACF 序列，運用週期圖法（periodogram）找到季節性週期的可靠性。從圖 9.8 得知，週期圖法正確地識別出季節性的週期為 12 個月，因此需要將原始資料做 12 個月間隔的差分，藉以消除季節性。接著再對資料繼續分析其平穩性、ACF 和 PACF 函數等特性，進而確定最後所需的 ARIMA 模型結構。

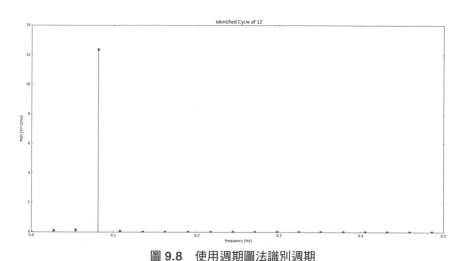

圖 9.8　使用週期圖法識別週期

```
1  Seasonality=12
2  waterFlowS12 = train.diff(Seasonality)[Seasonality:]
3  adftestS12 = sm.tsa.stattools.adfuller(waterFlowS12)
4  print("ADF test result shows test statistic is %f and p-value is %f"
   %(adftestS12[:2]))
5
6  nlag=36
7  xvalues = np.arange(nlag+1)
8
9  acfS12, confiS12 = sm.tsa.stattools.acf(waterFlowS12, nlags=nlag, alpha
   =0.05, fft=False)
10 confiS12 = confiS12 - confiS12.mean(1)[:,None]
11
12 fig = plt.figure()
13 ax0 = fig.add_subplot(221)
14 waterFlowS12.plot(ax=ax0)
```

```
15
16 ax1=fig.add_subplot(222)
17 sm.graphics.tsa.plot_acf(waterFlowS12, lags=nlag, ax=ax1)
18 plt.show()
```

如圖 9.9 所示，去掉季節性的資料圖形，顯示此時間序列有非常強的均值回歸行為。ACF 圖則顯示為逐漸遞減的序列直到第 12 個滯後項，但是 12 的倍數滯後項都沒有顯著的資料值，這說明兩點：首先將資料去掉季節性是正確的行為，其次去除季節性的資料仍需要再做一階差分。

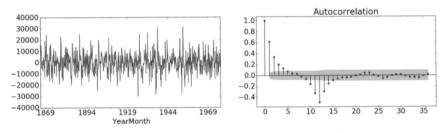

圖 9.9　去掉季節性以後的序列及其 ACF 圖

一階差分以後就具備較好的統計特性，可應用於 Box-Jensen ARIMA 模型建模。現在已知去掉季節性的資料需要一個積分項，同時確定自回歸和移動平均部分的滯後階數。下面按照前文介紹的方法，分析一階差分後資料的 ACF 圖和 PACF 圖。其中，檢視 PACF 圖得知道需要多少自回歸滯後項，而 ACF 圖則告知需要多少移動平均滯後項，如圖 9.10 所示。

```
1  waterFlowS12d1 = waterFlowS12.diff(1)[1:]
2  fig = plt.figure()
3  ax0 = fig.add_subplot(221)
4  sm.graphics.tsa.plot_acf(waterFlowS12d1, ax=ax0, lags=48)
5
6  ax1 = fig.add_subplot(222)
7  sm.graphics.tsa.plot_pacf(waterFlowS12d1, ax=ax1, lags=48)
8  plt.show()
```

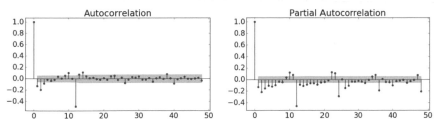

圖 9.10　進行一階差分和季節性差分之後，時間序列的 ACF 圖和 PACF 圖

根據前面提及識別模型季節性的規則，ACF 圖表明可能需要 1 個季節性預測誤差滯後項，亦即差分滯後項。這表示需要一個季節性 ARIMA 模型，即 SARIMA(p, d, q)(P, D, Q, S) 模型。在 Python 裡，可以利用 StatsModels 的狀態空間模型擬合 SARIMA 模型的參數。

```
1  mod1 = sm.tsa.statespace.SARIMAX(train, trend='n', order=(0,1,0),
   seasonal_order=(0,1,1,12)).fit()
2  pred=mod1.predict()
3  print(mod1.summary())
```

模型擬合的結果如圖 9.11 所示。

```
                        Statespace Model Results
==============================================================================
Dep. Variable:                  WaterFlow   No. Observations:         1344
Model:           SARIMAX(0, 1, 0)x(0, 1, 1, 12)   Log Likelihood      -13198.909
Date:                   Thu, 26 Apr 2018   AIC                    26401.819
Time:                           17:53:42   BIC                    26412.226
Sample:                       01-01-1865   HQIC                   26405.717
                            - 12-01-1976
Covariance Type:                     opg
==============================================================================
                 coef    std err          z      P>|z|      [0.025      0.975]
------------------------------------------------------------------------------
ma.S.L12      -0.9474      0.009   -102.636      0.000      -0.965      -0.929
sigma2       2.368e+07   2.22e-11   1.07e+18      0.000    2.37e+07    2.37e+07
==============================================================================
Ljung-Box (Q):                       120.46   Jarque-Bera (JB):         284.24
Prob(Q):                               0.00   Prob(JB):                   0.00
Heteroskedasticity (H):                1.21   Skew:                       0.06
Prob(H) (two-sided):                   0.04   Kurtosis:                   5.26
==============================================================================
```

圖 9.11　SARIMA(0,1,0)(0,1,1,12) 模型擬合的結果

一般說來，季節性明顯的資料，採用 SARIMA 模型擬合的結果比較好，特別是樣本內資料。下面看一下樣本內資料的效果，包括模型檢驗的結果，如圖 9.12 和圖 9.13 所示。

```
1  subtrain = train['1960':'1970']
2  MAPE = (np.abs(train-pred)/train).mean()
3  subMAPE = (np.abs(subtrain-pred['1960':'1970'])/train).mean()
4
5  fig = plt.figure()
6  ax0 = fig.add_subplot(211)
7  plt.plot(pred, label='Fitted');
8  plt.plot(train, color='red', label='Original')
9  plt.legend(loc='best')
10 plt.title("SARIMA(0,1,0)(0,1,1,12) Model, MAPE = %.4f" % MAPE)
11
12 ax1 = fig.add_subplot(212)
13 plt.plot(pred['1960':'1970'], label='Fitted');
14 plt.plot(subtrain, color='red', label='Original')
15 plt.legend(loc='best')
16 plt.title("Details from 1960 to 1970, MAPE = %.4f" % subMAPE)
17 plt.show()
```

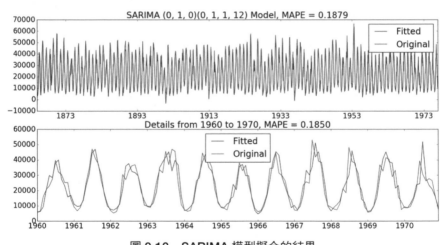

圖 9.12　SARIMA 模型擬合的結果

筆者同時測試了增加一個季節性自回歸項，以及一個普通的自回歸項 / 移動平均項的 SARIMA 模型，其結果都沒有目前的模型好，MAPE 值分別上升到 19.1% 和 19.8%。只有當同時增加一個普通自回歸項和普通移動平均項，即 SARIMA(1,1,1) (0,1,1,12) 模型時，樣本內資料的 MAPE 值降為 17.2%。底下使用這兩個 MAPE 值低於 19% 的模型，進行樣本外資料的預測。

```
1  forecast1 = mod1.predict(start = '1976-12-01', end='1978' , dynamic= True)
2  forecast2 = mod2.predict(start = '1976-12-01', end='1978' , dynamic= True)
3  MAPE1 = ((test-forecast1).abs() / test).mean()*100
4  MAPE2 = ((test-forecast2).abs() / test).mean()*100
5
6  plt.plot(test, color='black', label='Original')
7  plt.plot(forecast1, color='green', label='Model 1 : SARIMA(0,1,0)
   (0,1,1,12)')
8  plt.plot(forecast2, color='red', label='Model 2 : SARIMA(1,1,1)
   (0,1,1,12)')
9  plt.legend(loc='best')
10 plt.title('Model 1 MAPE=%.f%%; Model 2 MAPE=%.f%%'%(MAPE1, MAPE2))
```

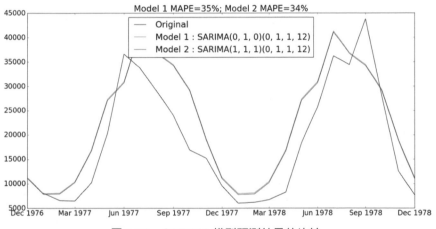

圖 9.13　SARIMA 模型預測結果的比較

這兩個 SARIMA 模型在最後的預測結果沒有本質上的區別，幾乎重疊，因此傾向
於保留比較簡單、更穩定的 SARIMA(0,1,0)(0,1,1,12) 模型。

查看 SARIMA 模型的表現後，下面再觀察一下深度學習能否擁有更強的預測能
力，以及如何建構預測能力更強的深度學習模型。這裡選擇的是 LSTM 模型，因
為它在絕大多數應用於 RNN 類型的模型裡面表現最好。以 Keras 建構 LSTM 模
型，只需要遵循以下幾個簡單的步驟即可，當然對於模型的理解乃不可或缺。

(1) 將資料標準化，建議使用 z-score 法，或者將資料納入 [0,1] 區間。此處選擇後
者，因為更簡單。

(2) 按照所需的神經網路模型建構資料格式。Keras 的 LSTM 神經網路模型，要求輸入的引數資料按照 [樣本數，時間步長，特徵變數個數] 的三維格式來組織，亦即應該按照每一個樣本點對應一個時間步長，一個時間步長包含多個特徵變數，而因變數矩陣的維度則對應為 [樣本數，前進時間步長]。如何組織資料，以反映所選的神經網路模型結構。請注意，如果時間步長為 1，則 LSTM 模型就和一個簡單的前饋神經網路一樣，也就是說，該模型變成一個非線性的自回歸模型。

(3) 按照 Keras 的要求定義深度學習模型，例如時間序列模型，一般是定義一個序列模型（Sequential），代表多個網路層的線性堆疊，因此要在這個模組增加不同的神經網路層。正常程序是先加一個 LSTM 層作為輸入資訊和隱藏狀態的橋樑，再加入一個全連接層（Dense），以便連結隱藏狀態和輸出資訊。

```
1   # use LSTM for forecasting
2   def create_dataset(dataset, timestep=1, look_back=1, look_ahead=1):
3       from statsmodels.tsa.tsatools import lagmat
4       import numpy as np
5       ds = dataset.reshape(-1, 1)
6       dataX = lagmat(dataset, maxlag=timestep*look_back, trim="both",
        original = 'ex')
7       dataY = lagmat(dataset[(timestep*look_back):], maxlag=look_ahead,
        trim= "backward", original='ex')
8       # reshape and remove redundent rows
9       dataX = dataX.reshape(dataX.shape[0], timestep, look_back)
        [:-(look_ahead -1)]
10      return np.array(dataX), np.array(dataY[:-(look_ahead-1)])
```

接著將原始資料分成建模資料和驗證兩部分。不過前面已經提前劃分了資料，保留最後 24 個月的資料作為驗證部分，其餘的則作為建模訓練集。下面需要標準化資料，把取值範圍納入 [0,1] 區間，如此便能提高計算的穩定性。另外，因為 Keras 要求輸入資料為 numpy 多維陣列形式，而非 pandas 的資料框形式，因此還得轉換資料的格式。

```
1   scaler = MinMaxScaler(feature_range=(0, 1))
2   trainstd = scaler.fit_transform(train.values.astype(float).reshape(-1, 1))
3   teststd = scaler.transform(test.values.astype(float).reshape(-1, 1))
```

```
4
5   lookback=60
6   lookahead=24
7   timestep=1
8   trainX, trainY = create_dataset(trainstd, timestep=1, look_back=lookback,
    look_ahead=lookahead)
```

現在定義 LSTM 模型。

```
1   batch_size=1
2   model = kModels.Sequential()
3   model.add(kLayers.LSTM(48, batch_size=batch_size, input_shape=(1, lookback),
    kernel_initializer='he_uniform')
4   model.add(kLayers.Dense(lookahead))
5   model.compile(loss='mean_squared_error', optimizer='adam')
```

下面開始擬合這個模型，擬合反覆運算 20 次，批量數（batch_size）為 1。一般來說，批量數越小，在其他參數不變的情況下擬合的效果越好，但是時間也越長，過度擬合的風險也越高。將參數 verbose 設為 0，要求不顯示擬合過程的輸出狀態。如果將該參數設為 1，則會顯示最終的擬合結果；如果設為 2，便輸出每次反覆運算的結果。倘若在批量處理（batch）模式下執行前述程式，則畫面會顯示一個字元形式的進度條。

```
model.fit(trainX, trainY, epochs=20, batch_size=batch_size, verbose=0)
```

如果使用 CPU，則擬合耗時 6 分 6 秒，倘若改用 GTX1060 GPU，則擬合耗時只需要 30 秒左右，效能差別之大可見一斑。這裡明顯體現 CNTK 計算後台的速度優勢。如果採用 Theano 作為計算後台，在以同樣的 GPU 進行計算的情況下，一共耗時 1 分 23 秒。

建好模型以後，下面準備處理測試資料以進行預測。前文保留最後 24 個月的資料作為測試資料，而 LSTM 模型回看的時間是 48 個時間點，因此不能直接將最後 24 個月的測試資料以 create_dataset 產生供預測函數使用的資料。因為這個模型一次性往前預測 12 期，因此可以直接抓取待預測 24 個月之前的 48 個月資料，將其標準化以後呼叫 reshape 函數變為合乎要求的格式，並且帶入預測函數執行預測，再與實際測試資料和 SARIMA 模型進行比較。如果想像 SARIMA 模型一樣往前預測 24 個月，便直接帶入已經預測好的 12 個月資料作為新的輸入，繼續預測後

面 12 個月，這與 SARIMA 模型的「動態」（dynamic=True）功能相同。另外，
Keras 模型可以選擇多種損失函數（Loss Function）作為最佳化標準。針對時間序
列，因為最後比較的是 MAPE 值，所以在 Keras 中選擇以 loss='mape' 作為參數。

首先預測測試資料的前半部分，即 1977 年的月度水流量資料。輸入資料為前 48
個月，代表 1973 年到 1976 年的月度水流量，轉換為 [1, 1, 60] 的維度後輸入預測
函數，得到 1977 年的月度水流量預測資料。執行下面的程式後，就可以進行對應
的預測、MAPE 的計算與繪圖，得到如圖 9.14 所示的結果。

```
1  feedData = scaler.transform(df1.WaterFlow['1972':'1976'].reshape
   (-1, 1)).copy()
2  feedX = (feedData).reshape(1, 1, lookback)
3  feedX = (feedX)
4  prediction1 = model.predict(feedX)
5
6  predictionRaw = scaler.inverse_transform(prediction1.reshape(-1, 1))
7  actual1 = df1.WaterFlow['1977':'1978'].copy().reshape(-1, 1)
8  MAPE = (np.abs(predictionRaw-actual1)/actual1).mean()
9
10 plt.plot(predictionRaw, label='Prediction')
11 plt.plot(actual1, label='Actual')
12 plt.title("MAPE = %.4f" % MAPE)
13 plt.legend(loc='best')
14 plt.xlim((0, 23))
15 plt.xlabel("Month")
16 plt.show()
```

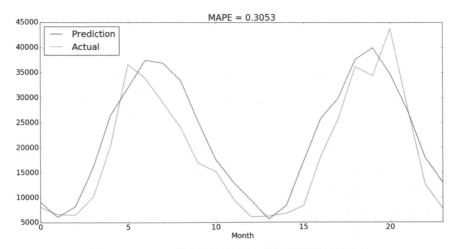

圖 9.14　LSTM 模型預測結果和實際測試資料的比較

由此得知，預測的 MAPE 值只有 24% 左右，比 SARMIMA 模型的 35% 要低很多，尤其是擬合的曲線更加平滑。上述的試驗顯示，一個簡單的 LSTM 模型，在擬合周期性很強的時間序列上具備較好的效能，尤其是不需要具體分析週期的多少，再選擇自回歸項和移動平均項參數，進而大幅降低建模的難度。分析師可以直接逐一篩選幾個關鍵參數，利用電腦取代人力，以便有效地提高工作效率。

前面提到，LSTM 只是 Sequential 模型的一個層，而在 Sequential 模型裡面可以疊加多個 LSTM 模型層，藉以建構一個深度 RNN 模型，這一點類似以 MLP 提升傳統前饋神經網路的預測能力。下文介紹如何建構一個疊加 LSTM 的序列模型，希望不同的 LSTM 層能夠捕捉不一樣的波動。當然，這種類型的模型更加複雜，更容易過度擬合，在資料比較簡單的情況下，不一定比前面單層的 LSTM 加上一個 Dense 層更有效，如圖 9.14 所示。

下面嘗試製作一個疊加的 LSTM 模型。該模型疊加了兩個 LSTM 層，每層都使用 10% 的 Dropout 防止過度擬合，最後加入一個全連接層再輸出結果。請注意，第一層的 LSTM 層制定輸入資料的維度，並把 return_sequences 參數設為 True。此參數指定是將上一次計算的輸出，還是將原始的整個序列返回下一層資料。如果 return_sequences 參數指定為 True，則返回原始的整個序列。也就是說，在多個疊加的 LSTM 層裡面，必須返回原始而非計算出來的序列資料，以供下一層使用。同時，在第二層裡面，毋須再指定輸入資料的維度，因為 Keras 能夠自動分析出這個參數。另外，因為 return_sequences 參數的預設值為 False，所以不需要特別設定，亦即在疊加的最後一個 LSTM 層不返回原始的序列資料，而是計算出的序列資料，以便提供給輸出層或全連接層使用。

```
1   %%time
2   # create and fit the Stacked LSTM network
3   batch_size=1
4   model2 = kModels.Sequential()
5   model2.add(kLayers.LSTM(96, batch_size=batchsize, input_shape=(1, lookback),
    return_sequences=True))
6   model2.add(kLayers.Dropout(0.1))
7   model2.add(kLayers.LSTM(48)))
8   model2.add(kLayers.Dense(lookahead))
9   model2.compile(loss='mape', optimizer='adam')
10  model2.fit(trainX, trainY, epochs=15, batch_size=batch_size, verbose=0)
```

以 GPU 擬合這個疊加的模型大約耗時 45 秒。那麼結果如何呢？請執行下面的程式展示預測和實際的曲線。

```
1  feedData = df1.WaterFlow['1972':'1976'].copy()
2  feedX = scaler.transform(feedData.reshape(-1, 1)).reshape(1, 1, lookback)
3  prediction2 = model2.predict(feedX)
4  predictionRaw = scaler.inverse_transform(prediction2.reshape(-1, 1))
5  actual1 = df1.WaterFlow['1977':'1978'].copy().reshape(-1, 1)
6  MAPE = (np.abs(predictionRaw-actual1)/actual1).mean()
7  plt.plot(predictionRaw, label='Prediction')
8  plt.plot(actual1, label='Actual')
9  plt.title("MAPE = %.4f" % MAPE)
10 plt.legend(loc='best')
11 plt.xlim((0, 23))
12 plt.xlabel("Month")
13 plt.show()
```

從圖 9.15 得知，預測的結果與簡單單層 LSTM 的模型差不多，MAPE 略低於 24%，沒有顯著的差異。造成這種結果的原因可能有兩種，一種是這個模型反覆運算的次數過多，有過度擬合的情況；另一種是需要更多 LSTM 層，以便擷取更細節的資訊。為了驗證這兩種假設，下面編寫一個函數，用以控制多個 LSTM 層的疊加數量，以及控制反覆運算的次數和批量數的大小。接著選擇在第一層 LSTM 之外再增加兩層 LSTM，每層都有 10% 的 Dropout 比率控制過度擬合，最後使用一個全連接層連接輸出層。程式選擇不同的反覆運算次數，從 4 次到 10 次，看看最後的結果如何，並且輸出每次反覆運算的時間。

```
1  def SLSTM(epoch=10, stacks=1, batchsize=5):
2    batch_size=batchsize
3    model2 = kModels.Sequential()
4    model2.add(kLayers.LSTM(48, batch_size=batchsize, input_shape=
     (1, lookback), return_sequences=True))
5    model2.add(kLayers.Dropout(0.1))
6    for i in range(stacks-1):
7      model2.add(kLayers.LSTM(32, return_sequences=True))
8      model2.add(kLayers.Dropout(0.1))
9    model2.add(kLayers.LSTM(32, return_sequences=False))
10   model2.add(kLayers.Dense(lookahead))
11   model2.compile(loss='mape', optimizer='adam')
```

```
12    t0 = time()
13    model2.fit(trainX, trainY, epochs=epoch, batch_size=batch_size,
      verbose =0)
14
15    feedData = df1.WaterFlow['1972':'1976'].copy()
16    feedX = scaler.transform(feedData.reshape(-1, 1)).reshape(1, 1,
      lookback)
17    prediction2 = model2.predict(feedX)
18    predictionRaw = scaler.inverse_transform(prediction2.reshape(-1, 1))
19    actual1 = df1.WaterFlow['1977':'1978'].copy().reshape(-1, 1)
20    deltatime = time()-t0
21    MAPE = (np.abs(predictionRaw-actual1)/actual1).mean()
22    print("Epoch= %.1f, MAPE=%.5f, 消耗時間 =%.4f 秒 " % (epoch, MAPE,
      deltatime))
23
24 for epoch in [4,5,6,7,8,9,10]:
25    SLSTM(epoch, stacks=2, batchsize=5)
```

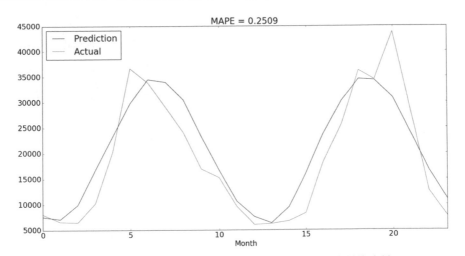

圖 9.15　疊加的 LSTM 模型預測結果和實際測試資料的比較

表 9.1 展示每次計算的結果和時間。由此得知，每增加一次反覆運算，計算時間大約增加 10 秒鐘，同時，在 6 次反覆運算時就能達到低於 25% 的 MAPE，接著隨著反覆運算次數的增加，誤差指標回升到 26% 以上，最後在第 9 次反覆運算時誤差降到 22% 以下。這表示透過增加 LSTM 模型疊加的層數，確實可以讓模型更快地學習資料的模式；但是，在使用疊加層數的 LSTM 模型時，必須適當降低反覆運算的次數，並藉由 Dropout 等技術防止過度擬合。

表 9.1　疊加 LSTM 模型的訓練結果

Epoch	MAPE	消耗時間（秒）
4.0	0.28090	41.0717
5.0	0.25532	51.6239
6.0	0.24873	61.5472
7.0	0.25706	72.0120
8.0	0.26800	81.7846
9.0	0.21710	92.5837
10.0	0.25783	102.8702

9.7.2　國際航空月度乘客數時間序列模型

本小節以前面學到的技術，對國際航空月度乘客數進行建模和預測。具體而言，首先用傳統的季節性自回歸整合移動平均模型（SARIMA）擬合和預測時間序列，再分別針對不進行平穩化，以及平穩化後的資料進行擬合，展示 LSTM 模型在兩種情況下的表現。以傳統的 SARIMA 模型進行擬合之前，仍然需要分析該資料的平穩性，如果不具備平穩性，便得進行適當的差分操作，使其變為平穩的序列，然後使用週期圖法偵測季節性的長度。完成這些基本的資料分析以後，便可取得所需的參數，接著擬合模型，預測最後 21 個月的序列資料，並考察誤差大小（因為資料截止到 1960 年 9 月）。請注意，用於模型擬合的訓練資料中，不包含最後這部分的測試資料。

儘管明顯不是平穩的資料，但是依然按照標準的步驟檢驗資料的平穩性，結果如圖 9.16 所示。

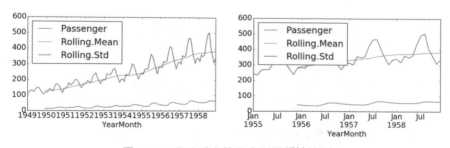

圖 9.16　月度乘客數量序列平穩性檢測

```
1  cutoff=21
2  train2 = df2.Passenger[:-cutoff]
3  test2 = df2.Passenger[-cutoff:]
4
5  fig = plt.figure()
6  ax0 = fig.add_subplot(221)
7  adftest, dftest0=test_stationarity(train2)
8  dftest0.plot(ax=ax0)
9  print('原始資料平穩性檢驗')
10 print(adftest)
11
12 ax1 = fig.add_subplot(222)
13 adftest, dftest1=test_stationarity(train2['1955':'1960'])
14 dftest1.plot(ax=ax1)
15 print('局部資料平穩性檢驗')
```

當然，前述資料具有明顯的季節性週期，並且用肉眼可以識別為 12 個月。但是，很多時候都需要一種自動化建模的手段，因此下面仍然以週期圖法偵測週期性。由圖 9.17 的結果得知，在資料不平穩的情況下，偵測效果不好。例如圖 9.17 資料的季節性週期明顯是 12 個月左右，但是偵測結果卻顯示為 37 個月，扣除誤差，也是實際季節性週期的 3 倍左右。這表示當使用週期圖法偵測週期性時，至少要求資料沒有明顯的趨勢性。

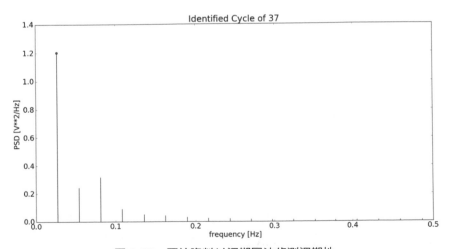

圖 9.17　原始資料以週期圖法偵測週期性

```
1  index, f, Power = CalculateCycle(train2)
```

那麼，先進行一階差分去掉趨勢性，即使產出的資料仍然存在異方差性，週期圖法也能夠比較容易發現資料的週期為 12，如圖 9.18 所示。目前看來，如果是單純增減異方差性，便對資料的週期性偵測影響不大。

```
1  train2d1 = train2.diff(1)[1:]
2  index, f, Power = CalculateCycle(train2d1)
```

得知季節性週期的長度以後，進行季節性差分就能消除影響，使資料更接近平穩的序列。以一階差分去掉季節性的資料，可以運用 ACF 和 PACF 來檢查。

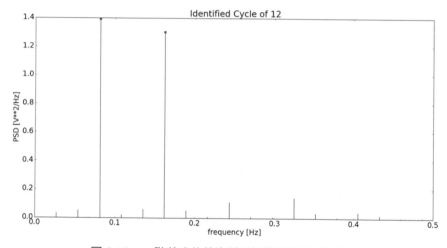

圖 9.18　一階差分後的資料以週期圖法偵測週期性

```
1  fig = plt.figure()
2  ax0 = fig.add_subplot(221)
3  sm.graphics.tsa.plot_acf(train2d1s12, ax=ax0, lags=48)
4
5  ax1 = fig.add_subplot(222)
6  sm.graphics.tsa.plot_pacf(train2d1s12, ax=ax1, lags=48)
7  plt.show()
```

圖 9.19 顯示其不具備任何顯著的自回歸或移動平均項，或者最多使用一個一階自回歸項即可。因此，對於 SARIMA 模型的參數，可以設定季節性部分的參數為 (1,1,0,12)；對於非季節性部分的參數，則可相對設為 (0,1,0)。

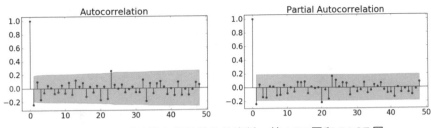

圖 9.19 消除季節性和趨勢性後的資料，其 **ACF** 圖和 **PACF** 圖

```
1  mod1 = sm.tsa.statespace.SARIMAX(train2, trend='c', order=(0,1,0),
   seasonal_order=(1,1,0,12)).fit()
2  pred=mod1.predict()
3  print(mod1.summary())
```

擬合的結果見圖 9.20。

擬合的結果看起來比較好，對於訓練集資料，其綜合 MAPE 僅為 5% 左右，而局部 MAPE 值，例如 1955 年到 1956 年，這 24 個月資料對應的 MAPE 值甚至只有 2.7%，如圖 9.21 所示。

```
                      Statespace Model Results
==============================================================================
Dep. Variable:                 Passenger   No. Observations:          120
Model:           SARIMAX(0, 1, 0)x(1, 1, 0, 12)   Log Likelihood        -402.338
Date:                 Thu, 26 Apr 2018   AIC                      810.677
Time:                         18:05:07   BIC                      819.039
Sample:                     01-01-1949   HQIC                     814.073
                          - 12-01-1958
Covariance Type:                   opg
==============================================================================
                 coef    std err          z      P>|z|      [0.025      0.975]
------------------------------------------------------------------------------
intercept     -0.0204      1.026     -0.020      0.984      -2.031       1.990
ar.S.L12      -0.1020      0.085     -1.194      0.232      -0.269       0.065
sigma2       107.9052     12.268      8.796      0.000      83.861     131.949
==============================================================================
Ljung-Box (Q):                       51.88   Jarque-Bera (JB):            4.66
Prob(Q):                              0.10   Prob(JB):                    0.10
Heteroskedasticity (H):               1.38   Skew:                       -0.18
Prob(H) (two-sided):                  0.34   Kurtosis:                    3.96
==============================================================================

Warnings:
[1] Covariance matrix calculated using the outer product of gradients (complex-step).
```

圖 9.20 模型擬合的結果

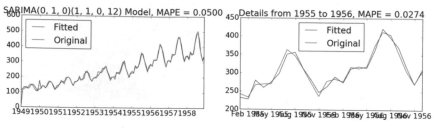

圖 9.21　擬合曲線和實際序列的比較

當然，模型的預測效果最後還是端賴測試資料上的表現。比較 1959 年 1 月到 1960 年 9 月的測試資料與預測資料後，MAPE 值為 12.4%，顯示 SARIMA 模型有過度擬合的可能性。從圖 9.22 得知，誤差的主要原因是預測資料無法有效地擬合乘客數量不停增長的趨勢。1960 年和 1959 年預測資料的水準大致一樣，但是實際資料是 1960 年比 1959 年的平均乘客數提高了超過 10%。這個趨勢對於資料而言，其實表現為異方差性隨著時間而逐漸增大。因為一階差分後的資料，總平均值保持在接近零的水準，並且不隨時間而變動，只有資料的波動隨時間增大。

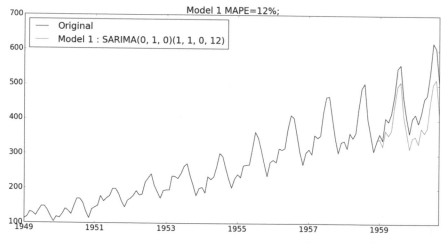

圖 9.22　SARIMA(0,1,0)(1,1,0,12) 模型在測試資料的預測效果

瞭解 SARIMA 模型在一個去掉趨勢性，但是仍然保留異方差性序列的表現後，再看一下遞歸神經網路在原始資料的表現。請建構一個簡單的單層 LSTM 模型，將其應用於不去掉趨勢性、不消除異方差性的原始資料，然後查看神經網路模型能不能自動抓取資料的模式。

```
1  scaler = MinMaxScaler(feature_range=(0, 1))
2  trainstd2 = scaler.fit_transform(train2.values.astype(float).reshape(-1, 1))
3  teststd2 = scaler.transform(test2.values.astype(float).reshape(-1, 1))
4
5  lookback=60
6  lookahead=24
7  timestep=1
8  trainX2, trainY2 = create_dataset(trainstd2, timestep=1, look_back=lookback,
   look_ahead=lookahead)
```

下列程式組成 LSTM 神經網路模型，並進行擬合。因為資料量較少，擬合時間只花費不到 11 秒。

```
1  %%time
2  # create and fit the simplest LSTM network
3  batch_size=1
4  model = kModels.Sequential()
5  model.add(kLayers.LSTM(96, batch_size=batch_size, input_shape=(1, lookback),
   kernel_initializer='he_uniform'))
6  #model.add(kLayers.Dense(32))
7  model.add(kLayers.Dense(lookahead))
8  #model.compile(loss='mean_squared_error', optimizer='adam')
9  model.compile(loss='mape', optimizer='adam')
10 model.fit(trainX2, trainY2, epochs=30, batch_size=batch_size, verbose=0)
```

擬合完畢以後就可以對測試資料進行預測，並檢驗平均誤差百分比，如圖 9.23 所示。請留意幾處和 SARIMA 模型預測能力不同的地方。

(1) 首先，其 MAPE 值只有 11.6%，比 SARIMA 模型的預測值稍低，但是並沒有顯著的區別，這一項比較容易調整。當提高反覆運算次數到 40 次的時候，測試集資料的 MAPE 值便可降到 7.0%。

(2) 其次，LSTM 模型發現逐漸增加的平均乘客數和增加的波動兩種趨勢，即使沒有在模型裡指明或對資料進行任何特別的處理；而 SARIMA 模型的預測並未抓住乘客數波動範圍增加的模式，亦即不能自動解決異方差性，而是需要對資料進行一些變換，例如取對數等，以消減異方差性，進而得出乘客數波動範圍增加的特性，並且反映至預測中。如此一來便可大幅提高建模效率。

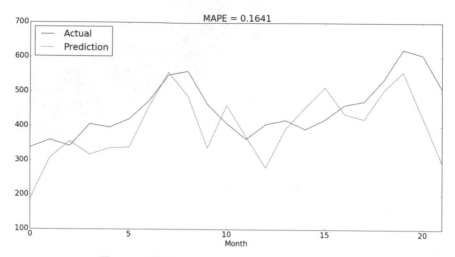

圖 9.23　單層 LSTM 模型在測試資料的預測效果

下面對原始資料取對數，以便儘量消除異方差性，然後再查看 SARIMA 模型和單層 LSTM 模型各自的預測效果。首先觀察圖 9.24，取對數以後的差分資料平穩性很好，12 個月的週期在 ACF 圖和 PACF 圖都能明顯呈現出來，而且都表現出更為顯著的二階自回歸和一階移動平均項的要求。因此，SARIMA 模型在季節性參數便使用 (2,1,1,12)，而非原來的 (1,1,0,12)。當預測資料重新返回原始的尺度後，與實際資料比較的 MAPE 值現在降低到僅為 5%，如圖 9.25 所示；相對於不消除異方差性的情況，準確度提高一倍，效果非常明顯。此外，現在的預測資料能夠有效地體現乘客數量平均水準，以及波動幅度隨時間增大的情況。

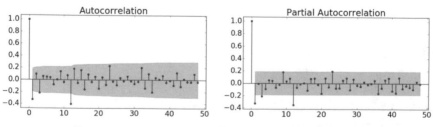

圖 9.24　消除趨勢和異方差性後的 ACF 圖和 PACF 圖

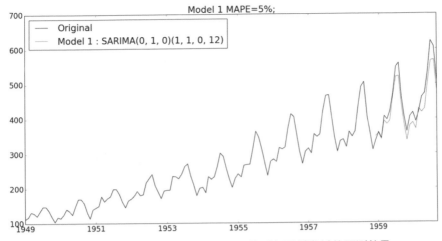

圖 9.25　SARIMA(0,1,0)(1,1,1,12) 模型在平穩資料的預測效果

另一方面，非線性處理原始資料之後，深度學習模型的預測能力退化較大，這是一個非常有趣的現象。無論是單層還是多層的 LSTM 模型，在資料的預測上都出現較大的偏差。這表示在時間序列建模時，如果打算使用深度學習的演算法，則保持原有資料的相對比例，此點十分重要。

9.8 總結

本章介紹時間序列模型的基本概念，並且比較了傳統的 ARIMA 模型與新興的 LSTM 深度學習模型。由前文得知，當以一定週期性的時間序列資料進行建模和預測時，簡單的 LSTM 模型已經能夠很容易地達到目的，這些效果原本要求仔細分析週期性和各項建模參數的 (S)ARIMA 模型才能完成。因此，這種情況下不需要花費大量的精力處理資料來達到平穩性，然後以傳統的 ARIMA 模型建模。相反的，深度學習模型可以自動發現非平穩資料的趨勢性和異方差性，並對這兩種資料的模式建模，在反覆運算一定的次數之後達到較好的預測效果。此外甚至還能疊加多個 LSTM 層，在反覆運算較少的次數時，就能識別資料的特徵開始預測。

當然，深度學習模型的演算法屬於隨機演算法，有時候需要進行多次擬合，試著設定不同的初始值才能得到合適的結果。深度學習模型也比較容易過度擬合，在不同層之間加入連接放棄層（Dropout），或者在 LSTM 層設定遞迴權重或偏置權重進行正規化處理，可以在一定程度上防止過度擬合。

雖然一些非線性變換的方法，例如取自然對數，能夠有效處理資料的異方差性，並協助傳統的 ARIMA 模型提高預測能力，但是此法並不適用深度學習模型。當應用變換後的資料訓練深度學習模型時，其預測能力反而不如使用原始資料的效果好。

10

雲端機器學習與智慧物聯網

10.1 Azure 和 IoT

本章介紹 IoT 解決方案架構，此架構利用 Azure 服務部署，而且包含 IoT 方案的常用特點。IoT 解決方案架構要求在設備之間存在安全、雙向的通訊，以及一個後台的解決方案。後台解決方案可以使用自動化的預測分析，以揭示設備到雲端的時間流內容。Azure IoT Hub 是實現 IoT 方案架構的關鍵基石。IoT 套件為這個架構提供完整端到端的實作，從資料的收集、儲存和整理，一直到利用 AzureML 的機器學習和深度學習功能進行預測和分析，都能在一個框架內完成。例如：遠端監控方案監控每個終端設備（如溫度監測站），甚至預先測試檢測站感測器的維護需求，進而避免不必要的停機。

IoT 方案架構

圖 10.1 展示一個典型的 IoT 解決方案架構，它描述其中關鍵的組成部分。在這個架構中，IoT 設備收集資料，並傳送到雲端閘道。雲端閘道讓其他後端服務處理資料，完成以後便呈現給客戶或者送到其他的商業智慧程式。

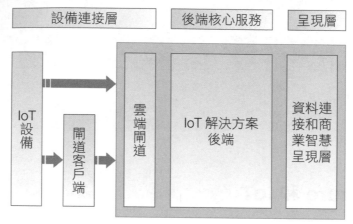

圖 10.1　典型的 IoT 方案架構

（圖片來源：https://docs.microsoft.com/en-us/azure/includes/media/iot-azure-and-iot/iot-reference-architecture.png）

設備連接

在 IoT 解決方案架構裡，設備傳送測量資料到雲端服務儲存，然後處理，例如溫度監測站的感測器讀數。在預測維護場景裡，解決方案後端使用了感測器串流資料，藉以確定是否需要維護一根特定的組件。設備還可以接受和回覆來自雲端的訊息。例如，前述的解決方案後端能夠傳送訊息到溫度監測站的正常感測器，在開始維護待修的組件之前，有故障的溫度檢測設備就離線，這樣維護工程師到達現場後便可以立刻開始作業。在這個 IoT 專案裡，一個最大的挑戰是如何可靠、安全地連接設備和方案後台服務。和其他用戶端 (如瀏覽器，手機 APP) 相較下，IoT 設備具有以下不同的特徵。

(1) IoT 設備往往是嵌入式設備，沒有人類作業員。

(2) IoT 設備可以部署在遙遠的地點，實體的存取成本很高。

(3) IoT 設備僅能透過方案後台存取，沒有其他途徑和設備互動。

(4) IoT 設備只具備有限的電源和計算資源。

(5) IoT 設備可能會有斷斷續續、緩慢或者昂貴的網路連接。

(6) IoT 設備需要使用專門或行業特有的通訊協定。

(7) IoT 設備可以由很多的通用硬體和軟體平台製造。

除了以上要求，任何 IoT 解決方案必須具備擴展性、安全性和可靠性。連接要求導致以傳統技術（如網路容器或訊息代理）實現既困難又耗時。Azure IoT Hub 和 AzureIoT 設備 SDK 使得滿足這樣的要求容易很多，一個設備可以直接和雲端閘道端點連接，如果該設備無法使用任何雲端閘道支援的通訊協定，則可透過中轉閘道連接。例如，如果設備不能使用任何 IoT Hub 支援的協定，則 Azure IoT 協定閘道便可實現協定中繼。

資料處理和分析

在雲端環境下，大部分資料處理運行於 IoT 解決方案後端，例如過濾和聚合測量資料，然後轉發到其他服務。在 IoT 後台可以進行下列操作。

(1) 從設備處接收大規模測量資料，再決定如何處理和儲存。

(2) 從雲端發送命令到一個特定的設備。

(3) 提供設備註冊功能，以便開啟和控制哪些設備連接到基礎架構。

(4) 記錄設備狀態，監控設備行為。

在預測維護場景裡，方案後端存放了歷史測量資料。方案後端利用這些資料找出溫度檢測設備何時需要維護的規律。IoT 解決方案包括自動回饋迴路。例如分析模組可以從測量資料裡，識別一個特定設備的溫度是否高於正常水準，然後方案後端便能傳送命令給該設備糾正偏差。

報表和商業連接

報表和商業連接層能讓終端使用者連接 IoT 後端和設備，如此便可查看與分析設備傳送的測量資料。這些視圖允許以儀表板或商業智慧報表的形式，展示歷史資料和即時資料，例如，一名人工作業員可以查看特定溫度檢測設備的狀態和系統告警。本層服務整合 IoT 解決方案和已有的商業應用，並且連接到企業業務流程和工作流程。此外，預測維護方案可以和調度系統整合，當需要檢修溫度檢測設備時，調度系統便可調集工程師檢修此設備。

下一步

Azure IoT Hub 提供 IoT 解決方案，以及成千上萬台設備之間安全可靠的雙向通訊。有了 IoT Hub，方案後台便具有以下功能。

(1) 從很多設備並行地接受測量資料。

(2) 把資料從設備送到事件串流處理器。

(3) 上傳檔案到設備。

(4) 傳送訊息到特定的設備。

IoT Hub 還能應用至自己的 IoT 解決方案。而且 IoT Hub 提供設備身份註冊服務：以便啟動設備、存放裝置的公開金鑰認證，以及定義設備存取 IoT Hub 的權限。

下文著重介紹 IoT Hub。

雖然 IoT 本身和 Keras 沒有直接關聯，但隨著物聯網的發展，IoT 設備提供越來越有價值的資料。這些資料經過採集、儲存、處理後，便可作為 Keras 的輸入。所以，本章使用具體範例解說此流程。

本節的介紹應用微軟的 MSDN 文件 https://docs.microsoft.com/en-us/azure/iot-hub/ IoT Hub-what-is-azure-iot。

10.2 Azure IoT Hub 服務

本節說明為什麼需要使用 IoT Hub 服務實現 IoT 解決方案。Azure IoT Hub 是一種完全託管服務，其架構如圖 10.2 所示。

(1) 提供多個設備到雲端，以及雲端到設備的通訊選項，包括單向訊息、檔案傳輸、請求 – 應答的方法。

(2) 提供內建的宣告式訊息路由到其他 Azure 服務。

(3) 為設備提供一個可查詢儲存的中繼資料和同步狀態資訊。

(4) 安全通訊和存取控制使用每個設備特定的安全金鑰或 X.509 證書。

(5) 為設備連接和設備身份管理事件提供廣泛的檢測功能。

(6) 設備庫支援常用的語言和平台。

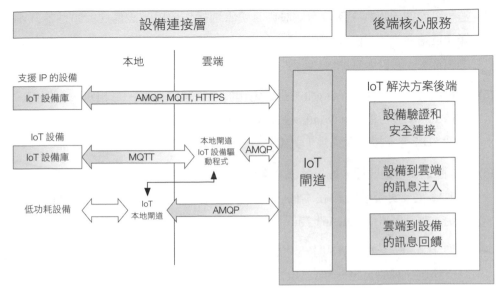

圖 10.2　Azure IoT Hub 架構

（圖片來源：https://docs.microsoft.com/en-us/azure/iot-hub/media/iot-hub-what-is-
iot-hub/hubarchitecture.png）

為什麼使用 Azure IoT Hub

除了支援訊息傳遞、檔案算出和請求應答，IoT Hub 還解決了設備連接問題。

(1) 設備雙系統。雙系統可以儲存、同步與查詢設備中繼資料和狀態資訊。設備
副本其實是一個 JSON 檔案，它存放設備的狀態資訊（中繼資料、組態和條
件）。IoT Hub 為每個設備保留了持久性的副本。

(2) 每個設備有特定的認證和安全連接。可為每個設備配置自己的安全金鑰，以
便連接到 IoT Hub。IoT Hub 標識註冊表在設備解決方案中存放裝置標識和金
鑰。其解決方案後端可以增加單個設備到允許或拒絕清單，進而實現針對設
備存取的完全控制。

(3) 基於宣告式規則將設備到雲端的訊息路由到 Azure 服務。IoT Hub 允許根據路
由規則定義訊息路由，控制 Hub 傳送設備到雲端訊息的目的地。路由規則不
需要編寫任何程式碼，並且可以替換成自訂的 post-ingestion 調度程式。

(4) 監視設備連接操作。接收有關設備身份管理操作，以及設備連接事件的詳細操作日誌。此功能使 IoT 解決方案能夠識別連接設備的問題，例如嘗試以錯誤憑證連接，過於頻繁地傳送訊息，或者拒絕所有雲端到設備的訊息等。

(5) 一組廣泛的設備庫。Azure IoT 提供適用於各種語言和平台的 SDK——例如，多種 Linux 發行版本、Windows 作業系統以及多種即時作業系統。Azure IoT 設備 SDK 還支援託管語言，例如 C#、Java 和 JavaScript。

(6) IoT 協定和可擴展性。如果解決方案無法使用設備庫，則 IoT Hub 會公開一個開放協定，使設備能夠在本機上使用 MQTT v3.1.1、HTTP 1.1 或 AMQP 1.0 協定。此外還可以擴展 IoT Hub，並透過以下方式提供自訂協定的支援。

- 使用 Azure IoT 閘道 SDK 建立欄位閘道，將自訂協定轉換為 IoT Hub 服務支援的三種協定之一。

- 自訂 Azure IoT 協定閘道，這是一套運行於雲端的開源軟體。

- Azure IoT 中心擴展到數百萬個同時連接的設備，以及每秒數百萬的事件。

閘道

IoT 解決方案中的閘道有兩種形式：部署在雲端的協定閘道，以及部署在本地端的本地閘道。協定閘道的工作是轉換協定，例如從 MQTT 轉換到 AMQP。本地閘道在本地端分析資料，做出即時決定，藉以降低來去雲端的延遲和洩露隱私等風險。這兩種閘道都扮演設備和 IoT Hub 之間的媒介，解決方案可以同時包括協定閘道和本地閘道。

IoT Hub 如何運作

Azure IoT Hub 透過實現 Service-Assisted 通訊模式，以便連接設備和方案後端。Service-Assisted 通訊模式的目標是：在一個控制系統和特殊目的設備之間建立互信與雙向的通訊。這種通訊模式具有以下原則。

(1) 安全第一，優先於其他所有功能。

(2) 設備不主動接收命令。如果設備想接收命令，必須定時和後端建立連接，查看是否有需要執行的命令。

(3) 設備應該只連接或建立與它們對等的已知服務（如 IoT Hub）的路由。

(4) 設備和服務之間或設備和閘道之間的通訊路徑，要在應用協定層保證是安全的。

(5) 系統級授權和身份驗證根據每個設備的身份，使得存取憑證和權限幾乎立刻撤銷。

(6) 保持命令和設備訊息直到設備接收，這樣有助於電源或連接不穩定的設備雙向通訊。IoT Hub 為每個設備維護命令佇列。

(7) 單獨保護應用程式有效載入的資料，應用於閘道到特定服務的受保護傳輸。行動行業已經大規模採用 Service-Assisted 通訊模式實現推送通知服務，例如 Windows 推送通知服務、Google 雲端訊息、Apple 推送通知服務等。

下一步

下文介紹 IoT Hub 如何實現基於標準的設備管理，以便遠端系統管理配置和更新設備。

10.3 使用 IoT Hub 管理設備概述

簡介

Azure IoT Hub 提供功能和擴展性模型，允許後端開發人員建立強大的設備管理解決方案。設備範圍從受限感測器到單一用途微控制器，再到強大的閘道 (為設備群組通訊路由)。此外，IoT 營運商的應用場景和要求，不同行業有不一樣的需求。儘管存在著變化，透過 IoT Hub 設備管理提供的功能、模式和程式庫，便可滿足各種設備和終端使用者的需求。成功企業 IoT 解決方案的關鍵部分是：營運商如何為設備集合的持續管理提供策略。IoT 營運商需要擁有可靠的工具和應用程式，以便專注於更具戰略性的方面。本節主要包括以下內容。

(1) Azure IoT Hub 對設備管理方法的簡要概述。

(2) 介紹常見的設備管理原則。

(3) 介紹設備生命週期。

(4) 常見設備管理模式概述。

設備管理原則

IoT 帶來一套獨特的設備管理方法，每個企業級解決方案都得滿足以下的原則，如圖 10.3 所示。

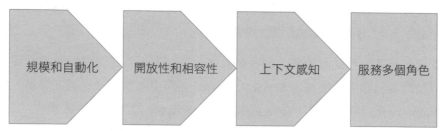

圖 10.3　企業級解決方案必須滿足的原則

（圖片來源：https://docs.microsoft.com/enus/azure/iot-hub/media/iot-hub-device-management-overview/image4.png）

(1) 規模和自動化：IoT 解決方案需要簡單的工具，藉以自動執行日常任務，並使相對較少的維運人員管理數百萬台設備。平時，營運商希望能夠遠端處理大量的設備操作，並且僅在出現需要直接注意的問題時才提醒。

(2) 開放性和相容性：設備生態系統非常多樣化，管理工具必須客製化以適應多種設備類型、平台和協定。營運商必須支援多種類型的設備，從最受限制的嵌入式單處理序晶片，直到功能強大和齊全的電腦。

(3) 上下文感知：IoT 是動態、不斷變化的環境，所以服務可靠性十分重要。設備管理操作必須考慮 SLA 的時間要求、網路和電源狀態、使用條件和設備地理位置等，以確保維修時間不會影響關鍵業務的操作或引起危險。

(4) 服務多個角色：支援獨特的工作流程和其 IoT 操作角色也非常重要。操作人員必須與內部 IT 部門給定的約束條件協調工作，還得找到可持續的方法，好向管理者和其他業務管理角色提供即時的設備操作資訊。

設備生命週期

這是一種設備管理階段,適用於所有企業的 IoT 專案。在 Azure IoT 中,設備的生命週期有 5 個階段,每個階段需要滿足下列幾個針對設備作業員的要求,以提供完整的解決方案。

(1) 計畫:允許營運商建立設備中繼資料,使其能夠輕鬆、準確地查詢和定向一組設備,以便進行批量管理操作。可以採用設備雙系統,以標籤和屬性的形式儲存此設備的中繼資料。

(2) 啟動:在 IoT Hub 裡安全啟動,好讓作業員能夠立即發現設備功能。以 IoT Hub 身份註冊表建立靈活的設備標識和憑證,並透過相關作業批量執行。此外也可產生報表,藉由設備雙系統存放的設備屬性報告其功能和條件。

(3) 組態:便於設備的批量組態更改和元件更新,同時保持設備正常運作和安全。可透過所需的屬性或使用直接的方法和廣播作業,批量執行這些設備管理操作。

(4) 監視器:監視整體設備運行狀況、正在進行的作業狀態,並警告作業員需要注意的問題。設備雙系統允許設備報告即時操作條件和更新操作的狀態,並且透過查詢建立功能強大的儀表板報表,以便展示最緊迫的問題。

(5) 淘汰:在發生故障、升級週期或服務生命週期結束後更換或停用設備。如果正在更換實體設備,便以設備雙系統維護設備資訊;一旦更換完成,則使用設備雙系統進行歸檔。IoT Hub 身份註冊表可安全撤銷設備標識和憑證。

設備管理模式

IoT Hub 支援下列的設備管理模式。

(1) 重啟設備:後端應用程式透過直接方法通知設備已重新開機。設備利用報告的屬性更新其重新開機狀態,如圖 10.4 所示。

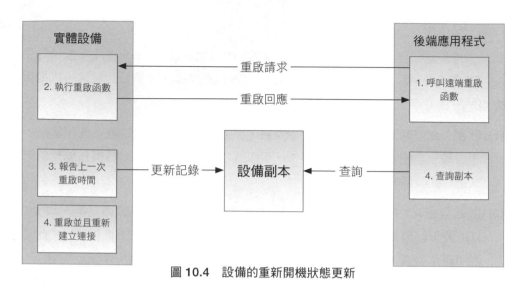

圖 10.4 設備的重新開機狀態更新

（圖片來源：https://docs.microsoft.com/en-us/azure/iot-hub/media/iot-hub-device-management-overview/reboot-pattern.png）

(2) 恢復出廠設定：後端應用程式透過直接方法通知設備已恢復出廠設定。設備利用報告的屬性更新它的出廠模式。恢復出廠設定的流程和重啟設備的流程相同。

(3) 組態：後端應用程式使用所需的屬性配置設備上執行的軟體。設備利用報告的屬性更新它的組態狀態，如圖 10.5 所示。

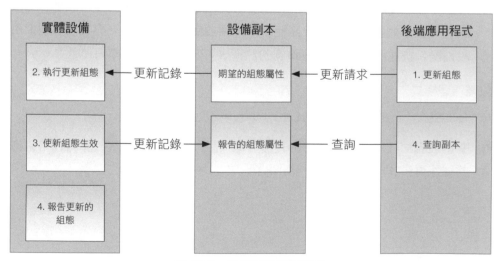

圖 10.5 設備組態狀態更新

（圖片來源：https://docs.microsoft.com/en-us/azure/iot-hub/media/iot-hub-device-management-overview/configuration-pattern.png）

(4) **元件更新**：後端應用程式透過直接方法通知設備已啟動元件更新。設備啟動多個步驟，以下載元件映射並套用，最後重新連接 IoT Hub 服務。在整個過程中，設備利用報告的屬性更新其進度和狀態，如圖 10.6 所示。

(5) **報告進度和狀態**：解決方案後端執行設備雙查詢，並橫跨一組設備，以報告設備上運行的操作狀態和進度。具體的流程圖比較複雜，這裡就略過不提。

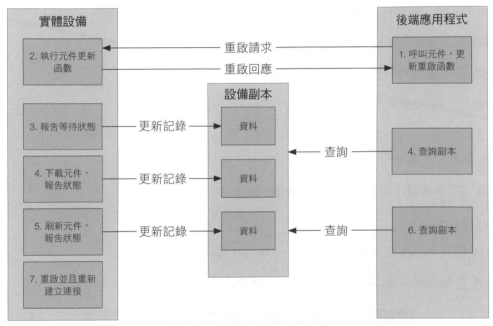

圖 10.6 設備更新進度和狀態

（圖片來源：https://docs.microsoft.com/en-us/azure/IoT Hub/media/iot-hub-device-management-overview/fwupdate-pattern.png）

下一步

使用 IoT Hub 提供的功能、設備和程式庫，建立滿足企業 IoT 營運商要求的 IoT 應用程式。

10.4 以 .NET 將模擬設備連接到 IoT 中心

簡介

Azure IoT Hub 是一種完全託管的服務，可在數百萬的 IoT 設備和解決方案後端之間實現可靠、安全的雙向通訊。IoT 面臨的最大挑戰之一，便是如何可靠、安全地將設備連接到解決方案後端。為了應對這項挑戰，IoT Hub 能夠：

(1) 提供設備到雲端，以及雲端到設備的可靠超大規模訊息。

(2) 以每個設備的安全憑證和存取控制啟用安全通訊。

(3) 包含最受歡迎的語言和平台的設備庫。

下文在 Azure 上先建立 IoT Hub，接著產生設備身份，然後新建一個模擬設備的應用程式，以傳送測量資料到解決方案後端，同時從後端接收命令。

為了完成這個任務，需要 Visual Studio 2015 和 Azure 帳號。

建立 IoT Hub

(1) 開啟 **Azure** 主頁面：https://portal.azure.com。

(2) 登錄以後，依序點擊圖 10.7 的「＋建立資源」、「物聯網」和「IoT Hub」。

圖 10.7　IoT 建立視窗

(3) 接著選擇以下配置：輸入 IoT Hub 的名稱，如果名稱有效而且沒人註冊過，則「名稱」方框將顯示一個綠色核取記號。選擇定價與級別層，可使用免費的 F1 層。在「資源群組」中，請新建或選擇現有的項目。在「位置」指定託管 IoT Hub 的位置，此處選擇「東亞」，如圖 10.8 所示。

(4) 完成配置選項以後，點擊「建立」鈕。這個過程會花費幾分鐘建立 IoT Hub，可以點擊通知圖示查看狀態，如圖 10.9 所示。

(5) 建好 IoT Hub 以後，在儀表板點擊新產生的項目。請記下主機名稱，然後點擊「共用存取原則」選項，如圖 10.10 所示。

圖 10.8　IoT 參數視窗

10.9　IoT 建立成功通知

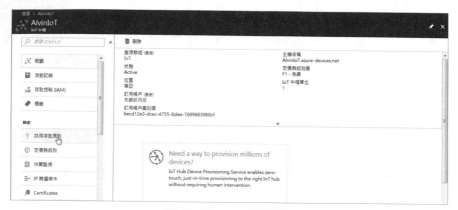

圖 10.10　IoT 概觀視窗

(6) 點擊「iothubowner」選項，複製並記下「連接字串—主要金鑰」項目，如圖 10.11 所示。

圖 10.11　IoT 共用存取原則視窗

到此為止，IoT Hub 建立完畢，接下來會使用主機名稱和 IoT Hub 連接字串。

建立設備身份

本小節建立一個 .NET 主控台應用程式，好在 IoT Hub 的身份註冊表中產生設備標誌，擁有此記錄後才能連接 IoT Hub。執行此主控台應用程式時，它會產生一個唯一的設備 ID 和金鑰，當設備傳送訊息到 IoT Hub 時必須先標識自己。

(1) 在 Visual studio 新建 Visual C# 主控台應用程式專案，命名為 CreateDeviceIdApp，
如圖 10.12 所示。

圖 10.12　IoT 新增專案

(2) 從 NuGet 安裝必要的套件：右擊 CreateDeviceIdApp 專案，在快顯功能表中
選擇「管理 Nuget 套件…」。搜索「microsoft.azure.devices」，選取返回的第一
個選項，點擊安裝圖示，如果提示需要接受授權，點擊「我接受」鈕即可，
如圖 10.13 所示。

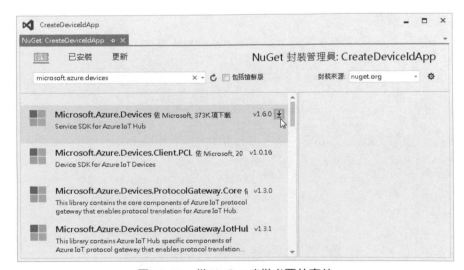

圖 10.13　從 NuGet 安裝必要的套件

(3) 主控台程式入口位於 CreateDeviceIdApp.cs 檔案，請修改檔案內容如下。

```
1   using System;
2   using System.Threading.Tasks;
3   using Microsoft.Azure.Devices;
4   using Microsoft.Azure.Devices.Common.Exceptions;
5   using System.Diagnostics;
6
7   namespace IoT Hub.CreateDeviceId
8   {
9       public class CreateDeviceIdApp
10      {
11          private readonly RegistryManager registryManager;
12          private readonly string connectionString;
13          private readonly string deviceId;
14
15          public CreateDeviceIdApp(string devicdId, string connectionString)
16          {
17              this.deviceId = "TestDevice1";
18              this.connectionString = connectionString;
19
20              this.registryManager = RegistryManager.CreateFromConnectionString
                    (this.connectionString);
21          }
22
23          static void Main(string[] args)
24          {
25              TraceListener consoleTraceListener = new System.Diagnostics.
                    ConsoleTraceListener();
26              Trace.Listeners.Add(consoleTraceListener);
27
28              CreateDeviceIdApp app = new CreateDeviceIdApp(
29                  "TestDevice1",
30                  "HostName=IoTHubTestabc.azure-devices.net;
                     SharedAccessKeyName=IoTHubowner;SharedAccessKey=
                     x9cO3s+fp9Sz pv9tjLxlngZrIcFViETQlgrMqXFuesM=");
                     // 即「連接字串─主要金鑰」
31
32              app.AddDeviceAsync().Wait();
33              Console.ReadKey();
```

```
34        }
35
36      private async Task AddDeviceAsync()
37      {
38        Device device = null;
39        try
40        {
41          device = await this.registryManager.AddDeviceAsync(new
                Device(this.deviceId));
42          Trace.WriteLine(string.Format("Generated device key: {0}",
                device.Authentication.SymmetricKey.PrimaryKey));
43        }
44        catch (DeviceAlreadyExistsException)
45        {
46          device = await this.registryManager.GetDeviceAsync (this.
                deviceId);
47          Trace.WriteLine(string.Format("Fetch existing device key:
                {0}", device.Authentication.SymmetricKey.PrimaryKey));
48        }
49        catch (Exception e)
50        {
51          Trace.WriteLine(string.Format("Unexpected exception {0}", e));
52        }
53      }
54 }
55 }
```

(4) 按 Ctrl+F5 鍵執行程式，輸出結果如圖 10.14 所示，這個設備的金鑰是：

```
o4eIb5TQ46GhBcXPWvWWcdai8/dfmJ065BjAbeNcxKQ=
```

圖 10.14 IoT 設備金鑰

建立虛擬的設備

本小節建立另一個主控台程式 VirtualDeviceApp，藉以模擬一台設備傳送訊息到雲端。新增過程類似前一個專案，這裡需要安裝不同的 Nuget 套件，如圖 10.15 所示。

圖 10.15　建立 VirtualDeviceApp

然後修改 VirtualDeviceApp.cs 的內容如下。

```
1   using System;
2   using System.Text;
3
4   using Microsoft.Azure.Devices.Client;
5   using Newtonsoft.Json;
6   using System.Diagnostics;
7
8   namespace IoT Hub.VirtualDevice
9   {
10      public class VirtualDeviceApp
11      {
12          private static Random Rand = new Random();
13          private readonly DeviceClient deviceClient;
14          private string deviceId;
15          private string IoT HubUri;
16          private string deviceKey;
```

```
17
18    public VirtualDeviceApp(string deviceId, string IoT HubUri,
      string deviceKey)
19    {
20        this.deviceId = deviceId;
21        this.IoT HubUri = IoT HubUri;
22        this.deviceKey = deviceKey;
23        this.deviceClient = DeviceClient.Create(
24        this.IoT HubUri,
25        new DeviceAuthenticationWithRegistrySymmetricKey(this.
          deviceId, this.deviceKey), TransportType.Mqtt);
26    }
27
28    static void Main(string[] args)
29    {
30        TraceListener consoleTraceListener = new System.Diagnostics.
          ConsoleTraceListener();
31        Trace.Listeners.Add(consoleTraceListener);
32
33        VirtualDeviceApp deviceApp = new VirtualDeviceApp(
34            "TestDevice1",
35            "IoTHubTestabc.azure-devices.net",  // 主機名稱
36            "o4eIb5TQ46GhBcXPWvWWcdai8/dfmJ065BjAbeNcxKQ="); // 設備金鑰
37
38        Console.WriteLine("Virtual device is created.\n");
39        deviceApp.SendDevice2CloudMessagesAsync();
40        Console.ReadKey();
41
42    }
43
44    private async void SendDevice2CloudMessagesAsync()
45    {
46        double temperatureInCelSius = 30;
47        while (true)
48        {
49            double temperature = temperatureInCelSius +
              Rand.NextDouble() * 5;
50            var dataSample = new
51            {
52                deviceId = this.deviceId,
```

```
53              temperature = temperature,
54              guid = Guid.NewGuid().ToString()
55          };
56
57          string messageString = JsonConvert.SerializeObject(dataSample);
58          Message message = new Message (Encoding.ASCII.
            GetBytes(messageString));
59
60          await this.deviceClient.SendEventAsync(message);
61
62          Trace.WriteLine(string.Format("{0}, Sending message: {1}",
            DateTime.Now, messageString));
63          }
64      }
65  }
66 }
```

接收設備到雲端的訊息

本小節新建另一個簡單的主控台程式 ReadDevice2CloudMessage，從 IoT Hub 讀取設備到雲端的訊息。建立過程類似前一個專案，這裡需要安裝不同的 NuGet 套件，如圖 10.16 所示。

圖 10.16　建立 ReadDevice2CloudMessage

然後修改 ReadDevice2CloudMessageApp.cs：

```
1  using System;
2  using System.Collections.Generic;
3  using System.Text;
4  using System.Threading.Tasks;
5  using Microsoft.ServiceBus.Messaging;
6  using System.Threading;
7  using System.Diagnostics;
8
9  namespace IoT Hub.ReadDevice2CloudMessage
10 {
11    public class ReadDevice2CloudMessageApp
12    {
13      private readonly string connectionString;
14      private readonly string IoT HubD2cEndpoint;
15      private readonly EventHubClient eventHubClient;
16
17      public ReadDevice2CloudMessageApp(string connectionString,
         string IoTHubD2cEndpoint)
18      {
19        this.connectionString = connectionString;
20        this.IoT HubD2cEndpoint = IoT HubD2cEndpoint;
21        this.eventHubClient = EventHubClient.
         CreateFromConnectionString (this.connectionString, this.IoT
         HubD2cEndpoint);
22      }
23
24      static void Main(string[] args)
25      {
26        TraceListener consoleTraceListener = new System.Diagnostics.
         ConsoleTraceListener();
27        Trace.Listeners.Add(consoleTraceListener);
28
29        ReadDevice2CloudMessageApp app = new ReadDevice2CloudMessageApp(
30          "HostName=IoT HubTestabc.azure-devices.net;
           SharedAccessKeyName=IoTHubowner;SharedAccessKey=
           YtRvhBpllem5j6twJ2PIUmXYCT2zeiSoqOXYitqR2kY=",
31          "messages/events");
32
```

```
33        string[] d2cPartitions = app.eventHubClient.
          GetRuntimeInformation().PartitionIds;
34
35        CancellationTokenSource cts = new CancellationTokenSource();
36
37        List<Task> tasks = new List<Task>();
38        foreach (string partition in d2cPartitions)
39        {
40            tasks.Add(app.ReceiveDevice2CloudMessagesAsync(partition,
              cts.Token));
41        }
42        Task.WaitAll(tasks.ToArray());
43    }
44
45    private async Task ReceiveDevice2CloudMessagesAsync(string
       partition, CancellationToken ct)
46    {
47        EventHubReceiver eventHubReceiver = this.eventHubClient.
          GetDefaultConsumerGroup().CreateReceiver(partition, DateTime.
          UtcNow);
48        while (true)
49        {
50            if (ct.IsCancellationRequested) break;
51            EventData eventData = await eventHubReceiver.ReceiveAsync();
52            if (eventData == null) continue;
53
54            string data = Encoding.UTF8.GetString(eventData.GetBytes());
55            Trace.WriteLine(string.Format("Message received. Partition:
              {0} Data: '{1}'", partition, data));
56        }
57    }
58  }
59 }
```

執行程式

現在已有傳送訊息和讀取訊息的程式，只需要同時啟動即可。請右擊 IoTHubTest
方案，在快顯功能表中選取「屬性」，把 ReadDevice2CloudMessage 和 VirtualDeviceApp
這兩個專案標記為「啟動」，如圖 10.17 所示。

圖 10.17　設定多個啟動專案

按 F5 鍵同時啟動兩個專案，此時產生兩個主控台視窗：VirtualDeviceApp 視窗顯示設備對 IoT Hub 發送的命令，ReadDevice2CloudMessage 視窗（見圖 10.18）則顯示從 IoT Hub 讀到的命令。

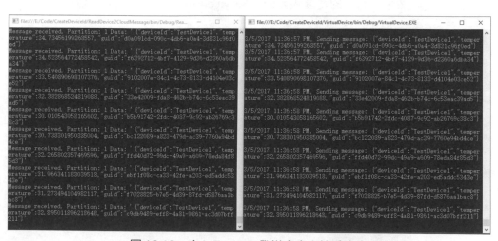

圖 10.18　向 IoT　Hub 發送命令和接受命令

此外，在 Azure 入口網站也可以看到這個 IoT Hub 的流量使用情況（見圖 10.19）。

圖 10.19　IoT　Hub 流量使用情況

使用 Service Bus 快取命令

在以上的程式中，當 IoT Hub 接到命令以後立刻就被讀取，沒有快取或者佇列，所以不適合大量設備的部署，因為此舉會要求 IoT Hub 具備高吞吐量。為了應付這樣的場景，Azure 引入了 Service Bus 的概念，下文介紹 Service Bus 的範例程式。

首先在 Azure Portal 安裝 Service Bus。登錄後點擊加號按鈕，選擇「Enterprise Integration」，然後在右側的功能表點擊「Service Bus」選項，如圖 10.20 所示。

圖 10.20　Service bus 選項

在圖 10.21 的介面填入參數，最後按「建立」鈕，同時選擇釘選到儀表板上，以
便快速存取。

圖 **10.21** 建立命名空間

開啟新建的命名空間，點擊共用存取原則，然後按下「RootManageShared
AccessKey」，並記下以下內容。

➲ 主要金鑰（Primary Key）：

```
ISt+pe4OjDD+qbUaNx59wsNPCVT46VMWIiYbZt4UqMg=
```

➲ 連接字串─主要金鑰（Primary Connection String）：

```
Endpoint=sb://testnamespaceabc.servicebus.windows.net/;SharedAccessKeyNam
e=RootManageSharedAccessKey;SharedAccessKey=ISt+pe4OjDD+qbUaNx59wsNPCVT46
VMWIiYbZt4UqMg=
```

接著建立一個佇列。跳回共用存取原則頁面，捲軸往下拉，按下「佇列
（Queues）」選項，如圖 10.22 所示，填入下列參數，點擊「建立（Create）」鈕。

圖 10.22　建立佇列

下一步是撰寫程式碼傳送訊息。按照之前的步驟，先新增一個主控台程式，安裝 WindowsAzure.ServiceBus nuget 套件，然後編輯 ServiceBusQueueTest.cs。

```
1   namespace SendServiceBusQueue {
2
3     using System;
4     using Microsoft.ServiceBus.Messaging;
5
6     public class SendServiceBusQueue
7     {
8         static void Main(string[] args)
9         {
10            string connectionString = "End-point=sb://testnamespaceabc.
              servicebus.windows.net/;SharedAccessKeyName=
              RootManageSharedAccessKey;SharedAccessKey=
```

```
                ISt+pe4OjDD+qbUaNx59wsNPCVT46VMWIiYbZt4UqMg=";
11          string queueName = "TestQueue";
12
13          QueueClient client = QueueClient.CreateFromConnectionString
            (connectionString, queueName);
14          BrokeredMessage message = new BrokeredMessage("This is a test
            message!");
15          client.Send(message);
16
17          Console.ReadKey();
18      }
19  }
20 }
```

執行程式 3 次，然後刷新 Azure Portal 中的 TestQueue 佇列，活動訊息計數已經更新為 3，如圖 10.23 所示。

圖 10.23　活動訊息計數

接下來，再撰寫一個程式從佇列讀取訊息：

```
1  namespace ReadFromServiceBusQueue
2  {
3      using System;
4      using Microsoft.ServiceBus.Messaging;
5
6      public class Program
```

```
7    {
8        public static void Main(string[] args)
9        {
10           string connectionString = "Endpoint=sb://testnamespaceabc.
                 servicebus.windows.net/;SharedAccessKeyName=
                 RootManageSharedAccessKey;SharedAccessKey=
                 ISt+pe4OjDD+qbUaNx59wsNPCVT46VMWIiYbZt4UqMg=";
11           string queueName = "TestQueue";
12
13           QueueClient client = QueueClient.CreateFromConnectionString
             (connectionString, queueName);
14
15           client.OnMessage(message =>
16           {
17               Console.WriteLine($"Message id: {message.MessageId}");
18               Console.WriteLine($"Message body: {message.GetBody <String>()}");
19
20           });
21
22           Console.ReadKey();
23       }
24   }
25 }
```

執行程式，主控台輸出 3 筆訊息，如圖 10.24 所示。

圖 10.24　主控台輸出

然後刷新 TestQueue 佇列，活動訊息計數已經變成 0，如圖 10.25 所示。

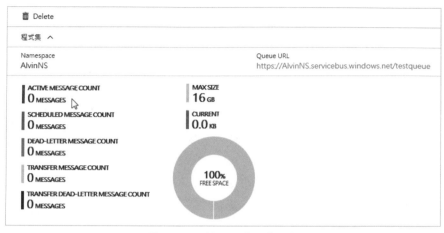

圖 10.25　佇列活動訊息計數

連接 IoT Hub 和佇列

前文分別介紹 IoT Hub 和佇列的程式，現在撰寫一個程式，把滿足特定條件的訊息傳送到這個佇列。

(1) 在之前 VirtualDeviceApp.cs 產生的資料樣本包含隨機的溫度，加上一個屬性 Bucket 表示溫度高低，如果溫度高於攝氏 33 度，則 bucket=high，不然 bucket=low。具體程式如下（只改動 SendDevice2CloudMessagesAsync 函數部分）：

```
1   private async void SendDevice2CloudMessagesAsync()
2   {
3       double temperatureInCelSius = 30;
4
5       while (true)
6       {
7           double temperature = temperatureInCelSius + Rand.NextDouble() * 5;
8
9           var dataSample = new
10          {
11              deviceId = this.deviceId,
12              temperature = temperature,
13              guid = Guid.NewGuid().ToString()
14          };
15
```

```
16     string messageString = JsonConvert.SerializeObject(dataSample);
17     string bucket;
18     if (temperature > 33f)
19     {
20         messageString = "This is a high temperature";
21         bucket = "high";
22     }
23     else
24     {
25         bucket = "normal";
26     }
27
28     Message message = new Message(Encoding.ASCII. GetBytes
       (messageString));
29     message.Properties.Add("bucket", bucket);
30
31     await this.deviceClient.SendEventAsync(message);
32
33     Trace.WriteLine($"{DateTime.Now}, Sending message: {messageString}");
34   }
35 }
```

(2) 在 Azure Portal 裡，開啟之前建立的 IoTHub 項目，點擊「端點」選項，按「+ 新增」鈕，如圖 10.26 所示，準備建立端點。

(3) 再點擊左側的「路由」選項，如圖 10.27 所示，新增一路由。

圖 10.26　新增端點

圖 10.27　建立新路由

(4) 建立一個新專案，從佇列讀取訊息，內容如下：

```
1   namespace ReadHighTemperatureQueue
2   {
3     using System.IO;
4     using System;
5     using System.Text;
6
7     using Microsoft.ServiceBus.Messaging;
8
9     class Program
10    {
11      static void Main(string[] args)
12      {
13        string connectionString = "Endpoint=sb://testnamespaceabc.
          servicebus.windows.net/;SharedAccessKeyName=RootManageSharedA
          ccessKey;SharedAccessKey=ISt+pe4OjDD+qbUaNx59wsNPCVT46VMWIiYb
          Zt4UqMg=";
14        string queueName = "TestQueue";
15
16        QueueClient client = QueueClient.CreateFromConnectionString
          (connectionString, queueName);
17
18        client.OnMessage(message =>
19        {
20          Stream stream = message.GetBody<Stream>();
21          StreamReader reader = new StreamReader(stream, Encoding.ASCII);
22          string s = reader.ReadToEnd();
23          Console.WriteLine($"Message id: {message.MessageId}");
24          Console.WriteLine($"Message body: {s}");
25
26        });
27
28        Console.ReadKey();
29      }
30    }
31  }
```

同時執行 VirtualDeviceApp、ReadDevice2CloudMessage 和 ReadHighTemperature Queue。第三個視窗顯示佇列只收到了溫度 >33 的訊息，如圖 10.28 所示。

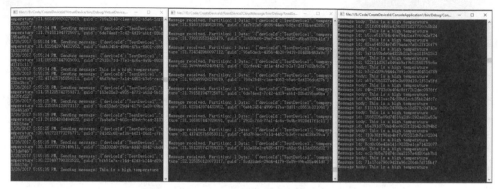

圖 10.28　同時執行三個程式的輸出視窗

10.5　機器學習應用實例

10.4 節說明如何使用 IOT 資料，本節則利用機器學習的方法從資料中體現價值。此處以 Azure Machine Learning Studio 完成這項任務。

微軟的 Azure Machine Learning Studio 是一種協作式的拖放工具，可用來建構、測試和部署資料上的預測分析解決方案。此工具可以將訓練好的模型作為 Web 服務發佈，同時沒有必要撰寫程式，大部分情況只需要連接資料集和模組即可建置模型。

Azure Machine Learning Studio 的網址是 https://studio.azureml.net/，登錄以後，點擊「PROJECTS」選項建立一個專案，命名為「IOT Test Project」，然後按「EXPERIMENTS」新增一個實驗，取名為「Temperature Anomaly Detection」（溫度異常檢測），最後把實驗加入前述專案，結果如圖 10.29 所示。

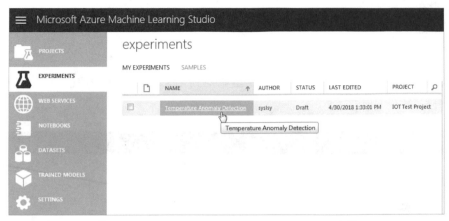

圖 10.29　Azure Machine Learning Studio 介面

接下來完成這個實驗。本例主要解釋如何使用 Azure Machine Learning，所以不用 IoT 感測器輸入的溫度，而是假設 IoT 的設備溫度已經存放到名為 Time_Temperature.csv 的 Excel 檔案，一共有 1440 筆資料，包括兩個維度：時間和溫度，如下所示。

```
     Time                        Temperature
0    2000-01-01 00:00:00+00:00 21.5
1    2000-01-02 00:00:00+00:00 27.4
2    2000-01-03 00:00:00+00:00 29.3
3    2000-01-04 00:00:00+00:00 35.0
4    2000-01-05 00:00:00+00:00 34.1
5    2000-01-06 00:00:00+00:00 30.3
6    2000-01-07 00:00:00+00:00 25.0
7    2000-01-08 00:00:00+00:00 24.6
8    2000-01-09 00:00:00+00:00 29.7
9    2000-01-10 00:00:00+00:00 25.3
10   2000-01-11 00:00:00+00:00 23.3
11   2000-01-12 00:00:00+00:00 24.7
... ... ...
1431 2003-12-02 00:00:00+00:00 25.1
1432 2003-12-03 00:00:00+00:00 28.2
1433 2003-12-04 00:00:00+00:00 22.9
1434 2003-12-05 00:00:00+00:00 22.0
1435 2003-12-06 00:00:00+00:00 31.5
1436 2003-12-07 00:00:00+00:00 33.8
```

```
1437 2003-12-08 00:00:00+00:00 31.1
1438 2003-12-09 00:00:00+00:00 25.4
1439 2003-12-10 00:00:00+00:00 33.6
```

開啟實驗，在左側搜索框找出三個模組並拖到中央，然後依序連接，如圖 10.30
所示。

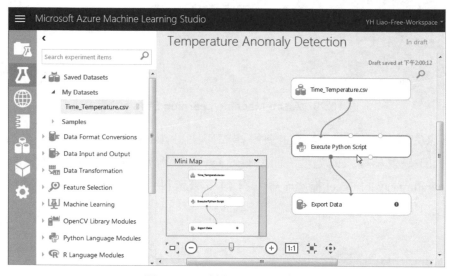

圖 10.30　建構 AzureML 實驗

中間的「Execute Python Script」是由開發者編寫邏輯，本例以常態分佈模擬溫度
的分佈，定義 3 倍標準差以外的溫度為異常溫度。請點擊該模組，右側出現程式
碼編輯方塊，接著輸入內容如下：

```
1  # The script MUST contain a function named azureml_main
2  # which is the entry point for this module.
3
4  # imports up here can be used to
5  import pandas as pd
6
7  # The entry point function can contain up to two input arguments:
8  # Param<dataframe1>: a pandas.DataFrame
9  # Param<dataframe2>: a pandas.DataFrame
10 def azureml_main(dataframe1 = None, dataframe2 = None):
11
```

```
12    # Execution logic goes here
13    print('Input pandas.DataFrame #1:\r\n\r\n{0}'.format(dataframe1))
14
15    # 常態分佈資料樣本大小
16    windowsize =120
17
18    # 3倍sigma
19    multiplier = 3
20
21    # 根據給定的樣本，計算方差（變異量數）
22    rollingstd = pd.rolling_std(dataframe1.Temperature, window=windowsize)
23
24    # 根據給定的樣本，計算期望值
25    rollingmean = pd.rolling_mean(dataframe1.Temperature, window = windowsize)
26
27    # 計算非異常溫度的區間
28    ucl = rollingmean + multiplier*rollingstd
29    lcl = rollingmean - multiplier*rollingstd
30
31    # 標註溫度的異常與否（true表示正常，false表示異常）
32    dataframe1["Alert"] = (dataframe1.Temperature > ucl) | (dataframe1.
      Temperature < lcl )
33
34    # If a zip file is connected to the third input port is connected,
35    # it is unzipped under ".\Script Bundle". This directory is added
36    # to sys.path. Therefore, if your zip file contains a Python file
37    # mymodule.py you can import it using:
38    # import mymodule
39
40    # 輸出樣本，比輸入樣本多一列
41    return dataframe1,
```

下一步是設定輸出 csv 檔案的目的地。點擊「Export Data」選項，右側會出現配置框，此處選擇保存到 Azure 的 Blob，如圖 10.31 所示。儲存帳戶必須提前設定，可先參考後文的說明。

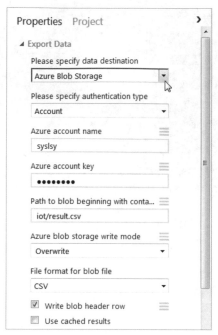

圖 10.31　設定 csv 檔的輸出目的地

點擊「Run」鈕執行，按鈕變灰表示正在運行，一旦變回可用，說明已執行完成。
從 Azure blob 下載輸出的 csv 檔，底下可以看到比輸入多出的一列，就是我們想
要的結果。

```
1   Time Temperature Alert
2   1/1/2000 0:00 21.5 FALSE
3   1/2/2000 0:00 27.4 FALSE
4   1/3/2000 0:00 29.3 FALSE
5   1/4/2000 0:00 35 FALSE
6   1/5/2000 0:00 34.1 FALSE
7   1/6/2000 0:00 30.3 FALSE
8   1/7/2000 0:00 25 FALSE
9   1/8/2000 0:00 24.6 FALSE
10  1/9/2000 0:00 29.7 FALSE
11  1/10/2000 0:00 25.3 FALSE
12  ... ... ...
13  11/30/2003 0:00 31.1 FALSE
14  12/1/2003 0:00 26.2 FALSE
15  12/2/2003 0:00 25.1 FALSE
```

```
16 12/3/2003 0:00 28.2 FALSE
17 12/4/2003 0:00 22.9 FALSE
18 12/5/2003 0:00 22 FALSE
19 12/6/2003 0:00 31.5 FALSE
20 12/7/2003 0:00 33.8 FALSE
21 12/8/2003 0:00 31.1 FALSE
22 12/9/2003 0:00 25.4 FALSE
23 12/10/2003 0:00 33.6 FALSE
```

用 Excel 內建的畫圖工具將資料視覺化，結果如圖 10.32 所示。由此得知，在期望值 ±3 倍標準差以外的點都被視為異常溫度。

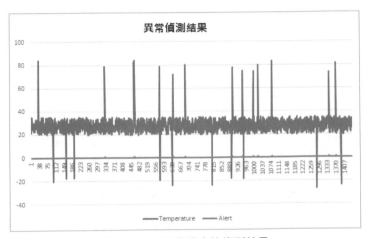

圖 **10.32**　異常溫度的偵測結果

下文講講如何從 IoT Hub 採集資料、儲存，然後傳給 Azure Machine Learning Studio。通常需進行下列幾項準備工作。

(1) 建立 Azure 的儲存帳號。

(2) 為 IoT Hub 連接準備讀取的訊息。

(3) 新建 Azure 的函數應用。

首先，建立 Azure 的儲存帳號。在 Azure 的首頁點擊「＋建立資源」—「Storage」—「儲存體帳戶」選項，準備建立新帳戶，如圖 10.33 所示。

其次，需要為 IoT Hub 連接準備讀取的訊息。IoT Hub 內建「事件中樞相容的端點」程式可以讀取 IoT Hub 的訊息。同時，此程式以「取用者＝群組」從 IoT Hub 讀取訊息。

圖 10.33　建立儲存體帳戶

接著取得 IoT Hub 端點的連接字串：開啟 IoT Hub，點擊「端點」—「Events」選項，帶出如圖 10.34 的介面，在最右邊的面板找到「事件中樞相容的名稱」和「事件中樞相容的端點」。

圖 10.34　找尋事件中樞相關屬性

其中：

⊃ 事件中樞相容的名稱：IoT Hubtestabc（請改成自己的名稱）。

⊃ 事件中樞相容的端點（請改成自己的端點名稱）：Endpoint=sb://IoTHub-ns-IoT Hubtest-123079-9af8d449d6.servicebus.windows.net/;SharedAccessKeyName=Io THubowner;SharedAccessKey=x9cO3s+fp9Szpv9tjLxlngZrIcFViETQlgrMqXFue sM=。

回到 IoT Hub 面板，點擊「共用存取原則」—「IoTHubowner」選項，在右側面板裡找到並記下主要金鑰，例如：x9cO3s+fp9Szpv9tjLxlngZrIcFViETQlgrM qXFuesM=，如圖 10.35 所示。請驗證此金鑰和「事件中樞相容的端點」頁面的 SharedAccessKey 是否一致。如果不一樣，則以前者替換後者的 SharedAccessKey 值。

圖 10.35　共用存取原則

為 IoT Hub 建立取用者群組。還是在最右側面板（圖 10.34）輸入「tempanomalydet」，點擊「儲存」鈕即可，如圖 10.36 所示。

接著新增 Azure 函數。回到 Azure 首頁，點擊「+ 建立資源」—「計算」—「函數應用程式」選項，命名為「IoT Hubtempconvert」（必須不和既有的名稱重複）。接著選擇現有的資源群組 IoT，以及之前建立的儲存體帳號 alviniotstorage1，點擊「建立」鈕，結果如圖 10.37 所示。

圖 10.36　建立取用者群組

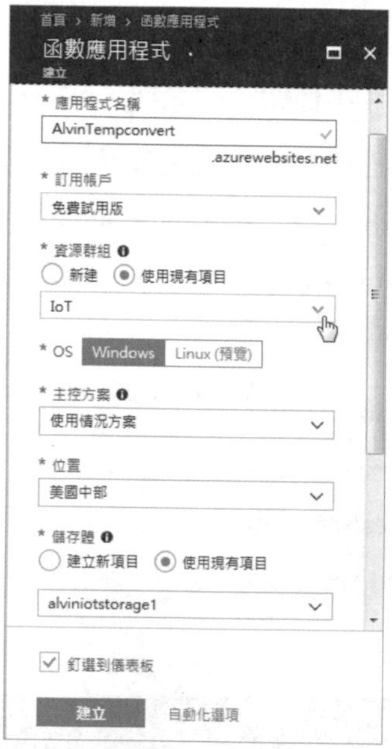

圖 10.37　建立 Azure 函數應用程式

一旦新增完函數應用程式，就會出現如圖 10.38 的介面。請點擊「函式」—「新增函式」選項，頁面右側選擇語言為「Javascript」，並挑選 Event Hub trigger-JavaScript 範本。接著命名為「EventHubTriggerJS1」，「事件中樞名稱」（Event Hub）請輸入「IoT Hubtestabc」，為「事件中樞連線」（Event Hub connection）選擇建立好 IoT Hub 的端點（只有一個選擇），詳圖 10.39。

圖 10.38　Event Hub trigger-JavaScript 範本

圖 10.39　設定事件中樞連線

接下來按「建立」鈕。新增成功以後，請點擊「整合」選項，在開啟的頁面中點擊「新的輸出」選項，選擇「Azure 資料表儲存體」（Azure Table Storage）。按下「選取」鈕，然後輸入以下資訊（見圖 10.40），程式將會使用這些資訊：

⊃ 資料表參數名稱（Table parameter name）：outputTable。

⊃ 資料表名稱（Table name）：temperatureData。

⊃ 儲存體帳戶連線（Storage account connection）：IoT Hub1storage_STORAGE。

圖 10.40　Azure 資料表儲存體 output

最後點擊「儲存」鈕，帶出 Azure 事件中樞 trigger（eventHubMessages）介面，請輸入圖 10.41 所示的資訊。請注意，「事件中樞取用者群組」的值即為之前建立的「取用者群組」名稱。

圖 10.41　設定事件中樞 trigger

到此為止，便可開始編輯 JavaScript 程式碼。點擊左側面板的「EventHubTriggerJS1」選項，出現程式碼編輯視窗，請輸入以下內容：

```
1  'use strict';
2
3  // This function is triggered each time a message is reviewed in the IoT Hub.
4  // The message payload is persisted in an AzureStorage Table
5
6  module.exports = function (context, IoT HubMessage) {
7      context.log('Message received: ' + JSON.stringify(IoT HubMessage));
8      var date = Date.now();
9      var partitionKey = Math.floor(date / (24 * 60 * 60 * 1000)) + '';
10     var rowKey = date + '';
11
12     context.bindings.outputTable = {
13         "partitionKey": partitionKey,
14         "rowKey": rowKey,
15         "Temperature": IoT HubMessage[0].temperature
16     }
17
18     context.done();
19 };
```

儲存以後，在右側的測試視窗輸入一筆模擬的 IoT Hub 訊息：

```
1 {"deviceId": "TestDevice1","temperature": 30.337316254310924,"guid":
  "566c8bad-325a-4cca-8a36-c204d322005f"}
```

點擊「執行」鈕，可以看到記錄視窗輸出函數執行完畢。為了確認模擬的 IoT Hub 訊息是否成功寫入之前建立的儲存帳號，必須安裝一套應用程式 AzureStorageExplorer，網址為 http://storageexplorer.com/。安裝以後以儲存帳號名稱和主要金鑰登錄，將發現有一筆記錄已位於 IoT Hub1storage 帳號下的 Tables/temperatureData 路徑。在函式的監視頁面也可看到相關的成功或錯誤計數，如圖 10.42 所示。

圖 10.42　函數執行結果

看到上述畫面，代表 JavaScript 程式碼執行成功。接下來可以利用真實的 IoT Hub 訊息來測試。

前幾節撰寫了一個 C# 程式 VirtualDeviceApp.cs 對 IoT Hub 發送訊息，該程式在溫度高於攝氏 33 度的時候，傳送的訊息是「This is a high temperature」，而不是 Json 物件，所以需要進行微小的修改：註解掉第 20 行「// messageString = "This is a high temperature";」。另外還得刪除 IoT Hub 的路由，否則高於攝氏 33 度的訊息會被送到 Service Bus 的 testQueue 佇列。

重新編譯執行。查看 Azure Storage Explorer 視窗，程式產生的訊息顯示大量的新資料，如圖 10.43 所示。

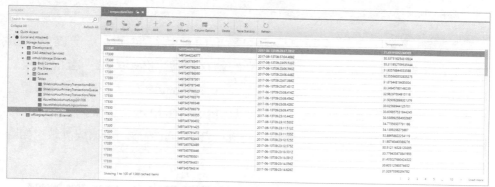

圖 10.43　新資料範例

然後修改 Azure Machine Learning Studio 的程式，將輸入替換成從儲存帳號讀取，如圖 10.44 所示。

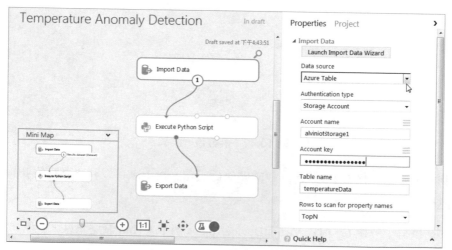

圖 10.44　改從儲存帳號讀取輸入

點擊「Export Data」選項，設定學習以後的輸出路徑。

將結果存在 IoT Hub1storage 的 BLOB 容器 /iot/result.csv。成功執行程式後，請查
看 Azure Storage Explorer 視窗，可以看到如圖 10.45 的結果。

圖 10.45　Azure Storage Explore 視窗

下載 result.csv 檔案，利用 Excel 內建的畫圖工具，便能很明顯地看到標記成警告
的高溫度。

最後，將機器學習的功能發佈成網路服務。上例都是固定的輸入和輸出，如果要
把這個功能做成網路服務，就得改成通用的輸入和輸出。所以請進行如下修改，
並且比照圖 10.46 所示作為網路服務的輸出結果。

基於驗證的目的，可在發佈的網頁上選擇 csv 檔案作為輸入，此時會出現如圖
10.47 所示的介面。

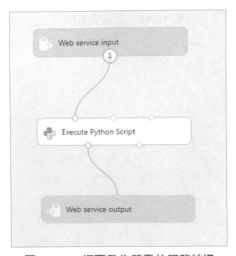

圖 10.46　網頁發佈所需的服務結構

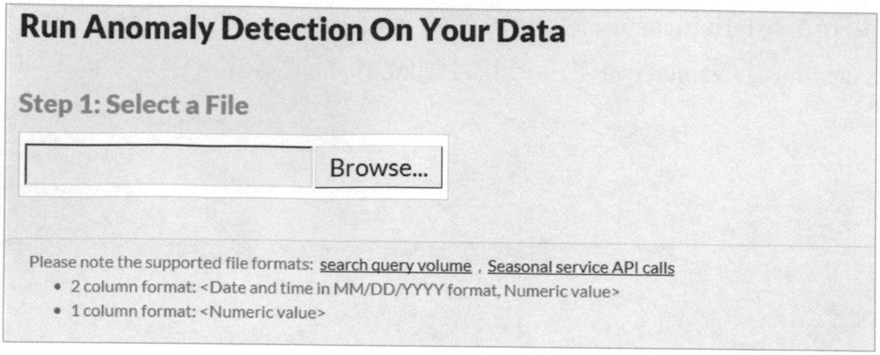

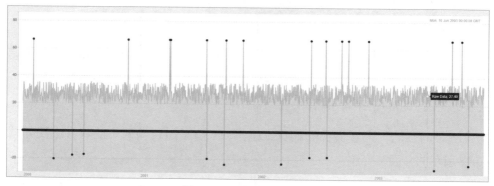

Run Anomaly Detection On Your Data
Step 1: Select a File
Browse...
Please note the supported file formats: search query volume , Seasonal service API calls
2 column format: <Date and time in MM/DD/YYYY format, Numeric value>
1 column format: <Numeric value>

圖 10.47　把輸入輸出作為網路服務發佈

執行以後，出現如圖 10.48 的結果。由此得知，在 3 倍標準差以外的點都被標註成異常（黑色圓點）。

60
40
20
-20
2000
2001
2002
2003
Raw Data: 27.40

圖 10.48　異常偵測結果

讀者回函

讀者回函

感謝您購買本公司出版的書，您的意見對我們非常重要！由於您寶貴的建議，我們才得以不斷地推陳出新，繼續出版更實用、精緻的圖書。因此，請填妥下列資料(也可直接貼上名片)，寄回本公司(免貼郵票)，您將不定期收到最新的圖書資料！

購買書號： 　　　書名：

姓　　　名：＿＿＿＿＿＿＿＿＿＿＿＿＿＿＿＿＿＿＿＿＿＿

職　　　業：□上班族　　□教師　　　□學生　　　□工程師　　□其它

學　　　歷：□研究所　　□大學　　　□專科　　　□高中職　　□其它

年　　　齡：□10~20　□20~30　□30~40　□40~50　□50~

單　　　位：＿＿＿＿＿＿＿＿＿＿＿　部門科系：＿＿＿＿＿＿＿＿＿

職　　　稱：＿＿＿＿＿＿＿＿＿＿＿　聯絡電話：＿＿＿＿＿＿＿＿＿

電子郵件：＿＿＿＿＿＿＿＿＿＿＿＿＿＿＿＿＿＿＿＿＿＿＿＿

通訊住址：□□□＿＿＿＿＿＿＿＿＿＿＿＿＿＿＿＿＿＿＿＿

＿＿＿＿＿＿＿＿＿＿＿＿＿＿＿＿＿＿＿＿＿＿＿＿＿＿＿＿＿＿

您從何處購買此書：

□書局＿＿＿＿　□電腦店＿＿＿＿　□展覽＿＿＿＿　□其他＿＿＿＿

您覺得本書的品質：

內容方面：　□很好　　　　□好　　　　　□尚可　　　　□差

排版方面：　□很好　　　　□好　　　　　□尚可　　　　□差

印刷方面：　□很好　　　　□好　　　　　□尚可　　　　□差

紙張方面：　□很好　　　　□好　　　　　□尚可　　　　□差

您最喜歡本書的地方：＿＿＿＿＿＿＿＿＿＿＿＿＿＿＿＿＿＿＿＿＿

您最不喜歡本書的地方：＿＿＿＿＿＿＿＿＿＿＿＿＿＿＿＿＿＿＿

假如請您對本書評分，您會給(0~100分)：＿＿＿＿＿＿　分

您最希望我們出版那些電腦書籍：

請將您對本書的意見告訴我們：

您有寫作的點子嗎？□無　　□有　專長領域：＿＿＿＿＿＿＿＿＿＿

歡迎您加入博碩文化的行列哦！

請沿虛線剪下寄回本公司

Give Us a Piece of Your Mind

廣　告　回　函
台灣北區郵政管理局登記證
北 台 字 第 4 6 4 7 號
印 刷 品 ・ 免 貼 郵 票

221

博碩文化股份有限公司　產品部

台灣新北市汐止區新台五路一段112號10樓A棟

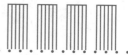

DrMaster

深度學習資訊新領域

http://www.drmaster.com.tw

博碩文化

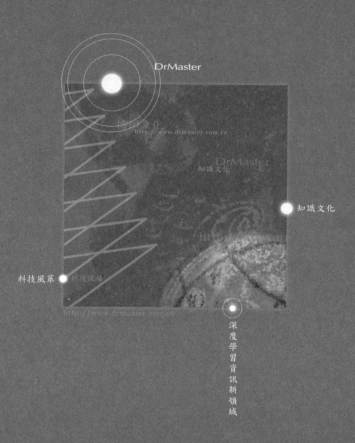

DrMaster

http://www.drmaster.com.tw

知識文化

科技風革

深度學習資訊新領域